资深平面
设计师
倾力奉献
创意与梦想
的实现

Photoshop CS5

邓文渊 / 编著

从入门到精通（创意设计篇）

科学出版社

内 容 简 介

　　本书作者根据多年教学经验，从初学者和软件用户的需求出发，精心安排章节架构，用通俗易懂的语言介绍Photoshop CS5基础、工具应用和图像技巧三部分内容。精心设计了16个创意作品范例，如特辑封面、民宿海报、拉面广告、婚纱海报等。每个作品都规划了"学前导读"和"范例操作"两大主单元，循序渐进地引导读者设计图像作品。本书采用以实例为导向的说明方式，没有冗长教学，只有关键技巧，让人人都可以创造出完美的数码图像，并按照自己的创意自由改变，以出色的方式呈现，使读者轻松地成为美工设计大师。

　　为提升学习效果，并能将本书所讲知识快速运用到日常生活或实际领域，特精心制作了多媒体光盘，包含精美的范例文件、教学视频和相关工具等。

　　本书可作为广大从事计算机平面设计和艺术创作工作者的自学指导书，也可作为高等院校美术专业和其他相关专业的教学、自学用书。

图书在版编目（CIP）数据

Photoshop CS5 从入门到精通. 创意设计篇 / 邓文渊编著. — 北京：科学出版社，2011.11
　　ISBN 978-7-03-032836-6

Ⅰ．①P… Ⅱ．①邓… Ⅲ．①平面设计－图像处理软件，Photoshop CS5－高等学校－教材 Ⅳ．①TP391.41

中国版本图书馆 CIP 数据核字（2011）第 238881 号

责任编辑：赵东升　王海霞 / 责任校对：刘雪连
责任印刷：新世纪书局　　 / 封面设计：林　陶

科 学 出 版 社 出版

北京东黄城根北街 16 号
邮政编码：100717
http://www.sciencep.com

中国科学出版集团新世纪书局策划
北京市鑫山源印刷有限责任公司印刷
中国科学出版集团新世纪书局发行　　各地新华书店经销

*

2012年1月第 一 版　　　　开本：16 开
2012年1月第一次印刷　　　　印张：26.5
字数：644 000

定价：59.80 元（含 1DVD 价格）
（如有印装质量问题，我社负责调换）

本书阅读方法

用 Photoshop 玩图像设计比您想的简单

本书中的每个作品都规划了"学前导读"和"范例操作"两大主单元，循序渐进地引导读者设计影像作品。本书采用以实例为导向的说明方式，没有冗长教学，只有关键技巧，让每个人都可以创造出完美的数码图像，并按照自己的创意自由改变，以出色的方式呈现，使读者轻松地成为美工设计大师。

页面结构图解

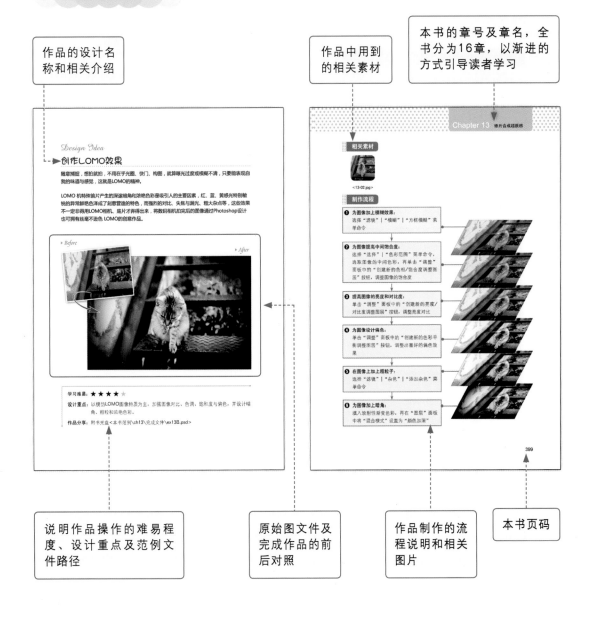

作品的设计名称和相关介绍

作品中用到的相关素材

本书的章号及章名，全书分为16章，以渐进的方式引导读者学习

说明作品操作的难易程度、设计重点及范例文件路径

原始图文件及完成作品的前后对照

作品制作的流程说明和相关图片

本书页码

作品步骤说明

注意，针对学习
重点进行提醒

提示，补充一
些操作细节

分享，与您分享
一些拍照技巧

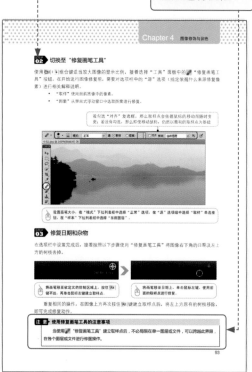

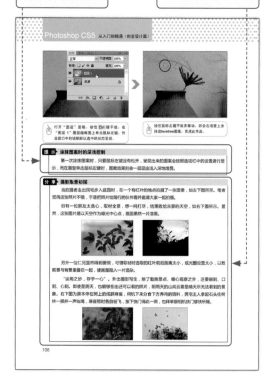

说明作品快速上手的简易流程

重要概念说明

本章范例的重点

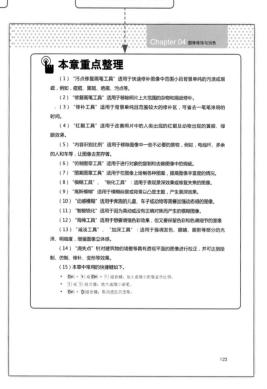

CONTENTS

为图像排除基本问题

基础暖身 Chapter 3

本书阅读方法

用 Photoshop 玩图像设计比您想的简单

本书中的每个作品都规划了"学前导读"和"范例操作"两大主单元，循序渐进地引导读者设计影像作品。本书采用以实例为导向的说明方式，没有冗长教学，只有关键技巧，让每个人都可以创造出完美的数码图像，并按照自己的创意自由改变，以出色的方式呈现，使读者轻松地成为美工设计大师。

页面结构图解

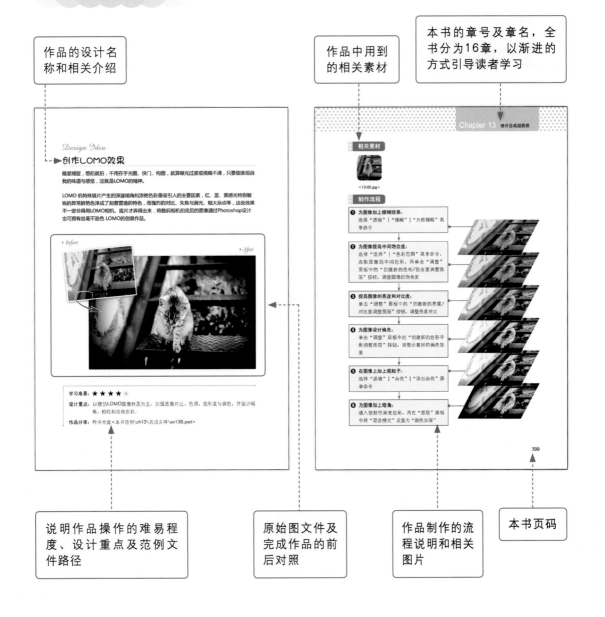

作品的设计名称和相关介绍

作品中用到的相关素材

本书的章号及章名，全书分为16章，以渐进的方式引导读者学习

说明作品操作的难易程度、设计重点及范例文件路径

原始图文件及完成作品的前后对照

作品制作的流程说明和相关图片

本书页码

作品步骤说明

注意，针对学习重点进行提醒

提示，补充一些操作细节

分享，与您分享一些拍照技巧

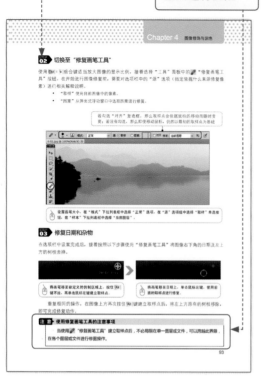

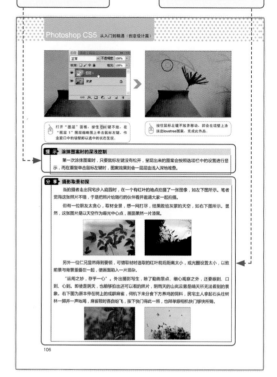

说明作品快速上手的简易流程

重要概念说明

本章范例的重点

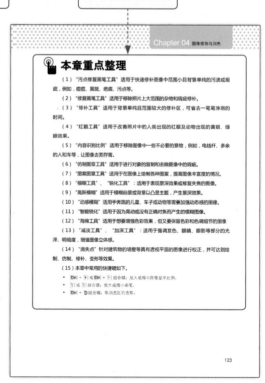

CONTENTS

为图像排除基本问题

图像修饰与润色

基础暖身 Chapter 4

选取与去背完美搭配

工具应用 Chapter 5

使用图层管理图像

动感文字全应用

填色画笔展现真笔触

大玩图像颜色与后制

图像技巧 Chapter **12**

修片合成超质感

图像技巧 Chapter **13**

 超值赠送PDF电子教程

模拟艺术描边

完美创意 Chapter **14**

平面设计

完美创意 Chapter **15**

动态网页制作

完美创意 Chapter **16**

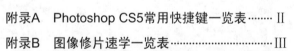

附录

Appendix

Chapter 1

踏入创意设计新视界

本章介绍了数码照片处理的基本操作、常用工具及其他便利工具等，引领用户逐步进入创意图像的世界，体验Photoshop CS5超强的威力。

PANEL&ENVIRONMENT
Design Amazing Images
Basis
Discover New Dimensions in Digital Imaging

1-1 为什么要选择Photoshop

> 有了好的美工创意，当然要让它实现，然而在数字时代，如果还使用传统的剪刀来剪纸拼图，应用的范围将被局限。

那么如何挑选美编软件呢？首先要考虑的是想到的所有特效都能由一套软件来完成，再者就是软件与系统搭配的稳定性，最后还要考虑执行特效动作1和动作2间需要的延迟时间为多少。

身为快快乐乐的作者群，当然有责任向大家推荐一款值得信赖的软件——Photoshop，并与您一起学习。它的入门比较简单，通过套用模板就能完成作品。对于初用美编软件的人来说，可能还得花一点时间来学习，不过成效较明显。

Photoshop中的Photo是"照片"的意思，shop是修理场的意思，这强有力地阐明了Photoshop对图像重大的影响力。从1990年2月Adobe公司发行Photoshop 1.0至今，它一直是全球专业美编人的必学课程，也是最畅销的图像编辑软件。另外，CS5版本更针对不同的用户设计出了专属的工作区，让您将所有精力放在图像上。

1.创造完美照片

照片能留住瞬间的美，然而，大多数情况下，美美的照片上会出现小瑕疵，但在无法重新取景时该怎么办呢？或者，心中曾经渴望能临摹出大师级的专业摄影水平，能不能来个移花接木呢？Photoshop CS5针对这些实际问题提供了高效率且专业的修复工作环境，并且新增了非破坏性编辑的"智能型对象"功能。此外，利用它也可解决拍摄照片中的红眼、色偏、曝光等问题。它让您可以将更多的时间投入到高级摄影美学上，还可以配合艺术画笔创造出自己的艺术作品。

2.创意绘图设计工具

有多少创意等待共鸣呢？Photoshop 提供了全方位设计的相关功能，只要轻松扭曲和旋转图像就可快速设计出想要的图形，并经过创意与设计让作品激荡出更多火花。

3.无与伦比的网页设计

在认识Photoshop之前，您都使用哪套软件来设计网页布局呢？还是就用生硬的程序来架构呢？在此，您不需要了解复杂的程序代码，不管是初级的或高级的网页布局，都可以轻松制作，专业呈现。

4.增加的Adobe Bridge

Adobe Bridge就像Photoshop专属的文件总管，提供了预览图像、调整大小、旋转图像、批量重命名文件，以及检查JPG、TIFF、SWF、FLV、RAW格式的文件等功能。

5.在Photoshop中置入外部文件继续编辑

Photoshop支持多种文件格式，如Camera Raw、Cineon、Collada、CompuServe GIF、Dicom、EPS、Filmstrip、Google Earth、JPEG、OpenEXR、PCX、Photoshop PDF、PICT文件、Pixar、PNG、QuickTime 影片、Radiance、Scitex CT、Targa、TIFF、U3D、大型文件格式（PSB）、便携式位图（PBM）等。

6.推荐参考网站

Adobe 官方网站：http://www.adobe.com/products/photoshop/photoshop/

Adobe 官方讨论区：http://www.adobe.com/support/photoshop/

台湾 Adobe / macromedia 用户俱乐部论坛：http://www.mmug.com.tw/mmug_drupal/

黑秀网：http://www.heyshow.com.tw/

蓝色理想：http://bbs.blueidea.com/

设计魔力：http://twdesign.net/

Newstoday：http://www.newstoday.co.za/

数码视野：http://www.dcview.com.tw/

摄影家手札：http://forum.photosharp.com.tw/

D&AD：http://www.dandad.org/

ID公社：http://www.hi-id.com/

1-2 认识Photoshop操作环境

在正式开始设计图像前，先来认识一下Photoshop的操作环境和工作区的排列方式。

在屏幕左下角选择"开始" | "所有程序" | Adobe Design Premium CS5 | Adobe Photoshop CS5菜单命令，打开Photoshop软件，可看到选项栏、"工具"面板、浮动面板等。

选项栏： 会随着"工具"面板中选择的工具显示相关选项

菜单栏： 菜单中包含各种相关功能的指令

浮动面板： 重要的细节辅助查看和编修面板，并可根据用户的需求拖曳调整面板的大小和显示位置

切换至Adobe Bridge和Mini Bridge

切换至不同工作环境的面板配置模式

"工具"面板

浮动面板收合状态

展开 / 收合按钮

在浮动面板的右上角皆有▤图标，单击该图标即可展开面板列表的相关功能

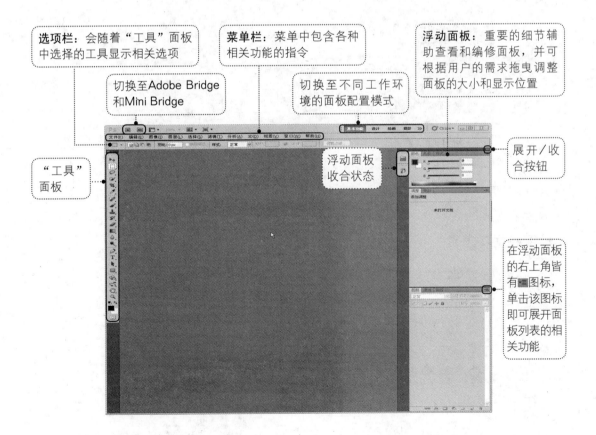

1-2-1 左侧的"工具"面板

打开Photoshop时，"工具"面板会显示在窗口的左侧。这些工具可以用来选择、绘画、输入文字、取样、修补、编辑、移动、加注和检查图像。另外，还可以更改前景色和背景色。

如果"工具"面板中的按钮的右下角有一小三角形，那么表示这个按钮下面隐藏了相关的工具列表，按住按钮不放，就会显示其工具列表。如果将鼠标指针移至任何一个按钮上方停留片刻，则会弹出该按钮的名称。

在使用这些工具时，须搭配上方选项栏中的选项进行设置，这样才能显示出不同的效果。

1.选取、裁切、吸色和度量工具

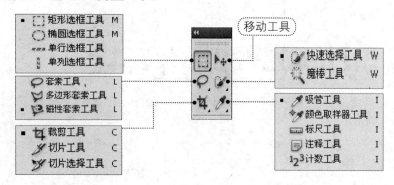

2.润饰和绘画工具

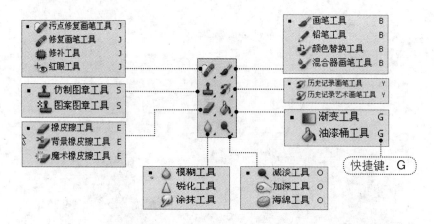

3.绘图和文字工具

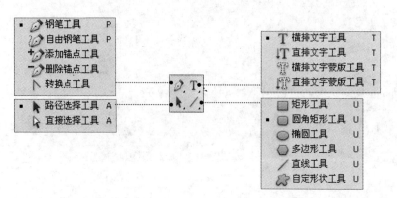

4.3D和导览工具

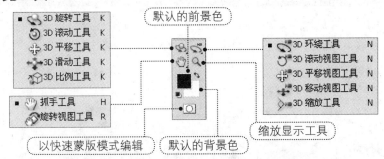

提 示 ▶ **使用快捷键切换"工具"面板上的按钮**

在英数输入模式下，直接按各按钮名称右侧标注的快捷键，可直接切换至该按钮，再同时按 Shift 键和按钮名称右侧标注的快捷键，可在工具列表中切换至不同的功能。

1-2-2　右侧的浮动面板

在菜单栏的"窗口"菜单中列出了显示或关闭右侧的浮动面板的命令。浮动面板用于辅助修改和监控各种相关信息。

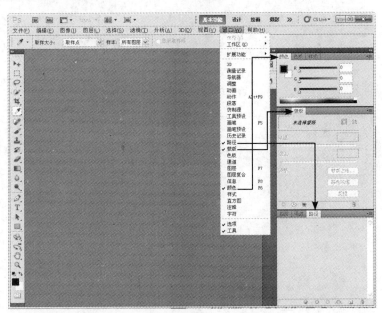

提 示 ▶ **使用快捷键、菜单栏显示与隐藏浮动面板**

1. 按 Shift + Tab 键可显示或隐藏右侧的浮动面板；按 Tab 键可显示或隐藏"工具"面板、选项栏和所有浮动面板。

2. 若印象中应该存在的某个浮动面板消失了，可以从"窗口"菜单中找回。

1-2-3　自定义浮动面板的位置、大小和摆放方式

若展开所有的浮动面板，那么它们将会占据很多屏幕显示空间，这对专业的美工人员而言是非常不便的。所以，能量身定制个人的专属窗口，是一件令人雀跃的消息。

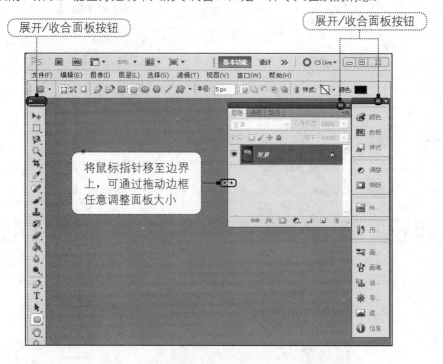

将鼠标指针移至边界上，可通过拖动边框任意调整面板大小

当然也可以依照需求，将面板拖曳成独立面板或者与其他面板结合。

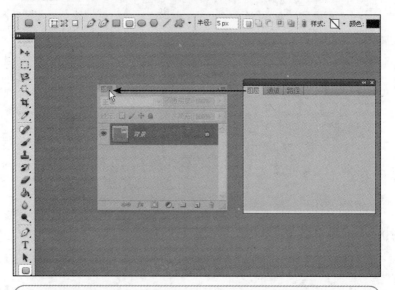

在面板的名称上按住鼠标左键不放，拖曳面板至任意位置上释放鼠标左键即可。

1-2-4　新建自定义工作区和恢复默认界面

1.新建自定义工作区

在使用一段时间后，会因为操作习惯而产生自己觉得最佳的工作面板显示模式，这时可以将当前的工作区配置画面保存起来。

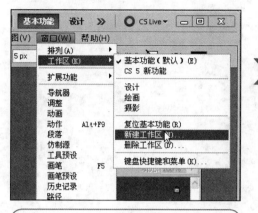

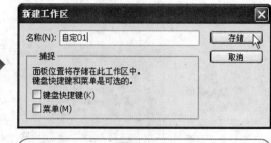

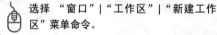

选择 "窗口"|"工作区"|"新建工作区"菜单命令。

在对话框中输入新建工作区的名称，再单击"存储"按钮即可。

当要使用此自定义的工作区时，可选择"窗口"|"工作区"菜单命令。

2.恢复默认的工作区界面

当要恢复原始的操作界面时，并不一定要重新设置才能做到，选择"窗口"|"工作区"|"复位基本功能"菜单命令即可恢复到默认的状态。

1-2-5　从菜单栏中获知Photoshop CS5新功能

想跳过说明书，直接知道新版本的新功能吗？它们都藏在哪儿呢？

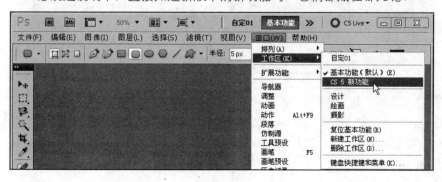

选择"窗口"|"工作区"|"CS 5 新功能"菜单命令。

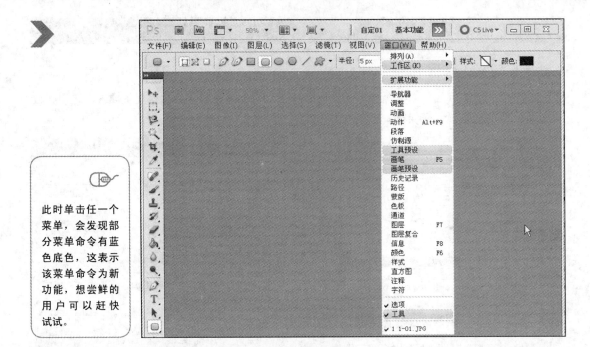

此时单击任一个菜单，会发现部分菜单命令有蓝色底色，这表示该菜单命令为新功能，想尝鲜的用户可以赶快试试。

1-3 文件的打开与存储

本节将针对图像文件的四大控制功能（新建文件、打开文件、存储文件与关闭文件）进行讲解说明。

1-3-1 新建文件

选择"文件"|"新建"菜单命令，可新建一个空白文件进行新的图像或矢量图形设计。

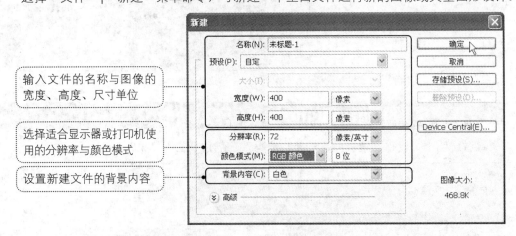

输入文件的名称与图像的宽度、高度、尺寸单位

选择适合显示器或打印机使用的分辨率与颜色模式

设置新建文件的背景内容

- "预设"：下拉列表中有常用纸张、照片、网页等格式尺寸，若"预设"中没有合适的尺寸，那么可在"宽度"和"高度"文本框中填入尺寸值。

- "分辨率"：分辨率对图像的品质有着一定程度的影响，屏幕使用72~96像素/英寸；激光打印机使用300~600像素/英寸；而照片输出品质建议使用1200~2400像素/英寸。

- "颜色模式"：包含RGB颜色、CMYK颜色、Lab颜色、灰度与位图5种模式，是图像记录颜色与亮度的方法。

  若要设计彩色作品并在屏幕显示（如网页、多媒体作品），则选择"RGB颜色"模式。

  若要设计彩色作品并要应用到印刷品，则选择"CMYK颜色"模式。但要注意的是，在"CMYK颜色"模式下，有些滤镜与设置功能会无法使用，因此，建议先以"RGB颜色"模式编辑，最后再将RGB图像转换为CMYK图像。（颜色模式的详细说明请参考3-2节。）

- 位深度：指定图像中每个像素可使用的颜色信息。位深度的值越大，可用颜色就越多，颜色表现也就越精确。例如，位深度为8的图像，可产生256（即2^8）种变化。然而，不同颜色模式可设置的位深度也不相同。例如，RGB模式可选择8位、16位、32位，而CMYK仅能选择8位与16位。（但要注意的是，在Photoshop下，有些功能不支持16位和32位，因此，如没有特殊需求，建议都设置为8位。）

- "背景内容"：当选择"白色"时，就是指将文件底色设成白色；当选择"背景色"时，就是指将文件底色设成目前"工具"面板中的背景颜色；当选择"透明"时，就是指将文件底色设成透明色，以棋盘状呈现。

1-3-2　打开文件

如何打开已经存在的文件呢？选择"文件"|"打开"菜单命令，在弹出的对话框中选择要打开的文件。

在"查找范围"下拉列表框中指定要打开文件的路径。

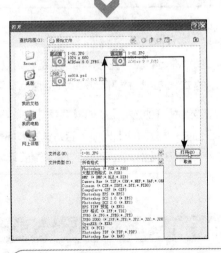

在"文件类型"下拉列表框中选择图像的类型，若不确定，可选择"所有格式"选项；再选取要打开的文件，最后单击"打开"按钮即可。

1-3-3　存储文件

　　Photoshop有"存储"和"存储为"两种存盘设置。在完成新建文件的图像编辑后，选择"文件"｜"存储"菜单命令，会弹出"存储为"对话框，在该对话框中可为文件设置文件名和保存路径，也可以设置文件的存储格式。如果希望文件保留所有Photoshop的对象与属性，那么可以在"格式"下拉列表框中选择"Photoshop（*.PSD；*PDD）"。

　　假如您设计的是已经存在的图像文件，那么在设计完成后，选择"文件"｜"存储"菜单命令，就会直接进行存盘操作，而不会再弹出"存储为"对话框，旧文件则会被新文件所覆盖。如果不希望旧图像文件被覆盖，那么建议在打开原有图像文件进行设计时，选择"文件"｜"存储为"菜单命令，另存一份内容相同但文件名不同的文件，然后在另存的文件上进行设计。

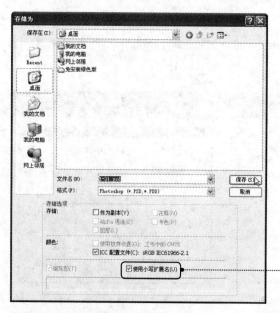

勾选"使用小写扩展名"复选框，可避免跨平台时系统无法顺利读取的问题

提示　选择保存的格式

　　建议将制作的文件先存储为PSD格式，以保留制作时文件的对象与属性，然后再存储为可用的文件格式，防止临时要修改却找不到原始文件。

　　在文件格式的选择上，如果需要将图像再使用其他软件进行修改，则可以将图像存储为非破坏性压缩文件格式（*.TIFF）；若是选择破坏性压缩文件格式（*.JPEG），文件可以被压缩到很小，但在重复存盘时，会导致图像质量遭受破坏。

1-3-4　关闭文件

　　虽然关闭Photoshop软件和关闭目前打开窗口所用的图标一样，但它们代表的动作可是有差别的。不过，最重要的还是关闭前文件是否已存储，若未存储便执行关闭动作，软件会很贴心地出现提醒对话框，千万不能忽略！

关闭当前所有打开的作业窗口　　关闭当前作业窗口　　　　　　　　　　　　　关闭Photoshop软件

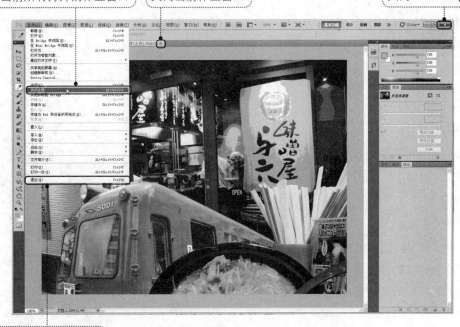

关闭Photoshop软件

1-4 窗口操作与调整图像显示比例

在信息爆炸的时代，一个人常被当成数个人来使用，如果上司请您同时提供多个文件以供选择，除了将文件打印出来以外，还有以下几种环保的方式。

打开本章范例原始文件<1-01.jpg>和<1-02.jpg>练习。

1-4-1　切换与关闭窗口

Photoshop CS5中窗口默认的排列方式为标签式，当打开一个以上的文件时，单击标签上的文件名就可以切换至该窗口，单击标签上的⊠按钮可关闭该文件。

1-4-2　窗口的排列方式

窗口除了能以默认的标签式排列外，还有其他的排列方式，在此示范常用的几种窗口排列方法供您参考，让图像编辑更为便利。

1.并排显示 （直式）

选择"窗口"|"排列"|"平铺"菜单命令，窗口会以垂直且并列的方式显示。

2.重叠显示

若希望窗口重叠显示，可选择"窗口"|"排列"|"使所有内容在窗口中浮动"菜单命令，此时所打开的两个练习文件会重叠显示。

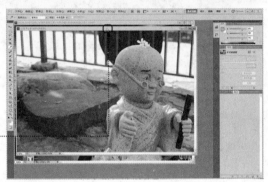

在窗口标题栏上按住鼠标左键不放并拖曳，可调整窗口重叠摆放的位置

3.并排显示 （横式）

当窗口处于浮动状态时，要以水平方式浏览，则选择"窗口"|"排列"|"平铺"菜单命令，此时所打开的两个练习文件会水平并排显示。

4.还原为默认的标签式排列

选择"窗口"|"排列"|"将所有内容合并到选项卡中"菜单命令，可将窗口的排列方式还原回默认的标签式排列方式。

1-4-3　调整图像的显示比例

在不影响原尺寸的前提之下，可依需求放大显示比例，以便专注于局部图像的调整；反之，若缩小显示比例，则能取得最佳的浏览状态，使编辑更加得心应手。

1.使用"缩放工具"调整显示比例

单击"工具"面板上的 🔍 "缩放工具"按钮，认识其选项栏中的各个设置项。

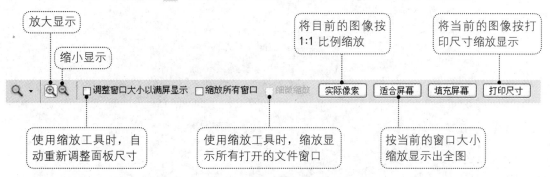

如上图所示，在对 🔍 "缩放工具"按钮的选项栏上的选项进行设置后，在图像上直接单击数下鼠标左键即可放大图像显示比例，或参考下面的示范操作方式。

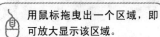

用鼠标拖曳出一个区域，即可放大显示该区域。

当窗口右侧或下方出现滚动条时，按住 Space 键不放，鼠标指针会呈 ✋ 状，再在图像上按住鼠标左键不放并拖曳，即可移动可视区域。

按住 Alt 键不放，鼠标指针会呈 🔍 状，再在图像上单击数下鼠标左键，即可缩小图像显示比例。

单击 🔍 "缩放工具"按钮，通过在其选项栏中单击"实际像素"、"适合屏幕"、"填充屏幕"、"打印尺寸"按钮，可快速调整当前活动窗口中的图像显示比例。

2.使用"导航器"面板调整显示比例

选择"窗口"|"导航器"菜单命令，在"导航器"面板中可调整图像显示比例并指定检查区域。

红框为文件区所显示的内容，当鼠标指针移至红框上时，鼠标将变成🖑状，再在图像上按住鼠标左键不放并拖曳，即可移动红框来指定检查区域

在"导航器"面板中拖曳"缩放显示滑块"，往左、右移动即可调整图像的显示比例

3.使用快捷键调整显示比例

按 Ctrl + + 键数次，可放大图像显示比例；按 Ctrl + − 键数次，可缩小图像显示比例。

1-5 返回上一个/多个操作步骤

当套用的效果或者设置的数值达不到预期效果，想要恢复时该怎么办呢？您可使用还原功能返回上一个步骤，或者在"历史记录"面板中指定要恢复的步骤。

1-5-1 通过菜单命令进行还原

选择"编辑"|"还原……"菜单命令，或者按 Ctrl + Z 键，不过此方法只能还原上一个刚完成的步骤。

1-5-2　利用"历史记录"面板进行还原

在"历史记录"面板中，在欲还原的步骤上单击鼠标左键即可还原（默认恢复前20个步骤）。

在"历史记录"面板中，所选中的步骤（蓝色部分）对应当前图像的状态。

在欲还原的步骤上单击鼠标左键，蓝色部分的步骤即会对应还原图像的状态。

1-5-3　将步骤恢复为最初打开的状态

若调整图像后又觉得不适合，想要重新进行设置，这时可以打开"历史记录"面板，直接在最上方的缩略图选项上单击鼠标左键，即可恢复到最初的状态。

提示 ▶ 设置历史记录数值

如果想在"历史记录"面板中显示更多记录步骤（最多1000个），则选择"编辑"|"首选项"|"性能"菜单命令，弹出"首选项"对话框，在此进行历史记录设置，但设置的值越大，所消耗的内存也将相应增加。

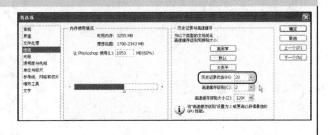

1-6 颜色管理与校正

在制作印刷成品时，色准是很重要的，所以把关屏幕质量好坏与硬件校色的设置就显得很重要，否则将会因为色差而导致事倍功半。其校正方式分为屏幕颜色与亮度、彩色打印机、软件自定义（Photoshop）三种。

1-6-1 设置屏幕颜色描述文件

在 Windows 操作系统中处理图像时，最害怕设计出来的图像，因为不同的外围硬件，而产生打印出的成品颜色与屏幕上显示的颜色不尽相同的情况。为避免这类颜色没有统一校正而产生变异的窘况再次发生，可以在颜色管理系统（Color Management System，CMS）中进行设置。

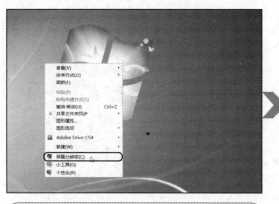

在桌面上任意空白处单击鼠标右键，在快捷菜单中选择"屏幕分辨率"命令。

在打开的"更改显示器的外观"界面中单击"高级设置"链接。

此时，产生的对话框可能因显卡的不同而略有差异，在"颜色管理"选项卡中单击"颜色管理"按钮。

在"设备"选项卡中勾选"使用我对此装置的设置"复选框，再单击"添加"按钮。

单击"浏览"按钮。

在"安装配置文件"对话框中选择 <C：\ Windows \ system32 \ spool \ drivers \ color> 文件夹下的 <sRGB Color Space Profile.icm> 文件后，再单击"添加"按钮。

返回"颜色管理"对话框，单击"关闭"按钮，再单击"确定"按钮完成设置。

提示 ▶ **sRGB 颜色设置文件**

<sRGB Color Space Profile.icm> 为大多颜色的设置文件，其中，sRGB指屏幕色温为6500K，Gamma 值为2.2；若在显示器操作手册中找到了指定的选项或其他特殊设置，那将会是更优先的选择。

1-6-2　设置打印机颜色描述文件

若要购买打印机的校色器，需要花费上万元，而且设置的操作步骤非常复杂，所以建议先通过该打印机专属颜色描述文件来设置。

选择"开始"｜"设置"｜"控制面板"｜"打印机和传真"菜单命令，在打印机上单击鼠标右键，选择"属性"命令。在弹出的对话框中选择"颜色管理"标签，之后的设置方式与屏幕设置相似，在此不再赘述。但要注意的是，建议一般用户还是使用打印机厂商提供的颜色描述文件。如果使用其他与计算机中安装的打印机不同的颜色描述文件，可能会导致无法打印或者破坏印刷的质量。

1-6-3　Photoshop颜色设置

Photoshop也有默认颜色管理的设置，可以设置工作空间以及嵌入描述文件，具体操作为：打开Photoshop CS5软件，选择"编辑"｜"颜色设置"菜单命令，弹出"颜色设置"对话框，即可进行相关设置。

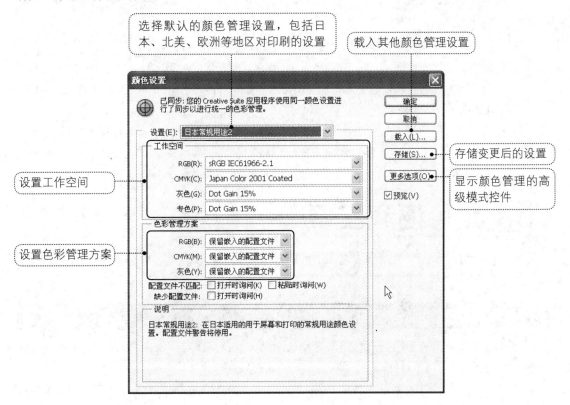

17

在"工作空间"选项组中，RGB选项主要在修改一般图像时使用，CMYK选项主要在印刷输出时使用，而如果是设计黑白作品，就会用到"灰色"选项。

1-6-4　使用校色器进行屏幕校色

屏幕使用久了，我们的眼睛就会习惯所呈现的颜色，即使屏幕呈现的颜色已经不准确，人们也不会注意到。因为屏幕本身的特性与工作环境对颜色有一定的影响，所以要定期为屏幕做好校色与颜色管理。

您不妨购买一个专业的屏幕校色器，定期为屏幕进行校色。由于校色器的种类不同，设置画面也不同，所以请参考校色器的说明书进行设置。

校色前的准备工作如下。

- 避免在校色的过程中屏幕进入休眠状态或变暗，因此先关闭电源管理和屏幕保护程序的设置。
- 为了得到精确的校正，屏幕周围不能有任何光线直射，而计算机的颜色质量需要24位以上或有1600万色。

大部分校色器软件都会针对色温、Gamma值与亮度选项进行设置。

- 色温：色温是指光的颜色，不同色光在不同温度时会产生不同色温，色温值越高就越偏蓝，色温值越低就越偏红。一般印刷品使用的色温值为5000～6000，用于网页的色温值约为6000。
- Gamma值：一般用曲线来描述Gamma值，Windows计算机的Gamma值一般为2.2，而Mac则为1.8。
- 亮度：调整屏幕显示的亮度，若计算机屏幕放置在较暗的场所，那么建议亮度值设置在80cd/m^{2}以下；若是明亮的场所，那么建议将亮度值设置在120cd/m^{2}以上。

1-7　其他便利工具

本节整理几个便利的工具，让用户在操作上更为方便。

1-7-1　复制当前作业窗口中的图像

当想要比较在同一张图像上套用不同特效的差异时，可以在页面中按1:1的比例直接复制图像（含图层与通道），对相同的文件做不同的处理来进行比较。

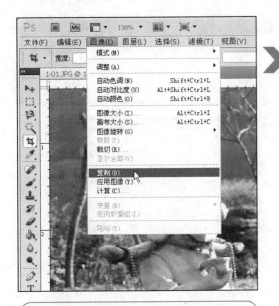

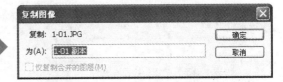

在弹出的"复制图像"对话框中输入文件名称，再单击"确定"按钮。

针对要复制的图像，选择"图像"|"复制"菜单命令。

复制出一个相同的文件，在标签的文件名后面会出现"副本"字样。

1-7-2　存储为PDF文件

　　PDF是一种便携式文件格式，此格式在对外公告或内部流通时可防止内容被篡改。只要安装了Adobe公司的免费软件Acrobat Reader（可以从http://www.adobe.com/网站免费下载），就可打开并阅读PDF文件。

　　打开本章范例原始文件<ex01A.psd>练习。

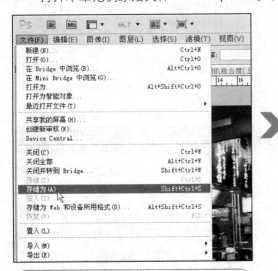

选择"文件"|"存储为"菜单命令。

先指定文件存储路径，接着输入文件名称，并设置文件格式为Photoshop PDF，再单击"保存"按钮。

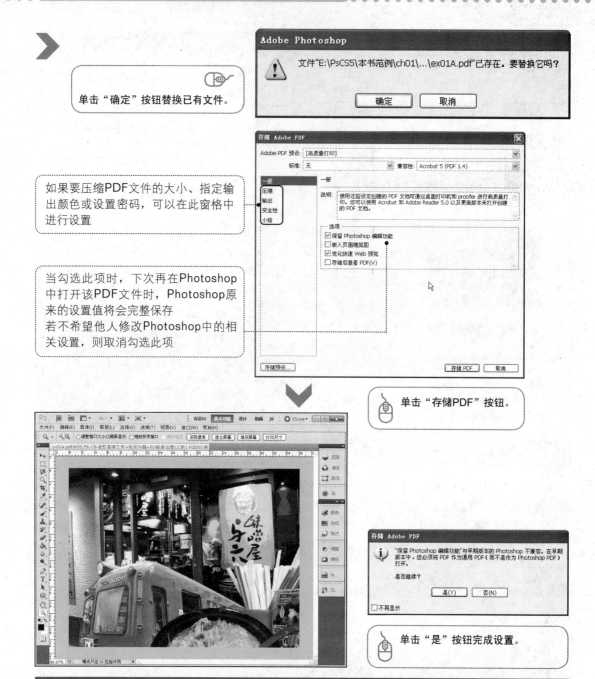

单击"确定"按钮替换已有文件。

> Adobe Photoshop
>
> 文件"E:\PsCS5\本书范例\ch01\...\ex01A.pdf"已存在。要替换它吗？
>
> 确定　　　取消

存储 Adobe PDF

Adobe PDF 预设：[高质量打印]

标准：无　　　兼容性：Acrobat 5 (PDF 1.4)

一般

如果要压缩PDF文件的大小、指定输出颜色或设置密码，可以在此窗格中进行设置

当勾选此项时，下次再在Photoshop中打开该PDF文件时，Photoshop原来的设置值将会完整保存
若不希望他人修改Photoshop中的相关设置，则取消勾选此项

单击"存储PDF"按钮。

存储 Adobe PDF

"保留 Photoshop 编辑功能"与早期版本的 Photoshop 不兼容。在早期版本中，您必须将 PDF 作为通用 PDF（而不是作为 Photoshop PDF）打开。

是否继续？

是(Y)　　　否(N)

单击"是"按钮完成设置。

1-7-3　设置虚拟内存的位置

　　虚拟内存是一种增加可用于程序的内存总量的技术，它使用硬盘上的空间来模拟RAM（内存）。选择"编辑"｜"首选项"｜"性能"菜单命令，弹出"首选项"对话框。

　　在"性能"界面的"内存使用情况"选项组中设置Photoshop可用的内存与实际使用值（经实务印刷用户测试，将"让Photoshop使用"文本框中的值调整为最大上限的60%左右最适宜）。一次使用软件的时间越久，操作记录越多，当系统中的内存不足时，Photoshop会将您在"暂存盘"选项组中指定的硬盘作为暂存磁盘。当暂存区内的数据变多，处理速度严重变慢时，请重新开机。（以专业设计师一天工作8小时为例，至少会重新开机3次。）

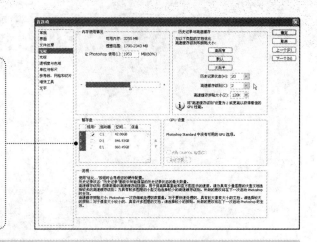

指定暂存盘的原则如下。
1. 为了取得最佳性能，暂存盘应该放在与正在编辑的任何大型文件所在磁盘不同的磁盘驱动器上。
2. 暂存盘不应该放在被操作系统当做虚拟内存的磁盘驱动器上，作为暂存盘的磁盘驱动器应该要定期进行重组。

提　示 ▶ 处理速度变慢的方法

　　如有上述暂存区数据变多，处理速度严重变慢的问题，也可以选择"编辑"｜"清理"菜单命令，清除指定的文件，以改善该问题。

 # 本章重点整理

　　（1）Photoshop支持的外部文件格式有Camera Raw、Cineon、Collada、CompuServe GIF、Dicom、EPS、Filmstrip、Google Earth、JPEG、OpenEXR、PCX、Photoshop PDF、PICT文件、Pixar、PNG、QuickTime影片、Radiance、Scitex CT、Targa、TIFF、U3D、大型文件格式（PSB）、便携位图（PBM）等。

　　（2）"工具"面板显示在窗口的左边，可以使用这些工具来选取、绘画、输入文字、取样、修补、编辑、移动、加注和检查图像。另外，还可以变更前景色/背景色。

　　（3）通 Shift 过"窗口"菜单可以打开或关闭右侧的浮动面板，而浮动面板是用来辅助修改与监控各种相关信息的。

　　（4）假如是修改原有的图像文件，选择"文件"｜"存储"菜单命令时，图像文件会直接进行存盘，而不会弹出"存储为"对话框，原来的文件内容则会被修改后的内容所覆盖。

　　（5）建议将制作的文件先存储成PSD格式，以保留制作时的对象与属性，然后再存储为可用的文件格式，防止临时要修改却找不到原始文件。

　　（6）在英数输入模式下，直接按各工具按钮名称右侧标注的快捷键，可直接切换至该工具按钮，再同时按住 Shift 键和工具按钮名称右侧标注的快捷键，可在工具列表中切换至不同的功能。

　　（7）选择"窗口"｜"工作区"｜"CS5 新功能"菜单命令，菜单栏会以蓝色底色的方式标识新功能。

　　（8）在"导航器"面板中拖曳"缩放显示滑块"，往左、右移动可调整图像的显示比例。

　　（9）单击 🔍 "缩放工具"按钮的选项栏中的各显示控制按钮："实际像素"、"适合屏幕"、"填充屏幕"、"打印尺寸"，可快速调整当前活动窗口中的图像显示比例。

　　（10）如果想在"历史记录"面板中显示更多的记录步骤，则选择"编辑"｜"首选项"｜"性能"菜单命令，弹出"首选项"对话框，在此进行历史记录设置。但设置的值越大，所消耗的内存也将相应增加。

Chapter 2

轻松管理图像媒体

拍 照的人越来越多，相片的存留量也越来越大，那么如何管理这些
图像文件？本章将介绍Mini Bridge和Adobe Bridge的操作环境，
以及如何使用这两个软件对照片进行排序与过滤、批重命名等，让您更
为方便地管理和预览图像文件。

2-1　Mini Bridge素材浏览与打开
2-2　Adobe Bridge图像高级管理

MANAGE MEDIA

ADOBE BRIDGE

Design Amazing Images

Discover New Dimensions in Digital Imaging

2-1 Mini Bridge素材浏览与打开

Mini Bridge是Adobe Bridge的简化版，Adobe Photoshop CS5有此新增的扩展功能，这样您可以更轻松、更有弹性地管理图像媒体并打开素材文件。

2-1-1 打开Mini Bridge

在Photoshop CS5以前的版本中，或许您会同时打开Adobe Bridge和Photoshop进行操作，这就相当于同时打开了两个应用软件，所以会占用许多系统资源。为了解决这个问题，Photoshop CS5中出现了Mini Bridge。

Photoshop CS5中内置的Mini Bridge拥有常用的图像管理功能，例如，浏览、打开、重命名、以幻灯片模式播放、排序、过滤等，这就大大减少了资源占用率。当然，Mini Bridge的功能不如Adobe Bridge强大，如果需要使用Adobe Bridge，可再打开该软件进行进一步的管理操作。

 选择"窗口"|"工作区"|"CS 5 新功能"菜单命令，在右侧出现的浮动面板中单击Mbi按钮，或者选择"文件"|"在 Mini Bridge 中浏览"菜单命令，即打开Mini Bridge。

在Mini Bridge面板的主页中单击"浏览文件"按钮。

2-1-2 Mini Bridge操作环境

打开Mini Bridge面板后，首先来认识一下该软件的操作环境。

❶ ◀ "返回"及 ▶ "前进"：前后画面可进行切换。

　 "转到父文件夹、近期项目或收藏夹"：可切换至父文件夹、最近打开的文件和收藏夹。

　 "主页"：单击此按钮，可回到面板的主页。

❷ Br "转到Adobe Bridge"：单击此按钮可打开Adobe Bridge软件。

　 "面板视图"：若选中"路径栏"、"导航区"和"预览区"选项，则相应的面板会显示出来。

　 "搜索"：可以根据指定的条件搜索文件。

❸ 路径栏：显示文件夹的路径，可直接在此进行文件夹的切换。

❹ "导航"面板：分为两个区块，可在"收藏夹"、"最近使用的文件夹"中打开文件，或者在"我的电脑"、"图片收藏"、My Documents等中打开文件。

❺ "预览"面板：预览在"内容"面板中单击的图像文件。

拖曳滑块即可调整缩图的大小

❻ "内容"面板：可浏览指定文件夹中的图像。在选中的图像文件名称上单击一下鼠标左键，即可重新命名；在选中的图像上单击鼠标左键不放，可将图像拖曳至"导航"面板的"收藏夹"和"收藏集"中。

❼ ▤ "选择"：针对"内容"面板中的图像提供"显示拒绝文件"、"显示隐藏文件"和"显示文件夹"，以及"全选"、"全部取消选择"和"反向选择"选项。

　 ▼ "按评级筛选项目"：按照当前文件夹中图像的星级等级或标记进行筛选。

　 ⬍ "排序"：按照当前文件夹中的文件类型、文件大小等进行排序。

　 ▣ "工具"：可将图像置入Photoshop或InDesign，还可以按照Photoshop或InDesign所提供的自动选项进行设置。

❽ ▦ "预览"：可使用"全屏预览"、"审阅模式"和"幻灯片放映"3种模式预览文件。

　 ▦ "视图"：可使用"缩览图"、"连环缩览幻灯胶片"、"详细信息"、"列表形式"等模式来浏览图像。

2-1-3　Mini Bridge常见应用

STEP 01 设置Mini Bridge

先打开Mini Bridge面板，在Mini Bridge面板主页中单击"设置"按钮，然后对两个选项进行设置。

单击此按钮就会恢复原始设置

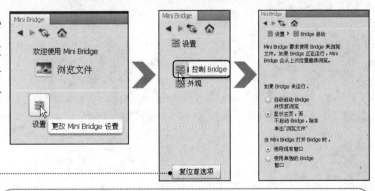

单击"Bridge启动"按钮，可针对Bridge和Mini Bridge的打开方式进行设置。

单击"外观"按钮，"用户界面亮度"可调整用户界面的明亮度，"图像背景"则是调整"内容"面板、"预览"面板背景的明亮度。

STEP 02 浏览并打开图像文件

首先将＜本书范例\ch02\原始文件＞中的＜我的相册＞文件夹，复制到C盘根目录下，接着回到Mini Bridge面板的主页，再单击"浏览文件"按钮。下面为浏览此文件夹中的文件以及打开图像文件的操作步骤。

在路径栏上通过单击 ▶ 按钮选择"我的电脑"｜"本地磁盘（C：）"｜"我的相册"，在"内容"面板中即可浏览此文件夹内的图像文件。

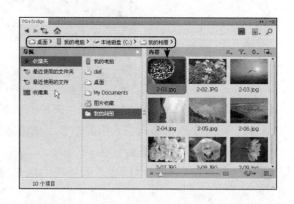

现在要在Mini Bridge面板中打开图像文件，操作步骤如下所示。

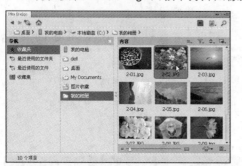

在"内容"面板中要打开的图像缩略图上双击鼠标左键。

即可在Photoshop中打开该图像。

STEP 03 为图像文件重新命名

若想为图像文件重新命名，可在"内容"面板中进行设置，但是一次只能对一个图像文件重新命名。

在"内容"面板中要重新命名的图像缩略图上单击鼠标右键，在弹出的快捷菜单中选择"重命名"菜单命令，即可为文件输入新的名称，再单击 Enter 键完成设置。

STEP 04 从"收藏夹"中添加或移除图像文件

如果在工作时经常打开一些图
像，那么可以将这些图像加入到
"导航"面板中的"收藏夹"
中，以便下次能快速打开。

在"内容"面板中选中一个图像缩略图，单击鼠标右键，在弹出的快捷菜单中选择"添加到收藏夹"菜单命令。

在"导航"面板左侧单击"收藏夹"，在右侧可看到加入收藏夹的图像文件。

　　若要删除"收藏夹"中的图像文件，则在"导航"面板右侧要删除的图像上单击鼠标右键，从弹出的快捷菜单中选择"从收藏夹中移去"菜单命令。

2-2　Adobe Bridge图像高级管理

Adobe Bridge就像Photoshop专属的文件总管，提供了预览图像、调整大小、旋转角度、批重命名等功能，并可查看JPG、TIFF、SWF、FLV、RAW格式的文件。

2-2-1　进入Bridge

　　选择"开始"|"所有程序"|Adobe Design Premium CS5|Adobe Bridge CS5菜单命令，或者在Photoshop中单击 Br 按钮，即可打开Adobe Bridge CS5。

2-2-2　Bridge的操作环境

　　将<本书范例
\ch02\原始文件>中的
Photo文件夹复制到C盘根
目录下，以供后续使用。

单击"文件夹"面板，选择<C：\Photo>文件夹，在"内容"面板中即可浏览此文件夹中的文件。

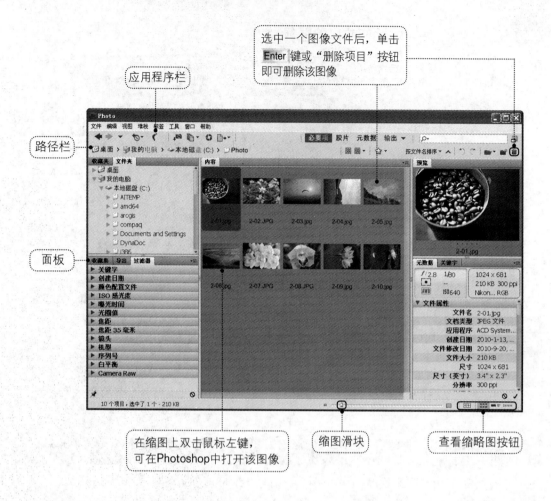

1.应用程序栏

应用程序栏分成三个区，左侧提供前后画面切换、查看最近打开的文件列表、返回Adobe Photoshop、从相机获取照片、输出等功能按钮；中间为切换工作区，可更换工作区的操作环境；右侧为搜索栏、切换紧缩或完整模式。

2.路径栏

路径栏分成两个区，左侧显示文件夹的路径，并可进行文件夹的切换；右侧为过滤、排序、旋转、打开文件和删除等功能按钮。

3.面板

提供了9个面板，可根据自己的需求在相关面板中进行设置。

- "收藏夹"面板：将经常浏览的文件夹存放于此。
- "文件夹"面板：浏览文件夹的内容。
- "过滤器"面板：根据图像创建日期、文件类型等信息对当前选中的文件夹中的文件进行过滤。
- "收藏集"面板：将相同类别的图像建立为集合，以便进行浏览。
- "导出"面板：将图像导出至指定的路径中。
- "内容"面板：显示选中文件夹中的图像，可运用窗口右下角的查看缩略图按钮来变换浏览模式。
- "预览"面板：以缩略图方式预览"内容"面板中选取的图像。
- "元数据"面板：针对图像显示文件属性，例如文件类型、光圈等拍摄时的相关信息。其中，EXIF记录数码相机在拍摄时的光圈、快门、ISO、日期、相机型号等信息。对单眼摄影爱好者而言，是更加详细的重要参考信息。
- "关键字"面板：可为图像加上关键字，以便搜索或过滤图像。

2-2-3　旋转直式图像

看着计算机中的一堆图像战利品，有些是直式显示，有些是横式显示，这在浏览时是很不方便的，有没有什么方法快速整理一下呢？

 按住 Ctrl 键不放，再一一选取要旋转的图像，再单击"逆时针旋转90°"按钮。

29

在"内容"面板中可看到已完成此批图像调整的动作。

2-2-4 为图像文件批重命名

使用数码相机拍照时，相机会按照默认的流水号为图像命名，然而若需更改文件名时，除了在缩略图上一张张单击 F2 键并进行修改外，能不能一次更改多张图像文件的文件名呢？

选择"编辑"|"全选"菜单命令，将目前文件夹中的图像全部选取，也可按住 Ctrl 键不放，选取欲重新命名的图像文件。

选择"工具"|"批重命名"菜单命令。

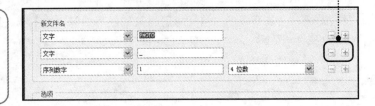

单击⊞按钮，可在文件名中新增更多文字；
单击⊟按钮，可在文件名中移除文字。

在"新文件名"选项组中有4
个可进行预设的选项，此处
可单击第二个选项右侧的⊟按
钮，移除此项目。

在"目标文件夹"选
项组中选中"在同一
文件夹中重命名"单
选按钮。

在"新文件名"选项组中进行如下设置：第一个"文字"文本
框中输入PHOTO，第二个"文字"文本框中输入_，在"序列
数字"文本框中选择"3位数"，完成设置后可立即在下方"预
览"面板中看到新的文件名称，最后单击"重命名"按钮。

在"内容"面板中可看到图像已全部重命名。

2-2-5 添加关键字来分类整理文件

如何将计算机中的数码图像文件分类？按照日期，还是按照图像性质呢？随着数码相机的普及，图像只会越来越多，当着急用图像又找不到需要的图像文件时怎么办呢？若能在图像属性中加入一些关键字，那么应该会有相当的益处。

STEP 01 建立关键字类别

首先在"关键字"面板中新建一个"风景"关键字。

 单击"关键字"面板右侧的 ▤ 按钮，在弹出菜单中选择"新建关键字"命令。

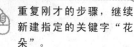 重复刚才的步骤，继续新建指定的关键字"花朵"。

输入指定的关键字"风景"后，按 Enter 键，完成新建关键字的动作。

STEP 02 指定关键字

下面要将图像添加到刚才所建立的关键字类别中。

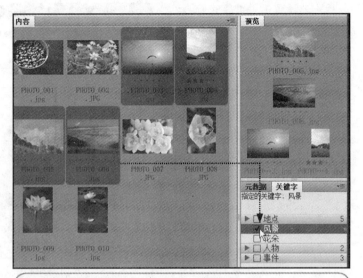

按住 Ctrl 键不放，再选取要指定为风景类别的图像，然后在"关键字"面板中选中"风景"，即可在图像信息中添加"风景"关键字。

按照相同的方法为花朵类图像添加"花朵"关键字。

提 示 关键字其他相关设置

1.一张图像可以设置多个关键字。

2.因为关键字是设置在图像的属性信息中的，所以图像外观并未产生变化。若想了解是否成功添加了关键字，则选择"视图" | "详细信息"菜单命令进行查看。

STEP 03 ▶ 查找图像

利用刚才设置的关键字来查找图像。

选择"编辑"|"查找"菜单命令，弹出"查找"对话框。

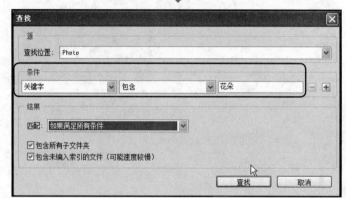

在"查找位置"下拉列表框中选择Photo，在"条件"选项组中分别设置"关键字"、"包含"、"花朵"，再单击"查找"按钮。

在"内容"面板中就可看到以"花朵"为关键字找到的图像。

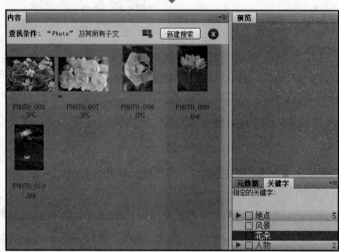

　　完成查找动作后，可单击"内容"面板中的 ⊗ "取消"按钮，取消此次搜索，这样即可再次显示文件夹中的所有文件。

2-2-6 排序与过滤

　　Adobe Bridge 在"内容"面板中默认以"文件名称"排序文件，通过"排序"功能可按照不同的方式来排序文件；"过滤器"面板则可按照评级、标签、文件类型、关键字、创建日期或修改日期等指定排序条件，以控制出现在"内容"面板中的文件。

STEP 01　文件排序

　　选择"视图"|"排序"菜单命令，或者单击应用程序栏中的"排序"按钮，按照所提供的条件进行排序。

　　　　　　　　　　　　单击此按钮，图像会按照递增或递减的顺序排列

　　单击应用程序栏中的"排序"按钮，弹出菜单中提供了11种排序方法，在此选择"按尺寸"进行排序。

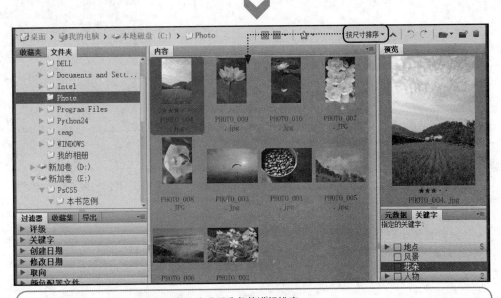

　　在"内容"面板中可看到图像已按照所选条件进行排序。

STEP 02　过滤文件

"过滤器"面板所列出的条件是按照"内容"面板中文件的相关属性与信息来建立的，所以每个文件夹所显示的过滤条件会随着文件特性而有所不同。试着在"过滤器"面板中指定更多条件进行文件过滤。（若无过滤器面板，则选择"窗口" | "过滤器面板"菜单命令。）

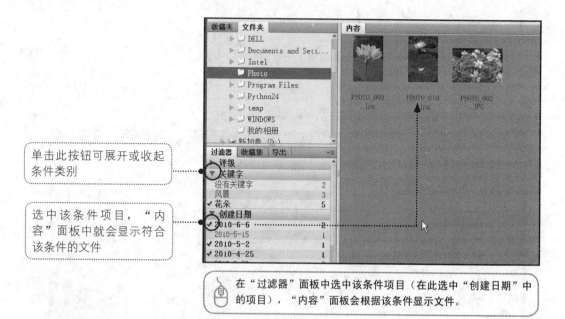

单击此按钮可展开或收起条件类别

选中该条件项目，"内容"面板中就会显示符合该条件的文件

在"过滤器"面板中选中该条件项目（在此选中"创建日期"中的项目），"内容"面板会根据该条件显示文件。

STEP 03　清除过滤条件

若想要清除过滤条件，可以在"过滤器"面板下方单击 ⊘ 按钮，"内容"面板即可显示全部的图像。

提示 如何在"过滤器"面板中选择多个过滤条件

　　1.同类别选取条件：例如，在"文件类型"类别中，若要同时显示TIFF与JPEG两种格式的文件，则分别选中TIFF和JPEG格式。

　　2.跨类别选取条件：例如，要显示具有3颗星的TIFF和JPEG格式的文件，在"文件类型"类别选中TIFF和JPEG格式，并在"评级"类别中选中3颗星的图标。

本章重点整理

（1）打开Mini Bridge面板：单击Photoshop应用程序栏中的 按钮即可打开Mini Bridge，或者选择"文件"|"在 Mini Bridge 中浏览"菜单命令。

（2）在Mini Bridge面板主页上单击"设置"按钮，可设置两个选项：单击"Bridge 启动"按钮，可针对Bridge与Mini Bridge的打开方式进行设置；单击"外观"按钮，"用户界面亮度"可调整用户界面的明亮度，"图像背景"则是调整"内容"面板、"预览"面板背景的明亮度。

（3）在Mini Bridge中为图像文件重新命名的方法：在"内容"面板中要重新命名的图像缩略图上单击鼠标右键，在弹出的快捷菜单中选择"重命名"命令，即可直接输入新的名称，再按 Enter 键完成设置。

（4）在Mini Bridge中将图像文件加到"收藏夹"的方法：在"内容"面板中要添加到"收藏夹"的图像缩略图上单击鼠标右键，从弹出的快捷菜单中选择"添加到收藏夹"命令。

（5）关于Bridge：它提供了预览图像、调整大小、旋转图像、批重命名，并可查看JPG、TIFF、SWF、FLV、RAW规格的文件。

（6）Bridge批重命名文件的方法：选择欲重新命名的图像，选择"工具"|"批重命名"菜单命令，进入"批重命名"对话框，设置目标文件夹、新文件名等选项。

（7）Bridge创建关键字类别：单击"关键字"面板右侧的 按钮，从弹出菜单中选择"新建关键字"命令，输入指定的关键字，按 Enter 键完成。

（8）一张图像可以重复设置多个关键字，而关键字设置在图像内建信息中，可以选择"视图"|"详细信息"菜单命令进行查看。

（9）"过滤器"面板中所列出的条件是依据"内容"面板中的文件相关属性与信息来建立，所以每个文件夹所显示的过滤条件会随着文件特性而有所不同。

（10）Bridge 为文件排序的方法：选择"视图"|"排序"菜单命令，或者使用应用程序栏中的排序按钮所提供的条件进行排序。

（11）Bridge过滤文件的方法：选择"窗口"|"过滤器面板"菜单命令，在"过滤器"面板中可指定条件进行文件过滤。

Chapter 3

为图像排除基本问题

本章将从数码图像的基本概念开始讲解，然后针对歪斜图像、图像大小、色偏、曝光过度或不足等图像常见问题介绍处理办法，并带领读者轻松快速地调整图像。

LENS CORRECTION

Design Amazing Images

STRAIGHTEN IMAGE

Discover New Dimensions in Digital Imaging

3-1 数码图像的编修流程与概念

在处理数码图像前，先了解一下数码图像的基本概念与相关元素，为图像编修打好扎实的基本功。

3-1-1 编修流程图

在用数码相机拍照时，往往是看到就拍，所以拍出来的图像常会歪歪斜斜，或光线、颜色不尽理想，这时该如何调整呢？通过下图，您可以轻松掌握图像的基本编修流程。

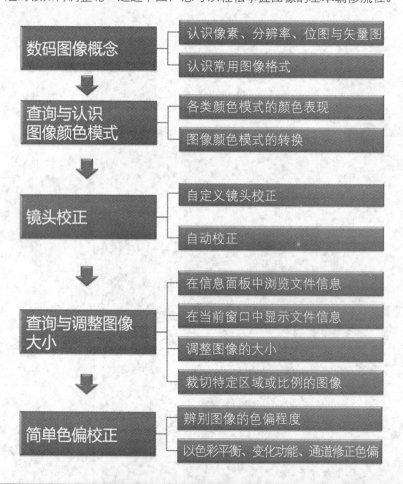

3-1-2 像素

像素（Pixel）是计算机上用来记录图像的基本元件，也是组成位图的最小单位，像素数量越多，图像表现就会越细微，图像质量和文件也会相应增加；反之，像素数量越少或图像放大到一定程度以上，图像边缘处就会产生失真型的锯齿状（一种类似马赛克的色块，如P44所示）。

以1024×768像素的图像为例，共有1024×768＝786 436（约80万像素），而此概念也适用于现在流行的数码相机。一般，判断数码相机图像的质量最常考虑的因素就是它的最高像素是多少。以Nikon D200为例，它的最高像素就是由最大的摄影大小3882×2592＝10 062 144（1000万像素）所得。

3-1-3　分辨率

由许多不同颜色拼凑起来的像素所构成的集合体称为分辨率（dots per inch，dpi）。分辨率高的图像意味着每英寸内的像素密集，所记录的图像信息丰富，图像质量高，从而图像印刷质量也就越好，反之则越粗糙。

（1）印刷输出分辨率：300dpi。

如果图像作品要应用在杂志或相关印刷品上，那么建议将图像的分辨率设为300～350dpi，低于此分辨率会造成作品印刷时产生失真不佳的情况，而一般文书报告则是150dpi。

（2）照片冲洗输出分辨率：254 dpi。

当数码相机或手机拍摄的照片要到照相馆冲洗时，建议将分辨率设为254dpi以上，这样才不会有图像失真模糊的情况发生。

（3）网页、多媒体输出分辨率：72dpi。

网页、多媒体等在屏幕上呈现的作品，建议将分辨率设为72 ～ 96dpi即可，这样所能表现的色域较广，也可以采取较艳丽的颜色。

分辨率较低　　　　　　　　　　　　　分辨率较高

提 示　图像分辨率与设备分辨率

一般，使用在图像上的分辨率单位为ppi，指每英寸所包含的像素数；而输出设备分辨率的单位为dpi，指每英寸可产生的点数。

3-1-4　位图与矢量图

数码图像可分成两种图像类型：位图与矢量图，Illustrator CS3、CorelDraw、Freehand、Flash是矢量软件中使用较多的软件；而位图处理软件则以Photoshop最为著名。

1.位图

位图是以像素点为基础，用点的方式来记录图形中所有使用到的颜色色码，像拼图一样组成整张图像。位图能真实地呈现图像原貌及颜色上的细微差异，但放大后会产生如马赛克色块的锯齿边缘。

2.矢量图

矢量图以数学运算为基础，就像两点成一直线的概念，这两点的距离可以是1cm，也可以是10cm，所形成的直线是根据两点的距离重新计算出来的，因此不会牵涉到分辨率的问题，当然也就没有放大后会失真，产生锯齿状的问题。所以，矢量图的文件大多比位图小，这也是网络上Flash矢量动画会如此盛行的一个很重要的原因。

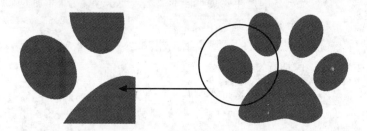

3.位图与矢量图的应用范围

一般而言，位图适合如人物、风景、产品等这类需要表现真实图像的图像，因为像素可以忠实地记录所有的图像信息；而矢量图则是适合卡通、线条明显等比较抽象意念表现的图像，因为矢量图在颜色的表现上不及位图来得细腻（尤其在渐变色上），它无法完整记录图像的信息，只能以线条模拟出类似的效果，因此矢量图一般给人的印象多为拟真的感觉，不易产生如照片拍摄出来的细腻质感，但它是讲究精准的设计图最好的选择。

位图   矢量图（第9章有关于矢量图制作的详细说明）

3-1-5　常用图像格式

在图像处理后，必须注意图像的用途与存储的文件格式，这样才可以让该图像符合输出设备的需求，并能在不同平台上使用。

1.PSD格式

PSD是Photoshop专用的文件格式，它可以保留各种图层、通道、混合模式等完整的图像结构信息，方便日后再进行修改。而文件中所包含的信息越多，文件所需的存储空间也就越大，就像PhotoImpact的UFO文件格式一样。

2.GIF格式

这是网络上普及率最高的图像格式，大多数在网页上看到的动画、商标、卡通、简单按钮、背景等都是采用GIF格式。GIF格式文件采用非破坏性的压缩方式，GIF有两个版本：GIF87a与 GIF89a，后者支持动画功能及透明背景。

（1）支持2～256种颜色：GIF格式最多仅能存储256色，所以对于颜色较丰富（如照片）以及连续性的渐变图像就不是很适合，GIF比较适合像卡通、文字、商标等色块明显、颜色较少的图像。

（2）支持透明背景：一般图形都是四四方方的，通过透明背景的设置，就可以顺利地将各种不同形状的图形与网页中的背景相结合。不过，GIF只能设置单一颜色透明，图像上该颜色的所有地方将会被视而不见。

（3）支持动画制作：其实，动画就像是一般动画片一样，它是由一张张的胶片连续播放所看到的结果，GIF动画也是如此。所以简单来说，网络上看到的GIF动画就是将多张GIF图像组合在一起形成的。

3.JPG格式

如果想要将照片、海报、风景图等放到网页上，JPG格式是很好的选择，因为它支持全彩图像与高效率的压缩比，属于破坏性的压缩。

（1）支持全彩：所谓的全彩即1 677万色，比起GIF格式的256色，颜色丰富太多了。因此，颜色丰富的图像都可以采用JPG格式，以取得较佳的视觉效果，尤其是具有连续性的颜色，例如，渐变、柔边、阴影等，表现会相当出色。

（2）高效率的压缩比：JPG格式提供高效率的压缩比，使用者可以自由调整，以取得最佳的图像质量以及文件最佳的平衡。由于JPG格式属于破坏性压缩格式，因此，只要压缩后就不可能再恢复原来的图像质量，所以建议最好将原始文件另存起来，以备下次使用。

原图   JPG格式压缩至2%

注意 **为什么存储为JPG格式的文件图像质量变差了？**

JPG属于破坏性压缩格式，每次保存文件时就默认以一定比例压缩，因此会造成文件保存次数越多，图像质量越差，所以，若正在编辑图像，建议将文件存成非破坏性压缩格式。

4.PNG格式

PNG格式是近年来才兴起的网络图像格式，只有IE 4和Netscape 4以后的浏览器才能读取，可以说，它是GIF的未来代言人，它是由GIF开发团队针对GIF格式的缺点改良的，但由于版权的问题，所以以另一种格式名称出现，不过，它并不支持动画功能。

（1）支持全彩：和JPG一样支持全彩图像，颜色丰富的图像使用该格式可以取得不错的视觉效果，尤其是具有连续性的颜色，例如，渐变、柔边、阴影等，使用该格式时表现相当出色。

（2）支持256种阶层的透明度：PNG格式可以携带Alpha Channel通道，可以设置从透明到不透明共256种阶层的透明度，比起GIF格式只能设置一种颜色的透明高明许多，像一般柔边的半透明效果就得使用它才能得到想要的效果。不过，由于各大浏览器在透明度的支持上并不是很好，因此，在使用带有Alpha Channel的PNG图像时，可能会看到灰色的边缘而让效果大打折扣。

（3）不失真的压缩技术：PNG格式使用非破坏性的压缩技术，压缩效率也很不错，但是整体而言，文件大小会比JPG格式大一些。

经过以上的说明，是不是对GIF、JPG、PNG这三种在网页中最常用的图像格式有了进一步的了解呢？下面再把它们的特性整理在表3-1中。

表3-1　GIF、JPG、PNG三种图像格式的特性

图像格式	GIF	JPG	PNG
压缩比例	高	极高	高
输出类型	黑白、灰度、16色、256色	灰度、全彩	黑色、灰度、256色、全彩
透明设置	有	无	有
动画	有	无	有
适合处理的图像类型	颜色单纯或有动表现的图像	一般照片（人物、风景），或有渐层、柔边、阴影等效果的高复杂图像	因颜色输出类型较广，故较无限制
各浏览器的普及与支持	高	高	低

5.BMP 格式

BMP格式文件是以Bit-Mapped方式组成的图形文件，是微软为了Windows独自发展的一种图像格式。此文件格式虽然应用广泛，但是其缺点是无法压缩RGB全彩图像，所以占用了较大的存储空间；而16色、256色、灰度图像可以使用RLE（RUN-Length Encoded）技术进行非破坏性的压缩，压缩后的图像虽然不会失真，但是在文件保存及打开的速度上会变慢许多。另外，此格式支持RGB全彩、16色、256色、灰度、黑白及24bit等图像类型，但48-bit RGB全彩及16-bit灰度的图像，则无法存储为BMP格式文件。

6.TIF格式

TIF是一种比较灵活的位图图像格式，现在，Windows主流的图像应用程序都支持此格式。TIF格式可以制作质量非常高的图像，因而经常用于出版印刷。它支持RGB全彩、16色、256色、灰度、黑白等图像类型，将图像文件存储成.tif格式后，可以交由照相馆冲印或印刷公司使用。当TIF文件不压缩时，文件体积较大；当压缩TIF文件时，可以采用LZW、JPEG、ZIP 3种压缩方式。

7.RAW格式

RAW是中高级数码相机中可存储的格式，是直接由CCD或CMOS感应元件取得的原始资料，属于尚未经过任何处理 （曝光补偿、色彩平衡、对比调整等）的非破坏与非压缩文件格式，因此也提供了更多后期处理的弹性空间。PhotoImapct软件不能将文件存储为RAW格式文件，但可以打开RAW文件并进行修改。

8.PDF格式

PDF格式常作为对外公告与内部流通资料的文件格式，它可以保留原有文件的字体、画布格式、矢量图与位图，又可以防止文件被篡改。

9.EPS格式

EPS格式为最常用的矢量文件格式，常用于印刷时输出颜色精确的矢量或图像图形，是分色、印刷、美工、排版工作人员常使用的文件格式。

3-2 查询与认识图像颜色模式

不同的图像颜色模式所记录的颜色数与颜色种类均不同，因此，也会影响图像呈现出来的效果。图像色彩类型有灰度、位图等，主要是配合各图像的实际需求来进行设置。

颜色模式

在尽情地进行图像校正前，希望您能对颜色有一定的认识，这对以后图像设计的色泽控制非常有帮助。每一种配色都有不同的表现方式，就像市面上各种品牌的番茄汁，各拥有其独特的口感，因此，可以按照具体需求来适当应用。一般来说，正常人的眼睛可分辨出约10 000多种色泽，而在计算机中所呈现出的颜色，皆由基本色混合而成，具体说明如下。

1.CMYK颜色模式

应用到印刷品使用CMYK颜色模式（青Cyan、洋红Magenta、黄Yellow、黑black）。

CMYK颜色模式以"色减法"混合出各种颜色，颜色在相互混合后，重叠的部分会越加越暗。不论用什么软件制作，如果最后的作品要印刷，那么就必须转成CMYK模式 （印刷四原色），这样可以让印刷品表现得颜色更细腻。但要注意的是，在CMYK颜色模式下，Photoshop中有些滤镜与设置功能会无法使用，因此建议先以RGB颜色模式编辑，待最后再将RGB颜色模式转换为CMYK颜色模式。

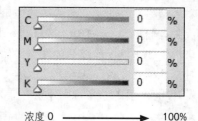

浓度 0 ————————→ 100%

2.RGB颜色模式——全彩图像

应用到网页、多媒体，使用RGB颜色模式（红Red、绿Green、蓝Blue）。

RGB模式可呈现艳丽的颜色，一般数码相机或手机拍摄的图片均为此模式，若作品最后通过屏幕输出 （例如，网页、多媒体设计），则选择此颜色模式。

RGB颜色模式通过"色加法"将颜色的三原色（红、绿、蓝）混合出各种颜色，如 （R255、G255、B255）会产生白色，颜色在相混合后重叠的部分会越加越亮。以一张24 bit全彩图像来说，每个像素由8个位所组成，由$2^8=256$可知，每个原色从最暗到最亮共有256种明暗变化，数值为0时最暗，为255 时最亮，所以共有256×256×256（近1700万）种颜色，涵盖了大部分肉眼可辨别的颜色。当RGB 为最大混色时（数值皆为255），就会形成白色。

3.Lab颜色模式

Lab模式是指人的眼睛可看见所有颜色的颜色模式，它所描述的是颜色的显示方式，而不是设备（如显示器、桌面打印机或数码相机）生成颜色所需的特定色料的数量，它能定义的颜色范围很宽，所以颜色管理系统将它视为一种色标参

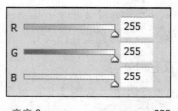

亮度 0 ————————→ 255

考，能将颜色按照预计从一种颜色模式转换成另一种颜色模式。如RGB模式转换成CMYK模式，Photoshop会自动将RGB模式先转换为 Lab 模式，再转换成CMYK模式。

Lab由三个通道组成，L为其中的一个通道，是指亮度，用来控制图像的亮度与对比度，其值的范围为0～100，另外两个颜色通道则用A和B来表示。A通道包括的颜色是从深绿（低亮度值）到灰色（中亮度值）再到亮粉红色（高亮度值）。B通道则是从亮蓝色（低亮度值）到灰色（中亮度值）再到黄色（高亮度值），将这些颜色混合后则会产生明亮的颜色。

4.HSB颜色模式

HSB模式（色相Hue、饱和度Saturation、亮度Brightness）并非基本色的组合，而是以色相 （泛指所有颜色）、颜色饱和度 （颜色的鲜艳程度） 与亮度 （或称为灰度，由颜色中加入白色的多少来决定）三种数值来决定的配色模式。

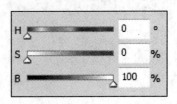

> **提 示▶ "拾色器" 对话框中的颜色混色**
>
> 在Photoshop的 "拾色器" 对话框中可看到：HSB （色相+饱和度+亮度）、RGB （显示器上的颜色）、Lab （明亮度）、CMYK （印刷色）。若出现⚠图标时，则表示设置的颜色为混色，并不是印刷的标准色，如果该成品将要在印表机或印刷厂印刷时，建议重新选择。
>
>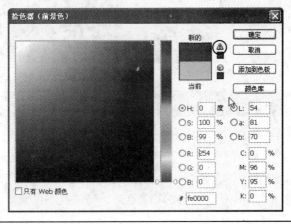

5.灰度模式

灰度模式是在图像上使用高达256种不同的灰色所组成，灰度图像上的像素所包含的亮度值范围为0（黑色）～225（白色）。

6.位图模式

位图模式是由黑白两种颜色的点点所构成的图像，因此也可称为点阵化1位的图像，其位深度为1。

7.双色调模式

双色调模式是指由色阶加上4种以内的彩色油墨作为颜色变化，建立单色调、双色调（2种颜色）、三色调（3种颜色）和四色调（4种颜色）的灰度图像，所以在Photoshop中被视为单一通道、8位的灰度图像。

8.索引颜色模式

索引颜色模式会选择最接近的颜色或使用混色，自动模拟产生256色的8位图像文件。因为色盘有限，所以索引颜色模式会裁减文件大小。当用于多媒体、网页等时，由于需要维持图像质量的视觉需求，因此建议转换为RGB颜色模式，这样才不会有编辑上的限制。

检查图像模式

有些图像以直接目测的方式，实在很难准确判断出到底是属于何种模式，这时选择"图像" | "模式"菜单命令，即可得知该图像的颜色模式及相关属性。

图像模式的转换

图像的颜色模式会影响文件的大小，所以须视用途来选用、转换。一般来说，使用的图像在输入计算机中时都已属于全彩类型，若要使用Photoshop中的各种功能，例如，焦距设置、颜色替换、绘图、特效、滤镜等，一定得使用全彩类型的图像；若图像非此类型，则选择"图像" | "模式"菜单命令，使用其中的功能选项即可转换图像类型。（可打开本章范例原始文件<3-01.jpg>练习）

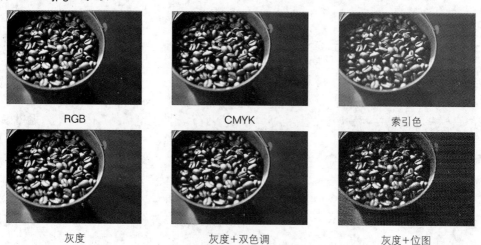

RGB   CMYK   索引色

灰度   灰度+双色调   灰度+位图

3-3 歪斜或变形图像编修

有时，拍摄出来的图像歪斜了、变形了，或者想要缩放图像而不变形怎么操作，那么该如何进行修正呢？本节将一一说明。

3-3-1 裁切歪斜图像

在翻拍的过程中，常会因为玻璃画框或光线不足引发相机的闪光灯模式，从而造成翻拍的图像产生反光现象。为了避免这样的问题，在拍摄时就必须采用仰角方式取景，但这样拍摄会导致拍摄的图像歪斜，这时可以使用裁剪工具让图像恢复原有的角度与显示比例。

▶ *Before*

▶ *After*

学习难易：★ ★ ☆ ☆ ☆

作品分享：随书光盘<本书范例\ch03\完成文件\ex03A.psd>

速学流程：

❶ 单击"工具"面板上的"裁剪工具"按钮，在图像上拖拉出一个裁切区域。

❷ 在选项栏中勾选"透视"复选框。

❸ 移动图像控制点调整裁切区域。

❹ 在裁切区域中，待鼠标指针呈 ▶ 状时，双击鼠标左键完成歪斜剪裁。

STEP 01 任意拖拉出一裁切区域

打开本章范例原始文件<3-02.jpg>，单击"工具"面板上的"裁剪工具"按钮，在选项栏中单击"清除"按钮，先清除以前的相关设置。

开始在图像上裁切。

在图像上按住鼠标左键不放，从左上往右下拖拉出一个裁切区域。

STEP 02 运用透视调整控制点

完成裁切区拖拉后，接着要设置裁切区控制点。

在选项栏中勾选"透视"复选框，将鼠标指针移至图像4个角落的控制点呈 ▶ 状，按住鼠标左键不放，调整裁切控制点的位置。

接着将鼠标指针移至裁切区中，待其呈 ▶ 状，双击鼠标左键即完成歪斜图像的调整。

3-3-2　调整歪斜的图像

　　扫描的文件或用数码相机翻拍的照片很容易发生角度微倾的情况，导致图像的水平线或者垂直线歪斜。这时就可以使用标尺工具先计算出角度，再设置图像旋转角度，这样原本歪斜的图像就转正了。

▶ *Before*

▶ *After*

学习难易：★ ★ ☆ ☆ ☆

作品分享：随书光盘＜本书范例\ch03\完成文件\ex03A.psd＞

速学流程：

❶ 单击"工具"面板上的"标尺工具"按钮。

❷ 按住鼠标左键不放，拖拉出一条水平线。

❸ 在选项栏中单击"拉直"按钮，完成设置。

STEP 01 利用标尺工具画出水平线

打开本章范例原始文件<3-03.jpg>，可以看到图像中的摩天轮明显歪斜了。接着使用标尺工具在图像上拖拉出一条水平线，让Photoshop去判断此图像的水平位置，再由此计算出歪斜的角度。

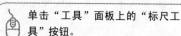

单击"工具"面板上的"标尺工具"按钮。

将鼠标指针移至左下角，按住鼠标左键不放，沿着下方建筑物的屋顶拖拉出一条水平线至图像右侧位置。

STEP 02 依标尺水平线拉直并裁切图像

当拖拉好水平线后，Photoshop会依此标尺水平线自动计算出旋转角度，进行图像旋转，并自动裁切掉图像多余的白边，让图像更加完美。

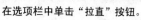

在选项栏中单击"拉直"按钮。

很快，经过自动运算与调整，Photoshop将图像旋转。

3-3-3 使用内容识别比例缩放图像

使用广角镜头可以将想要的景象全部纳入照片中，若没有广角镜头，还可以将所拍摄的一般照片制作出广角效果吗？答案是肯定的。只要运用"内容识别比例"功能，就能轻松达到您的目标。

▶ *Before*

▶ *After*

学习难易： ★ ★ ☆ ☆ ☆

作品分享： 随书光盘＜本书范例\ch03\完成文件\ex03C.psd＞

速学流程： ....

❶ 将"背景"图层拖拉至最下面的 ▣ "创建新图层"按钮，再松开鼠标左键，即可复制图层。

❷ 选择"图像"|"画布大小"菜单命令。

❸ 选择"编辑"|"内容识别比例"菜单命令，拖拉图像上的控制点来缩放图像。

STEP 01 ▶ 复制"背景"图层

先打开本章范例原始文件＜3-04.jpg＞，再打开"图层"面板，进行以下操作。

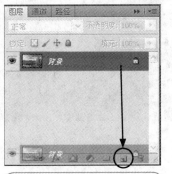

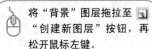

将"背景"图层拖拉至 ▣ "创建新图层"按钮，再松开鼠标左键。

即在"背景"图层上方产生一个内容一样的新图层。

STEP 02 扩展画布

调整画布的大小。

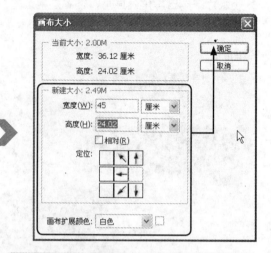

选择"图像"|"画布大小"菜单命令。

将"定位"设置为右中间，"宽度"为45cm，"画布扩展颜色"为"白色"，再单击"确定"按钮。

在作业窗口中可看到图像左方扩展的白边。

STEP 03 使用内容识别比例

使用"内容识别比例"可以在调整图像时，不影响视觉内容。通过该功能缩放图像，使其符合画布大小。

在"图层"面板中单击"背景 副本"图层，接着按照下面的步骤操作。

单击"工具"面板上的"移动工具"按钮，再选择"编辑"|"内容识别比例"菜单命令。

将鼠标指针移至左侧的控制点，待其呈 ↔ 状，按住鼠标左键不放往左拖拉至画布左边界，此时，可看到图像中最右侧的树木保持原本比例而左侧风景则以自然且不变形的方式进行缩放。

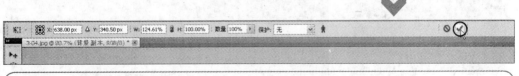

最后，单击选项栏中的"确认变形"按钮，完成整个调整的动作。

3-3-4 旋转图像

当数码相机没有提供"图像旋转"的相关功能时，拍出的直式图像在Photoshop中打开时是呈横向的，如右图所示，那么如何将它转正呢？

打开本章范例原始文件<3-05.jpg>，选择"图像"｜"图像旋转"菜单命令，在"图像旋转"子菜单中选择合适的功能菜单。

原图

90度（顺时针）

90度（逆时针）

水平翻转画布

垂直翻转画布

180度

3-4 镜头校正

在拍摄建筑物时，常常会因为手持相机的角度不对或使用的镜头不合适，从而导致拍摄出来的作品出现歪斜或头小底大的现象。修正这样的问题可以使用"镜头校正"滤镜功能进行调整。（此滤镜只适用于RGB或灰度模式中8位/通道和16位/通道的图像）

▶ *Before*

▶ *After*

学习难易：★ ★ ☆ ☆ ☆

作品分享：随书光盘 <本书范例\ch03\完成文件\ex03D.psd>

速学流程：

❶ 选择"滤镜"|"镜头校正"菜单命令。

❷ 使用自动校正的设置。

❸ 在"自定"标签中进行校正数值的设置。

STEP 01 打开歪斜图像，进入"镜头校正"滤镜

打开本章范例原始文件<3-06.jpg>，希望在保留图像后方建筑物与前方车辆的前提下，将图像右侧的柱状建筑稍加修正，选择"滤镜"|"镜头校正"菜单命令。

STEP 02 使用"自动校正"快速校正图像

如果该图像拥有镜头描述文件，选择"自动校正"标签，即可快速完成扭曲图像校正的动作。

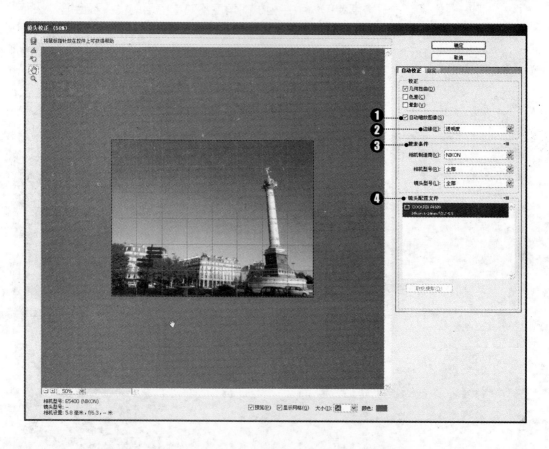

❶ "自动缩放图像"：选中该复选框后，在调整扭曲图像时，会自动调整图像的大小，避免图像放大或缩小后超出原始文件。

❷ "边缘"：当调整枕状扭曲的图像时，会产生空白区域，选择此项可针对空白进行边缘扩展、透明度、黑色或白色的调整。

❸ "搜索条件"：列出相机的制造商、相机型号、镜头型号的信息。

❹ "镜头配置文件"：显示拍图像的相机与镜头描述文件，Photoshop会针对焦距、光圈等信息自动选取相符的描述文件。

　　由于"自动校正"功能主要是依据图像的数据，从而识别出用于拍摄图像的相机和镜头或者相符的镜头描述文件来进行图像校正。如果您的图像并没有存储这些资料或无法自动辨别出最合适的设置值，这时软件会建议使用"自定"方法进行校正。

STEP 03 使用"自定"的数值校正图像

单击"自定"标签,下面先对其选项的调整项目进行简单说明。

❶ 工具箱中有5个校正工具。

🔲 "移去扭曲工具":调整与矫正扭曲图像,可由图像中间往外拖动,或者由外往中间拖动。

🔺 "拉直工具":调整倾斜图像,在图像上绘制一条直线,以该直线为基准,将图像拉直。

🔲 "移动网格工具":在网格线上按住鼠标左键不放即可调整网格线位置,以便图像与网格线对齐。

✋ "抓手工具":在图像上按住鼠标左键不放拖动,即可移动显示区域。

🔍 "缩放工具":在图像上按住鼠标左键即可放大显示比例,按住 Alt 键,再单击鼠标左键即可缩小显示比例。

❷ "设置":可从下拉列表中选择预设的设置选项。

❸ "几何扭曲":拖动滑块可修正桶状或枕状扭曲的图像。

❹ "色差":可调整红、青、绿、洋红、蓝与黄色边缘色差。

❺ "晕影":可调整图像四周的晕影。

❻ "变换":可调整垂直、水平与角度。

❼ "预览":勾选该复选框,即可预览调整结果。

❽ "显示网格":可以在图像上显示网格线,以便调整歪斜的图像。其中,"大小"选项可调整网格的格子间距,"颜色"选项可调整网格的颜色。

在"自定"标签中进行校正数值的设置。

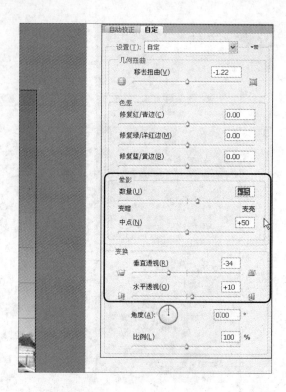

在"晕影"选项组中将"数量"设置为15，在"变换"选项组中将"水平透视"设置为10。

STEP 04 预览调整结果，完成校正

只要在"镜头校正"对话框中勾选了"预览"复选框，在中间的预览区即可看到调整后的结果，最后单击"确定"按钮即可完成校正的动作。

3-5 查询与调整图像大小

在处理完图像后打算将图像上传到互联网时，如何调整图像大小，以及如何裁剪局部图像就显得相当重要，下面将介绍几种常见的应用。

3-5-1 在"信息"面板中查询图像大小

在制作图像前，若能先了解目前图像文件的信息或相关规格，就会初步掌握图像质量，但在默认的"信息"面板中通常只显示文件大小，那么可以改变"信息"面板吗？打开本章范例原始文件 <3-07.jpg>，在"信息"面板中浏览文件信息。

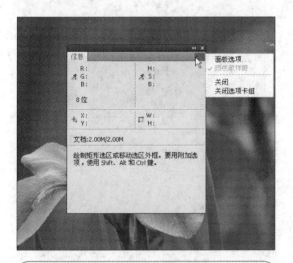

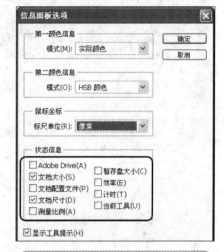

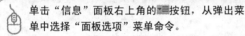

单击"信息"面板右上角的按钮，从弹出菜单中选择"面板选项"菜单命令。

设置合适的"标尺单位"（常用"像素"或"厘米"），再在"状态信息"选项组中选择需要显示的文件资料信息，再单击"确定"按钮。

在"信息"面板中即可看到指定的文件信息，其中，"1024像素×681像素（300ppi）"即图像的大小与分辨率。

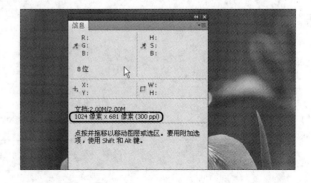

3-5-2　在作业窗口中查询图像大小

为了方便图像作品的缩放与相关调整，在作业窗口下方也可显示该图像的信息，但只能选择一个项目进行显示。

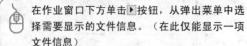

在作业窗口下方单击▶按钮，从弹出菜单中选择需要显示的文件信息。（在此仅能显示一项文件信息）

若选择了"文档大小"菜单命令，则会在此显示该图像的大小数据。

提 示 ▶ 调整默认标尺单位

在作业窗口下方显示的文件信息中的文档大小会按照默认的标尺单位（如像素、厘米、英寸等）来表示，而用户可选择"编辑" | "首选项" | "单位和标尺"菜单命令，再在"单位"选项组中选择合适的标尺单位。

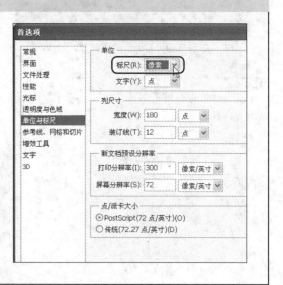

3-5-3　调整图像的大小

当整张图像需要缩小或放大时，可通过"图像大小"对话框进行设置。该对话框有"像素大小"和"文档大小"两种模式，此例将针对图像的像素大小进行调整。

▶ *Before*

▶ *After*

1024 像素 × 681 像素 （300 ppi）

600 像素 × 399 像素 （300 ppi）

学习难易： ★ ★ ☆ ☆ ☆

作品分享： 随书光盘＜本书范例\ch03\完成文件\ex03E.psd＞

速学流程：

❶ 在要调整的图像上选择"图像"｜"图像大小"菜单命令。

❷ 在"图像大小"对话框中勾选"缩放样式"和"约束比例"复选框，在"宽度"、"高度"和"分辨率"文本框中输入数值。

❸ 单击"确定"按钮完成调整。

STEP 01　打开"图像大小"对话框

选择"图像"｜"图像大小"菜单命令，弹出"图像大小"对话框。

STEP 02 设置大小和分辨率

在"图像大小"对话框中调整图像的大小。

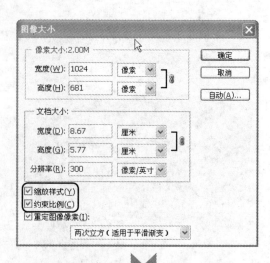

先进行"缩放样式"和"约束比例"两个选项的设置。

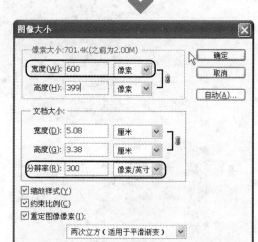

在"像素大小"选项组中的"宽度"文本框中输入数值时，"高度"文本框中的值会等比例缩放；再在"分辨率"文本框中输入数值，最后单击"确定"按钮。

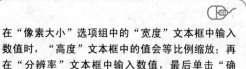

提示 "像素大小"模式与"文档大小"模式的差异

　　"像素大小"是以像素为单位来记录图像的大小，而"文档大小"是设置图像实际印刷出来的大小，以厘米或英寸为单位。

3-5-4 裁剪出"拍立得"照片的效果

虽然各种功能强大的数码相机不断推陈出新，但您是否也对充满独特氛围的"拍立得"效果念念不忘？使用裁剪工具裁剪需要的局部图像，再为图像加上拍立得风格的白边外框，即可以拍立得效果呈现，最后可写下心情小语，同样可使照片呈现出不同的风貌。

▸ *Before*

▸ *After*

学习难易： ★ ★ ☆ ☆ ☆

作品分享： 随书光盘<本书范例\ch03\完成文件\ex03F.psd>

速学流程：

❶ 单击"工具"面板上的"裁剪工具"按钮。

❷ 利用鼠标在图像上拖拉出一个裁切区。

❸ 在裁切区中双击鼠标左键即可完成裁剪。

❹ 选择"图像"│"画布大小"菜单命令，在"画布大小"对话框中的"定位"选项中选择中间方块，为图像四周扩展白边。

❺ 再次打开"画布大小"对话框，在"定位"选项中选择中上方块，为图像扩展白边并加入适当文字。

STEP 01　使用裁剪工具建立裁切区

再次打开本章范例原始文件<3-07.jpg>，首先在图像中拖拉出一个裁切区，如下图所示。

在"工具"面板上单击"裁剪工具"按钮。

在图像上按住鼠标左键不放，由左上至右下拖拉出一个裁切区。

STEP 02　调整裁切区范围

选择好裁切区后，接下来要调整裁切区的位置与大小。

在图像裁切区上按住鼠标左键不放并移动，即可调整裁切区的位置。

将鼠标指针移至裁切区4个角落的控制点，待呈↗状，按住鼠标左键不放并移动，即可调整裁切区大小。

STEP 03 ▶ 确定裁切区范围

选择好裁切区后，在裁切区上双击鼠标左键完成裁切动作。

将鼠标指针移至裁切区中，待呈 ▶ 状，双击鼠标左键。

即完成图像的裁切动作。

提 示 ▶ 将图像存储为较好的图像质量以便后期使用

新手在拍摄数码图像时，若记忆卡容量足够大，建议将图像质量调至最高，以便后期制作。若需要进行裁切，还能保证印刷输出的应有图像质量。

STEP 04 ▶ 调整画布大小，为图像四周增加白边

选择"图像"|"画布大小"菜单命令，首先要在"画布大小"对话框中为图像扩展大小。

完成裁切后的图像大小为4.64厘米×4.69厘米，现在设置"定位"选项为中间方块，"宽度"和"高度"为5厘米，"画布扩展颜色"为"白色"，再单击"确定"按钮。

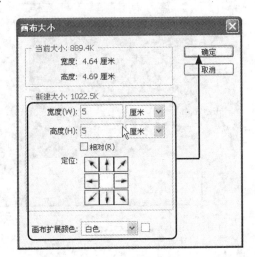

画布大小	
当前大小: 889.4K	确定
宽度: 4.64 厘米	取消
高度: 4.69 厘米	
新建大小: 1022.5K	
宽度(W): 5　厘米	
高度(H): 5　厘米	
□相对(R)	
定位:	
画布扩展颜色: 白色	

可看到图像四周扩展出白边。

STEP 05 调整画布大小，为图像下方增加白边

选择"图像"|"画布大小"菜单命令，接着将画布高度扩展至6cm，并添加适当文字为图像增添不同的效果。

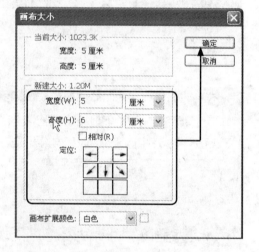

设置"定位"选项为中上方块，"高度"为6cm，"画布扩展颜色"为"白色"，再单击"确定"按钮。

可看到图像下方扩展出一段白边。

Never put off till tomorrow what you can do today.

Photo by Winston

单击"工具"面板上的 **T** "水平文字工具"按钮，输入适当的文字，并设置文字样式，完成作品设计。（关于文字的详细设置，请参考本书第7章。）

3-5-5 裁切出电影场景的效果

　　使用数码相机拍摄，其图像宽高比例是采用计算机显示器的标准4:3（如1600×1200），而照相馆冲印相纸大多以3:2 （如5×7、4×6）为主，为了避免冲洗出来的照片被砍头去尾或两侧加白边的情况，本节使用裁剪工具，以固定的大小将图像裁切成相纸的比例，再为图像上下边缘加上黑边框，以犹如电影场景般的设计来呈现。

▶ *Before*

▶ *After*

学习难易：★ ★ ☆ ☆ ☆

作品分享：随书光盘＜本书范例\ch03\完成文件\ex03G.psd＞

速学流程：

❶ 选择"工具"面板上的"裁剪工具"按钮，在选项栏中设置裁切大小。

❷ 使用鼠标指针拖拉出一个裁切区，再单击 Enter 键完成裁切。

❸ 选择"图像"｜"画布大小"菜单命令，为图像上下方扩展黑边效果。

STEP 01 ▶ 在选项栏中设置裁切比例

打开本章范例原始文件＜3-08.jpg＞，单击"工具"面板上的"裁剪工具"按钮，进行等比例的裁切。

单击选项栏中的下三角按钮，在下拉列表中选择"裁剪4英寸×6英寸 300 ppi"选项。

单击"高度和宽度"互换按钮，将原本4×6比例调整为6×4。

STEP 02 拖拉出等比例裁切区进行裁切

在图像上A点处按住鼠标左键不放，由左上往右下拖至B点，即可建立一个裁切区。

在选项栏中单击 ✔ 按钮或者按 Enter 键完成等比例的裁切。

STEP 03 为图像增加黑边

在裁切好图像后，需要在图像的上方和下方添加黑边，以便制作出电影场景的效果，选择"图像"|"画布大小"菜单命令，进行以下操作。

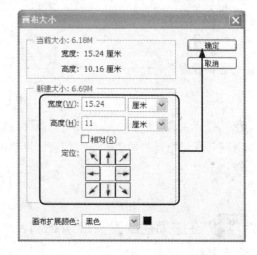

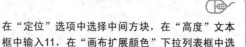

在"定位"选项中选择中间方块，在"高度"文本框中输入11，在"画布扩展颜色"下拉列表框中选择黑色，再单击"确定"按钮完成设计。

3-6 简单色偏编修

在实际拍摄过程中，常会因为钨丝灯（电灯泡）、日光灯、荧光灯、阴天、晴天等不同环境，造成拍出的照片偏黄、偏蓝等，这就是色偏。可通过图像中的常见色，来确定拍摄的图像颜色是否接近实物。如果仅用双眼看，可能会因为计算机显示器的好坏造成显示的颜色有所偏差，所以下面将使用颜色选取工具，让Photoshop进行判别。

3-6-1 辨别图像的色偏程度

打开本章范例原始文件<3-09.jpg>练习。原则上，白色的RGB为255、255、255，黑色的RGB为 0、0、0，而灰色系的RGB会呈现三个近似一样的数值。R、G、B分别代表了红色、绿色、蓝色，所以在判断该图像是否有色偏时，将通过此三色进行判别。

STEP 01 打开"信息"面板

选择"窗口"|"信息"菜单命令，打开"信息"面板。

STEP 02 使用"吸管工具"吸取图像白色的区域

使用"吸管工具"在图像的白色区域吸取颜色，再到"信息"面板中查看此图像是否有色偏。

单击"工具"面板上的"吸管工具"按钮。

将吸管移至图像中接近白色的区域，单击鼠标左键，吸取该颜色。

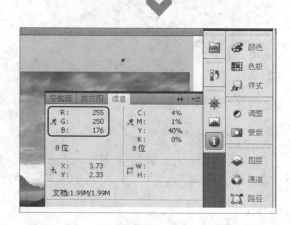

正常来说，RGB三数值应该相当接近，但是从当前"信息"面板却发现此图像中的R值和G值比B值高，这就说明这张图像稍微偏红偏绿，所以在后续调整时，须为此图像减少红色和绿色，增加些蓝色。

3-6-2　使用色彩平衡调整色偏

如果图像色偏不需要完全精准与繁琐调整，而是希望使用快捷方式处理，那么可使用色彩平衡功能改变图像中整体的颜色组合，并可在调整的同时立即预览校正后的颜色。

▸ *Before*

▸ *After*

学习难易： ★ ★ ☆ ☆ ☆

作品分享： 随书光盘＜本书范例\ch03\完成文件\ex03H.psd＞

速学流程：

❶ 选择"图像"｜"调整"｜"色彩平衡"菜单命令。

❷ 在"色调平衡"选项组中选择"中间调"单选按钮，勾选"保持明度"复选框，依照片的需求拖动◈图标，设置色阶。

❸ 单击"确定"按钮。

先打开本章范例原始文件＜3-09.jpg＞，选择"图像"｜"调整"｜"色彩平衡"菜单命令，按照下面的步骤进行操作。

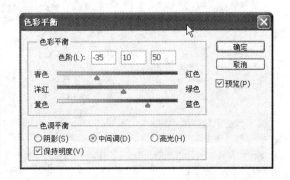

在"色调平衡"选项组中选择"中间调"单选按钮，勾选"保持明度"复选框，依照片的需求拖动◈图标，设置色阶，再单击"确定"按钮。

3-6-3　使用变化功能调整色偏

"变化功能"主要是针对图像的阴影、中间调、高光或饱和度的部分，使用缩略图累加的方式来调整色偏。

▶ *Before*

▶ *After*

学习难易：★ ★ ☆ ☆ ☆

作品分享：随书光盘＜本书范例\ch03\完成文件\ex03l.psd＞

速学流程：

❶ 选择"图像"｜"调整"｜"变化"菜单命令。

❷ 选择欲使用的效果缩略图，每次选择的效果缩略图会以累加的方式使用在图像上。

❸ 单击"确定"按钮。

打开本章范例原始文件＜3-09.jpg＞，选择"图像"｜"调整"｜"变化"菜单命令，在对话方框上方的两个缩略图为原始图与调整后的预览图，按照以下步骤进行操作。

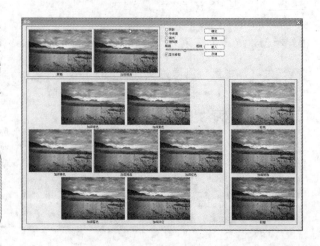

选择欲使用的效果缩图 （此例选择"加深青色"和"加深蓝色"），当调整后的预览图的效果达到要求时，再单击"确定"按钮。

3-6-4 使用通道混合器调整色偏

使用通道混合器可针对图像色调单独进行修正，也可调整图像的RGB与CMYK，按照指定的比例提高或降低通道的浓度。

▶ *Before*

▶ *After*

学习难易：★ ★ ☆ ☆ ☆

作品分享：随书光盘＜本书范例\ch03\完成文件\ex03J.psd＞

速学流程：

❶ 选择"图像"|"调整"|"通道混合器"菜单命令。

❷ 在"输出通道"选项中对红、绿、蓝通道进行增减操作。

❸ 单击"确定"按钮。

STEP 调整红色输出通道

打开本章范例原始文件＜3-09.jpg＞，因为此图像偏黄（红色、蓝色稍多），所以要调整红色与蓝色。选择"图像"|"调整"|"通道混合器"菜单命令，按照以下步骤进行操作。

在"输出通道"下拉列表框中选择"红"，针对红色值进行增减操作。

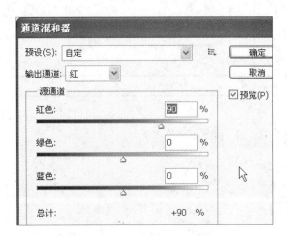

此符号是提醒各通道的总数为100%，若超过或低于100%，都会改变图像的亮度

在"输出通道"下拉列表框中选择"蓝"，针对蓝色值、常数进行增减操作，再单击"确定"按钮。

提示 转换灰度图像

在"预设"下拉列表框中使用默认的各种黑白样式或勾选"单色"复选框，即可将作品转换成灰度图像。

 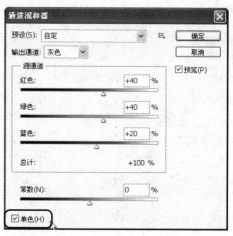

3-7 辨别曝光程度并编修

大多数业余摄影爱好者所拍摄出来的照片和预期结果都有所出入，例如，光圈或快门设置错误、光线不好等导致照片质量下降，此时该怎么办呢？本节收集了几个常见的问题供大家学习参考，而不同照片与不同数值调整出来的结果会有所不同，所以建议进行多次变换，以不同的功能来练习编修方法。

3-7-1 利用直方图辨别图像曝光程度

如何一眼看出照片的好坏呢？因为专家已经有长年累月的实战修片经验，所以在获得照片后一眼就能看出待修照片的问题。如果没有专业的硬件设备或丰富经验，又该怎么办呢？这时，我们建议在修片前先通过一些简单的步骤来辨别图像文件的属性。

打开本章范例原始文件<3-10.jpg>～<3-13.jpg>，选择"窗口"|"直方图"菜单命令，打开"直方图"面板。

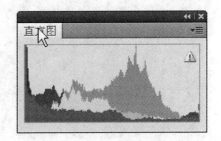

在"直方图"面板中可以看到，<3-10.jpg>这张照片的色阶分布是很均衡的，从最亮到较暗都有，也没有过于偏重的部分，这就表示此为正确曝光，不需要进行后期的调整。

什么是正确曝光？其实，正确曝光是没有标准的，色阶分布只是一种参考，曝光程度是否合适完全取决于摄影者，是想拍亮一点，还是拍暗一点，拍摄的景色是美丽夜景、室内摄影还是日正当中的海景等。"直方图"面板上的水平X轴代表的是显示器上可视光的最暗到最亮变化，垂直Y轴代表的是这个亮暗阶段上像素的分布情况。简单地说，Y越大，代表在这个亮暗部分的画面所占比例越多。下面的三张图像有助于读者更清楚地了解如何在直方图中发现不同图像的曝光问题。

在"直方图"面板中，发现<3-11.jpg>图像的色阶分布过度集中在右侧明亮处，这表明图像曝光过度。

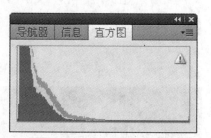

在"直方图"面板中，发现<3-12.jpg>图像的色阶分布过度集中在左侧暗部处，这表示图像曝光不足。但是色阶波形仍有高低起伏，这代表画素虽然都在暗部，但是反差是足够的，调整一下，效果应该会不错。

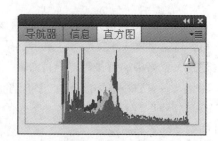

在"直方图"面板中，发现<3-13.jpg>图像的色阶分布缺少最亮与最暗处，这表明图像的对比不足。

3-7-2　曝光过度

摄影时如果光线太强或者是曝光太久，导致进入镜头的光线量严重超出感应器真正的需要，那么图像就会像覆盖了一层薄纱，此例要增加图像缺少的暗色。

▶ *Before*

▶ *After*

学习难易： ★ ★ ☆ ☆ ☆

作品分享： 随书光盘<本书范例\ch03\完成文件\ex03K.psd>

速学流程：

❶ 选择"图像"|"调整"|"色阶"菜单命令。

❷ 往右移动"阴影"滑块，再往右移动▲"中间调"滑块来调整出图像暗部强度的层级。

❸ 当对比已加强，暗部已加深时，单击"确定"按钮。

STEP 01 ▶ 复制"背景"图层

打开本章范例原始文件<3-11.jpg>，在"图层"面板中按住"背景"图层不放，拖拉至下面的 ⬛ "创建新图层"按钮上，再松开鼠标左键，这样就产生了"背景 副本"图层。

这样，当"背景 副本"图层内的图像使用了新的色阶设置，"背景"图层内的图像不会受影响，完成设置后，还可隐藏"背景 副本"图层的可视度，比对图像调整前后的差异。

STEP 02 使用"色阶"功能增强图像暗部

选择"图像"|"调整"|"色阶"菜单命令，弹出"色阶"对话框，调整图像暗部强度的层级。

往右移动 ▲ "阴影"滑块，再往右移动 ● "中间调"滑块来调整出图像暗部强度的层级，可发现对比已加强，最后单击"确定"按钮完成设置。

STEP 03 检查调整后的色阶分布

经过调整之后，与原图像的直方图相比，直方图已不再偏重于右侧的明亮色调，而是从最亮到最暗都很平均。

提 示 利用红、绿和蓝通道调整图像色阶

在"色阶"对话框的RGB通道中可加减中间调灰色，也可以单独增减目前图像中红、绿和蓝通道的颜色数值。

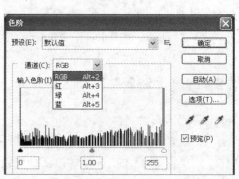

其中，▲ 为"阴影"滑块、● 为"中间调"滑块、△ 为"亮部"滑块，往左、右移动可调整图像的色调范围和色彩平衡。

3-7-3　曝光不足

　　每一台相机皆通过内部的"测光表"来决定正确的曝光量，如果在拍摄时，进入的光线量的强度及投射在对象上的时间不够，无法满足所需的曝光量，那么图像就会显得比较暗沉。

▶ *Before*

▶ *After*

　　学习难易：★ ★ ☆ ☆ ☆

　　作品分享：随书光盘<本书范例\ch03\完成文件\ex03L.psd>

　　速学流程：

❶ 选择"图像"｜"调整"｜"色阶"菜单命令来调整图像亮部。

❷ 选择"图像"｜"调整"｜"阴影/高光"菜单命令来进行图像阴影与颜色校正的调整。

❸ 单击"确定"按钮。

STEP 01　使用色阶功能恢复图像亮部

打开本章范例原始文件<3-12.jpg>，在"图层"面板中按住"背景"图层不放，拖拉至下面的 ▣ "创建新图层"按钮上，再放开鼠标左键，这样就会产生一个"背景 副本"的图层。

选择"图像"｜"调整"｜"色阶"菜单命令，弹出"色阶"对话框，调整图像色阶的中间调与亮部，让图像恢复亮度。

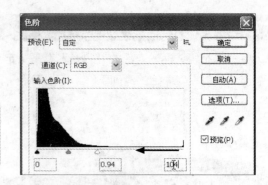

往左移动 △ "亮部"滑块，再往左移动 ♠ "中间调"滑块调整图像亮度强度的层级，这时可发现图像的亮度已加强，最后单击"确定"按钮。

STEP 02 使用"阴影/高光"功能让暗部与亮部的色阶更明显

选择"图像"｜"调整"｜"阴影/高光"菜单命令，在"阴影/高光"对话框中勾选"显示更多选项"复选框，在出现其他设置选项后，进行更加细致的调整。

- "数量"：默认值是50%，主要是控制阴影或亮部要进行多少校正，数值过高会导致图像呈现不自然的色调。
- "色调宽度"：主要是控制暗部、亮部与中间调之间的色调范围。
- "半径"：主要是判断像素是否位于阴影或亮部的邻近区域，然后再进行校正。
- "颜色校正"：调整图像颜色饱和度。

在"阴影"选项组中将"数量"设置为60%，"色调宽度"设置为70%，"半径"设置为30像素，在"调整"选项组中的"颜色校正"文本框中输入50，其余选项保持默认值，最后单击"确定"按钮即可完成。

STEP 03 检查调整后的色阶分布

调整后的图像与原图像相比，直方图中的色阶分布往中间调与亮部的地方移动了一些，让曝光不足的图像恢复了亮度。

3-7-4 对比度不足

当图像的直方图的色阶分布只集中在中间区域，没有分布在暗部与亮部时，此图像会给人灰灰的感觉，这是图像的整体对比度不足所引起的，这样的问题同样可以利用"色阶"功能进行调整，增强对比度。

▶ *Before*

▶ *After*

学习难易：★ ★ ☆ ☆ ☆

作品分享：随书光盘＜本书范例\ch04\完成文件\ex03M.psd＞

速学流程：

❶ 选择"图像"｜"调整"｜"色阶"菜单命令。

❷ 调整图像的阴影、中间调与亮部。

❸ 单击"确定"按钮。

STEP 01　复制"背景"图层

先打开本章范例原始文件＜3-13.jpg＞，在"图层"面板中按住"背景"图层不放，拖拉至下面的 ▣ "创建新图层"按钮上，再放开鼠标左键，这样就会产生一个"背景 副本"的图层。

STEP 02　调整暗部与阴影

选择"图像"｜"调整"｜"色阶"菜单命令，弹出"色阶"对话框，将"阴影"与"亮部"滑块往中央靠拢调整图像的对比度。

往右移动♠"阴影"滑块，再往左移动△"亮部"滑块调整图像对比度，再把♠"中间调"滑块往左移动一些使图像变亮，最后单击"确定"按钮完成设置。

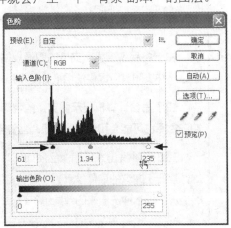

STEP 03 ▶ 检查调整后的色阶分布

调整后的图像与原图像相比，直方图拓宽了
暗部与亮部的范围，而图像也由原本灰灰的
效果变得更明亮。

分 享 ▶ **一般照片的冲洗大小**

下面将一般冲洗照片（负片）的参考数码相机像素与图像大小整理成表格（见表3-2），建议
在送冲洗照片前检查一下像素。图像大小最好能大于下面相应照片的大小，这样才能取得最佳的
图像，当图像质量低于以下建议像素时，冲洗的品质不高，容易产生模糊不清的效果。

表3-2 一般照片的冲洗大小及最低图像大小

相馆的实际冲洗大小（英寸）	单位（厘米）	建议最低图像大小（像素）
3 × 5	8.9 × 12.7	960×1280（约120万像素）
4 × 6	10.2 × 15.2	1200×1600（约200万像素）
5 × 7	12.7 × 17.8	1536×2048 （约310万像素）
6 × 8	15.2 × 20.3	1712×2288 （约400万像素）
8 × 10	20.3 × 25.4	1920×2560（约500万像素）
8 × 12	20.3 × 30.5	2240×2976（约660万像素）
10 × 12	25.4 × 30.5	
10 × 15	25.4 × 38.1	2176×3264（约700万像素）
14 × 16	35 × 40	2536 × 3504 （ 800 像素）
1寸照	2.8 × 3.7	2536×3504（约800万像素）
2寸照	3.4 × 4.6	

由于各品牌相机所支持的图像规格有所不同，所以建议在大量冲洗前，先与照相馆的员工沟
通好，并按照其所提供的相纸比例将相片调整为合适的尺寸大小，以避免图像被裁切的问题。

由于每台计算机显示器支持的色泽有些许不同，再加上相馆的机器品牌不同，所以，负片的
冲洗色泽也可能会和预期的效果有些许落差。

想知道冲洗出来的图像品质如何吗？在笔者经过无数次冲洗失败并总结经验后发现，当照片
的像素低于建议的最低像素时，试着将照片的显示器检查比例放大到200%，若有色块分布不均匀
的情况，那么冲洗出来的效果也不理想。

本章重点整理

（1）像素：像素是计算机上用来记录图像的基本元件，也是组成位图的最小单位，像素数量越多，越可以表现图像极细微的部分，图像的质量会相应提高，文件大小也会相应增大。

（2）分辨率：印刷输出分辨率为300dpi，照片冲洗输出分辨率为254dpi，网页、多媒体输出分辨率为72dpi。

（3）JPG格式：JPG属于破坏性压缩格式，默认每存储一次就以一定比例压缩，所以会造成存储次数越多，图像质量越差，所以若正在编辑图像，建议先存成非破坏性压缩格式。

（4）查询图像大小：单击"信息"面板右上角上的▤按钮，从下拉列表中选择"面板"选项，勾选"文档大小"复选框，再单击"确定"按钮。

（5）裁切图像：单击"工具"面板中的"裁剪工具"按钮，在图像上按住鼠标左键不放，由左上往右下拖拉出一个裁切区，将鼠标移至裁切区中，待呈▶状，双击鼠标左键。

（6）调整歪斜图像：单击"工具"面板中的"标尺工具"按钮，拖拉出一条水平线，在选项栏中单击"拉直"按钮，Photoshop会依此标尺水平线自动计算出旋转角度并转正图像，并自动裁切掉图像多余的白边，让显示的图像更加完美。

（7）旋转图像：选择"图像"|"图像旋转"菜单命令，在"图像旋转"子菜单中选择合适的旋转角度。

（8）镜头校正：拍摄建筑物的照片常常会因为手持相机的角度不对或使用的镜头不合适，导致拍出来的作品出现倾斜或头小底大的现象，可选择"滤镜"|"镜头校正"菜单命令，打开"镜头校正"对话框进行调整。

（9）辨别色偏程度：R、G、B三值，分别代表了红色、绿色、蓝色，所以在判断该图像是否有色偏时，可借用此三色系来调整。可使用"吸管工具"在图像的白色区域吸取颜色，再到"信息"面板中查看此图像是否有色偏。

（10）本章中常用的快捷键如下。

- Ctrl + Alt + I 组合键：打开"图像大小"对话框。
- Ctrl + Alt + C 组合键：打开"画布大小"对话框。
- Shift + Ctrl + R 组合键：打开"镜头校正"对话框。
- Ctrl + L 组合键：打开"色阶"对话框。

Chapter 4

图像修饰与润色

为了让修图更加尽善尽美，Photoshop提供了很多好用的修复工具，例如，修复画笔、修补、红眼、内容识别比例、图章、模糊及锐化、减淡及加深、海绵和消失点等。通过这些修复工具的帮助，达到图像修复及色彩润饰的效果。

4-1　图像的修补与美化
4-2　仿制图像内容
4-3　景深模糊与细节锐化
4-4　润色图像的局部内容
4-5　延伸图像透视感

Design and Heal Images

EMBELLISH & REPAIR
TOOLS

Discover New Dimensions in Digital Imaging

4-1 图像的修补与美化

有些照片是不完美的，例如，存在日期、污点、脸上痘痘、眼袋、红眼等。此时，只要使用Photoshop修复工具，不但可以弥补照片缺陷，而且能提升照片的完美程度。

4-1-1 消灭肌肤斑点

使用方法：无需设置"污点修复画笔工具"的取样点，只需要在欲修复的地方直接单击鼠标左键，Photoshop即会从图像周围获取像素的纹理、透明度等，并填入所要修复的区域。

适用场合：适用于快速修补图像中范围小且背景单纯的污渍或瑕疵，例如，痘痘、黑斑、疤痕、污点等。

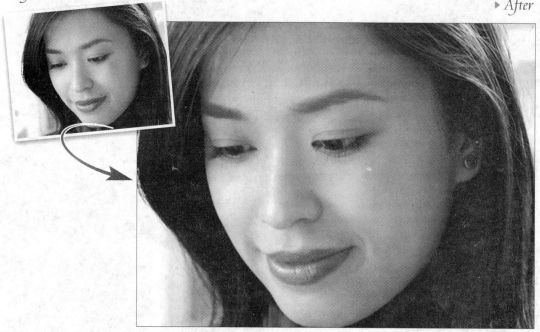

学习难易：★★☆☆☆

作品分享：随书光盘<本书范例\ch04\完成文件\ex04A.psd>

速学流程：

❶ 在"工具"面板中单击"污点修复画笔工具"按钮。

❷ 在选项栏中进行设置。

❸ 将画笔范围移至欲修复的区域，单击鼠标左键进行修复。

STEP 01　复制"背景"图层

先打开本章范例原始文件
<4-01.jpg>，接着打开
"图层"面板，如右图所示
步骤进行操作。

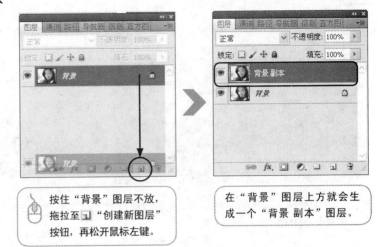

按住"背景"图层不放，
拖拉至 ▣ "创建新图层"
按钮，再松开鼠标左键。

在"背景"图层上方就会生
成一个"背景 副本"图层。

STEP 02　切换至"污点修复画笔工具"

先使用 Ctrl + + 组合键适当放大图像的显示比例，接着单击"工具"面板中的 ✐ "污点修复画
笔工具"按钮。在进行图像修复前，需要对选项栏中的"类型"选项进行解释说明。

- "近似匹配"复制欲修复区域的边缘像素，修补修复区域的图像。
- "创建纹理"参考欲修复区域边缘的图像纹理，作为修补修复区域的基础。
- "内容识别"在修复时会根据周围的图像内容，维持重要细节。（相关设置请参考本章第4-1-5节）

当选中"对所有图层取样"复选框时，会从所有可见的图层中
取样。若没有勾选该选项，则只从作业图层中取样。

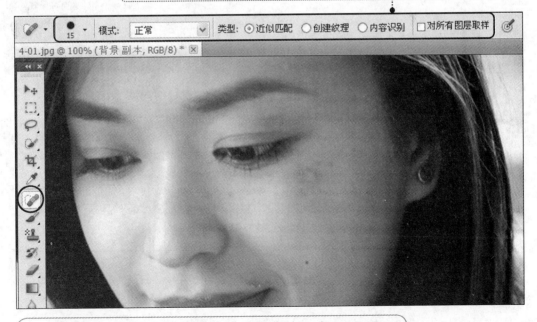

在选项栏中进行相关设置，设置画笔大小，在"模式"下拉列表框中选择
"正常"选项，在"类型"选项组中选择"近似匹配"单选按钮。

STEP 03 修复斑点

在选项栏中设置完成后，接着使用该工具，按照以下步骤去除人物脸上的斑点。

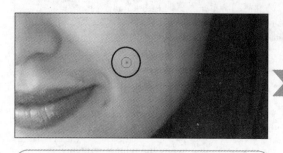

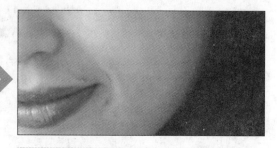

画笔范围要比欲修复的斑点区域稍微大一些，然后单击鼠标左键，一次覆盖。

图像中的瑕疵即会被抹平。

重复相同的操作方法，修复人物脸上的其他部位，还她一张美丽的脸庞。

注 意 **使用"污点修复画笔工具"的注意事项**

　　1.如果以大范围的方式拖拉涂抹，那么就会破坏图像细节且影响修复品质，所以当修补区域较大时，或要控制来源取样时，可以使用本章第4-1-2节介绍的 ✎ "修复画笔工具"。

　　2.如果不想通过选项栏改变画笔的尺寸，可以直接单击键盘上的 [键来缩小画笔，或单击] 键放大画笔。

分享 拍摄数码照片的技巧

摄影也是一种自我学习,看看自己和同伴一起拍摄的作品有没有再进步的空间?若能了解一些基本实用的摄影技巧,那么也能拍摄出更好的作品。下面分享三点建议和一个实战经验。

1.将要拍摄的主题摆在井字的4个交汇点的任一位置,如此有利于画面的平衡。据说这是黄金拍摄比例,大家不妨试试看,尽可能避免将主题只摆于镜头正中央,或是太偏的位置。不过,这只是一种参考方法,其实,只要让拍摄出来的画面看起来舒服即可。

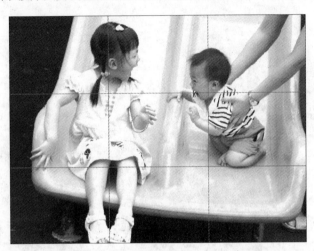

2.虽然目前的数码相机或摄影机设计了防抖功能,但摄影时最怕的就是晃动,所以可使用身边可支撑的物品或准备摄影三脚架来减少画面的晃动。此外,要避免边走边拍,因为画面会因此跳动,不稳定。

3.不知如何处理目前发生的情况,或者不知道如何在众多品牌中选购理想的相机?请参考国内热门图像技术分享网站:数码视野http://www.dcview.com.tw、摄影家手札http://www.photosharp.com.tw、忆美网http://www.myemage.com、柯达http://wwwtw.kodak.com、我的天空http://tw.myblog.yahoo.com/sky-123,学习一些专家的拍摄手法,并加入在线论坛,这会对您的进步有所帮助。

4-1-2　去除照片日期

使用方法：使用"修复画笔工具"定义欲仿制的区域，然后复制来源图像周围的像素部分进行修补，并结合来源图像的纹理、光源、透明度和阴影等属性修复图像。

适用场合：适用于移除照片上大范围的杂物和瑕疵修补。

▶ *Before*

▶ *After*

学习难易：★ ★ ☆ ☆ ☆

作品分享：随时光盘＜本书范例\ch04\完成文件\ex04B.psd＞

速学流程：

❶ 在"工具"面板中单击 "修复画笔工具"按钮。

❷ 在选项栏中进行设置。

❸ 在欲建立取样点的仿制区域上按住 Alt 键，再单击鼠标左键。

❹ 单击鼠标左键使用取样点修复图像。

STEP 01 ▶ 复制"背景"图层

打开本章范例原始文件＜4-02.jpg＞，在"图层"面板中按住"背景"图层不放，拖拉至 ▣ "创建新图层"按钮上，再松开鼠标左键，就会产生一个"背景 副本"图层。

STEP 02 切换至"修复画笔工具"

使用 Ctrl + + 组合键适当放大图像的显示比例，接着选择"工具"面板中的 "修复画笔工具"按钮。在开始进行图像修复前，需要对选项栏中的"源"选项（指定依据什么来源修复像素）进行相关解释说明。

- "取样"使用目前图像中的像素。
- "图案"从弹出式浮动窗口中选取图案进行修复。

> 若勾选"对齐"复选框，那么取样点会依据鼠标的移动而随时变更；若没有勾选，那么即使移动鼠标，仍然以最初的取样点为基础

> 设置画笔大小，在"模式"下拉列表框中选择"正常"选项，在"源"选项组中选择"取样"单选按钮，在"样本"下拉列表框中选择"当前图层"。

STEP 03 修复日期和杂物

在选项栏中设置完成后，接着按照以下步骤使用"修复画笔工具"将图像右下角的日期及左上方的树枝去掉。

> 将画笔移至欲定义的仿制区域上，按住 Alt 键不放，再单击鼠标左键建立取样点。

> 将画笔移至日期上，单击鼠标左键，使用前面的取样点进行修复。

重复相同的操作，在图像上方再次按住 Alt 键建立取样点后，将左上方原有的树枝移除，即可完成修复动作。

注意 使用修复画笔工具的注意事项

当使用 "修复画笔工具"建立取样点后，不必局限在单一图层或文件，可以跨越此界限，在各个图层或文件进行修图操作。

4-1-3　无痕眼袋整形术

　　使用方法："修补工具"必须在单一图层或文件中使用，也就是说，源图像与目标图像必须是同一张图像。该工具是利用另一个范围的图像或像素来修复选取的区域。

　　适用场合：适用于背景单纯且范围较大的修补区，可省去一笔笔涂刷的时间。

▶ *Before*

▶ *After*

学习难易：★ ★ ☆ ☆ ☆

作品分享：随时光盘＜本书范例\ch04\完成文件\ex04C.psd＞

速学流程：

❶ 单击"工具"面板中的"修补工具"按钮。

❷ 在选项栏中进行设置。

❸ 选取欲修补的图像范围，拖拉到欲复制的图像位置。

❹ 当松开鼠标左键时，就会以取样的像素修补原来选取的区域。

STEP 01　复制"背景"图层

打开本章范例原始文件＜4-03.jpg＞，在"图层"面板中按住"背景"图层不放，拖拉至 ▣ "创建新图层"按钮上再松开鼠标左键，这样就会产生一个"背景 副本"图层。

STEP 02　切换至"修补工具"

使用 Ctrl + + 组合键适当放大图像的显示比例，接着单击"工具"面板中的 ● "修补工具"按钮。在开始进行图像修复前，需要对选项栏中的"修补"选项进行相关解释说明。

- "源"：选取欲修补的图像范围，拖拉到欲复制的图像位置，当松开鼠标按键时，就会以取样的像素修补原来选取的区域。

- "目标"：选取欲复制的图像区域，拖拉到要修补的图像上，当松开鼠标左键时，即修补图像。

在选项栏中设置"新选区"选项，在"修补"选项组中选择"源"单选按钮。

STEP 03　眼袋修补

在选项栏中设置完成后，接着按照以下步骤使用"修补工具"将眼袋抚平。

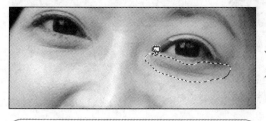

按住鼠标左键不放，在图像中选取需要修补的部分。

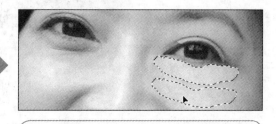

将鼠标移至选取区域内，按住鼠标左键不放，然后拖拉选取范围至欲复制的图像上。

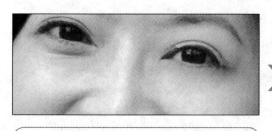

当松开鼠标左键时，取样的图像将会修补先前眼袋的区域，再按 Ctrl + D 组合键取消选取区域的选取。

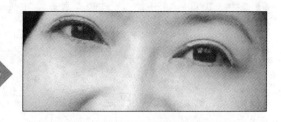

重复相同的操作，对左侧的眼袋进行修补。

4-1-4　去除红眼

使用方法：选择"红眼工具"在瞳孔大小和变暗量设置完成后，在欲修复的区域中单击鼠标左键即可消除红眼。

适用场合：适用于改善照片中的人类出现的红眼及动物出现的黄眼、绿眼效果。

▶ *Before*

▶ *After*

学习难易：★ ★ ☆ ☆ ☆

作品分享：随书光盘＜本书范例\ch04\完成文件\ex04D.psd＞

速学流程：..

❶ 单击"工具"面板中的"红眼工具"按钮。

❷ 在选项栏中进行设置。

❸ 在欲校正的眼睛处单击鼠标左键。

STEP 01　复制"背景"图层

打开本章范例原始文件＜4-04.jpg＞，在"图层"面板中按住"背景"图层不放，拖拉至 ▣ "创建新图层"按钮上再松开鼠标左键，就会产生一个"背景 副本"图层。

STEP 02 ▶ 切换至"红眼工具"

使用 Ctrl + + 组合键适当放大图像的显示比例，接着单击"工具"面板中的 ✝ "红眼工具"按钮，按照以下步骤进行操作。

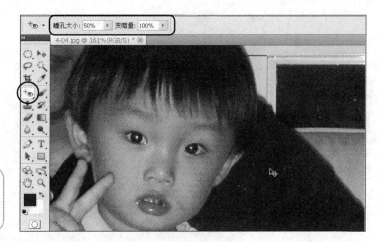

在选项栏中设置"瞳孔大小"、"变暗量"。

STEP 03 ▶ 移除红眼

通过"红眼工具"完成去除红眼的操作。

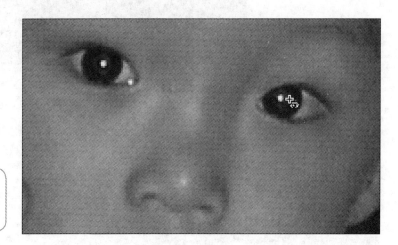

在两只眼睛的红眼处单击鼠标左键，即完成去除红眼的操作。

4-1-5　跟路人或杂物说bye-bye

使用方法："内容识别比例"功能主要是用选取范围的图像将画布完全填充。

适用场合：适用于移除图像中一些不必要的景物，例如，电线杆、多余的人和车等，让图像能去芜存菁地呈现出来。

▶ *Before*

▶ *After*

学习难易：★ ★ ☆ ☆ ☆

作品分享：随时光盘＜本书范例\ch04\完成文件\ex04E.psd＞

速学流程：

❶ 通过"工具"面板中的选取工具建立欲修正的区域。

❷ 选择"编辑"｜"填充"菜单命令。

❸ 以"内容识别比例"填充所选取范围。

STEP 01　复制"背景"图层

打开本章范例原始文件＜4-05.jpg＞，在"图层"面板中按住"背景"图层并拖拉至 ▣ "创建新图层"按钮上，再松开鼠标左键，就会产生一个"背景 副本"图层。

STEP 02　建立欲填充的区域

按照以下步骤建立欲填充的区域。

 单击"工具"面板中的"套索工具"按钮，在选项栏中进行如图所示的设置。

待鼠标呈 ♀ 状，将鼠标移至图像最右侧，按住鼠标左键不放，沿着人像边缘进行圈选，完成圈选后，松开鼠标左键即完成选区的建立。

注 意　建立选区的注意事项

　　人像的圈选应尽量延沿着边缘进行，以便在执行"内容识别比例"功能时，可以达到一次填充的效果。

STEP 03　执行内容识别比例命令

选择"编辑"｜"填充"菜单命令，打开"填充"对话框，按照以下步骤进行选取范围的图像填充操作。

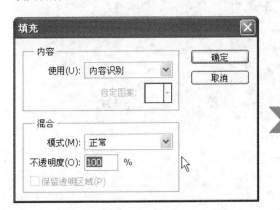 

在"内容"选项组中的"使用"下拉列表框中选择"内容识别"选项，在"混合"选项组中的"模式"下拉列表框中选择"正常"选项，在"不透明度"文本框中输入100，单击"确定"按钮。

这时可以发现先前圈选的人像消失了，以内容识别比例填色完全取代选取范围，接着使用 Ctrl＋D 组合键取消选取。

4-2 仿制图像内容

在图像修饰及合成的过程中，图像仿制是最常使用的操作。通过所谓的复制图像，达到清除杂物、移花接木的效果。

4-2-1 仿制图像元素

使用方法："仿制图章工具"主要是将图像中的某部分绘制到同一图像中的其他部分；也可以将某图层的一部分绘制到另一个图层中。

适用场合：适合于进行对象的复制和去除图像中的瑕疵。

▶ *Before*

▶ *After*

学习难易：★ ★ ☆ ☆ ☆

作品分享：随时光盘＜本书范例\ch04\完成文件\ex04F.psd＞

速学流程：

❶ 单击"工具"面板中的"仿制图章工具"按钮。

❷ 在选项栏中进行设置。

❸ 在欲建立取样点的仿制区域上按住 键，再单击鼠标左键。

❹ 在想要修正的图像区域移动鼠标完成图像仿制。

STEP 01　复制"背景"图层

打开本章范例原始文件<4-06.jpg>，在"图层"面板中按住"背景"图层并拖拉至 ▣ "创建新图层"按钮上，再松开鼠标左键，就会产生一个"背景 副本"图层。

STEP 02　将窗口并排显示

再打开本章范例原始文件<4-07.jpg>，选择"窗口"｜"排列"｜"平铺"菜单命令，在窗口中并排显示两个窗口。

STEP 03　切换至"仿制图章工具"

先确定切换至<4-07.jpg>文件，使用 Ctrl + + 组合键适当放大图像的显示比例，接着单击"工具"面板中的 ▣ "仿制图章工具"按钮，按照以下步骤进行操作。

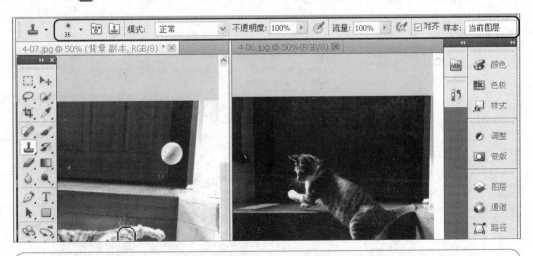

在选项栏中设置画笔大小，在"模式"下拉列表框中选择"正常"，在"不透明度"文本框中输入100，在"流量"文本框中输入100，在"样本"下拉列表框中选择"当前图层"，并勾选"对齐"复选框。

STEP 04 仿制图像

在选项栏中设置完成后，接着按照以下步骤使用仿制图章工具。先在<4-07.jpg>文件中建立取样点。

将画笔移至欲定义的仿制区域上，按住 Alt 键不放，再单击鼠标左键建立取样点。

切换至<4-06.jpg>文件，选中"图层"面板中的"背景 副本"图层，使用 Ctrl + + 组合键适当放大图像的显示比例，将躺在地板的猫咪图像仿制到<4-06.jpg>地板图像上，如下图所示。

选择合适位置，按住鼠标左键不放并移动，使用先前的取样点进行仿制。（当进行仿制的时，先前的取样点会呈十状。）

在仿制过程中，为了使图像更真实自然，除了猫咪主体外，须一并将地板的光影仿制进来。

STEP 05 　重新建立取样点进行不同区域的仿制

再次切换到源图像<4-07.jpg>，按照以下步骤重新建立取样点来仿制右边弹起的球。

 将画笔移至欲定义仿制的球上，按住 Alt 键不放，再单击鼠标左键重新建立取样点。

 切换至<4-06.jpg>，按照第2步所述的方法进行操作，将<4-07.jpg>中的球仿制过来。

注 意 ▶ **如何让仿制的图像精确且自然?**

　　1. 使用 ▲ "仿制图章工具" 按钮时，为了让仿制的图像看起来更精确，须不断按 Alt 键来变换参考起始点，以便达到自然不作假的修片效果。当然，要达到如此高超的修片技术，除了高度的耐心外，多加演练、熟悉工具的操作也是提高修片能力的不二法门。

　　2. 以下两点建议可以使仿制出来的图像更自然。

* 仿制时将选项栏中的 "不透明度" 选项设置在35%～50%之间，并启动喷枪模式。
* 仿制时要以不断单击鼠标左键的方式来操作，而不能以拖拉的方式来操作。

4-2-2　为墙壁彩绘幸福味道

　　使用方法："图案图章工具" 有别于 "仿制图章工具"，该工具可将图案重复复制至同一或不同图像中，也可以将自己想要的图案添加至预设集，并转换成引人注目的图像。

　　适用场合：适用于在图像上绘制各种图案，提高图像丰富度的情况。

▸ *Before*

▸ *After*

学习难易：★ ★ ☆ ☆ ☆

作品分享：随时光盘＜本书范例\ch04\完成文件\ex04G.psd＞

速学流程：

❶ 单击"工具"面板中的"矩形选框工具"按钮建立选取区。

❷ 选择"编辑"｜"定义图案"菜单命令。

❸ 单击"工具"面板中的"图案图章工具"按钮。

❹ 在选项栏中进行设置。

❺ 在图像中用鼠标拖拉出图案。

STEP 01 ▸ 建立选取区

先打开本章范例原始文件＜ex04A.psd＞，然后单击"工具"面板中的 ▢ "矩形选框工具"按钮，按照如下步骤进行操作。

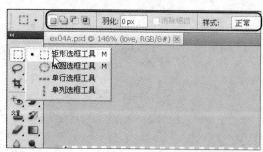

在选项栏中单击"新选区"按钮，在"样式"下拉列表框中选择"正常"。（关于选取工具的详细说明请参阅第5章）

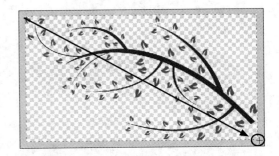

待鼠标呈十状，在心型树枝图像的左上角按住鼠标左键不放拖拉至右下角，出现一个矩形选区。

提 示　**微调选区位置**

可以使用键盘上的方向键移动选区的。

STEP 02　定义图案

选择"编辑"｜"定义图案"菜单命令，将自定义的图案添加到预设集。

在"图案名称"对话框中输入图案名称，单击"确定"按钮。

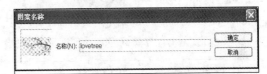

STEP 03　绘制图案印章

再打开本章范例原始文件<ex04B.psd>，然后单击"工具"面板中的 "图案图章工具"按钮，在开始进行图像绘制前，先具体说明选项栏中各选项的相关功能。

- "模式"：在执行像素绘图时，通过现有的溶解、变亮、柔光等混色模式，改变图像的呈现效果。
- "不透明度"：设置颜色的透明度。
- "流量"：设置在某个区域上移动鼠标时，色彩量会依据设置的流量而增减的状况。
- "图案"：通过下拉按钮打开"图案拾色器"，在其中可以选择预设或自定义的图案。
- "对齐"：当勾选此项时，可以维持图案绘制的持续性；若没有勾选此项，那么在每次停止后重新绘画时，软件就会重新开始图案绘制。

在选项栏中设置画笔大小，在"模式"下拉列表框中选择"柔光"，在"不透明度"文本框中输入40，在"流量"文本框中输入100，在图案下拉列表框中选择之前定义的lovetree，勾选"对齐"复选框。

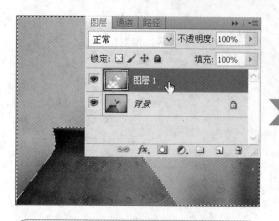
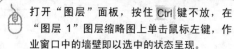

打开"图层"面板，按住 Ctrl 键不放，在"图层 1"图层缩略图上单击鼠标左键，作业窗口中的墙壁即以选中的状态呈现。

按住鼠标左键不放并移动，即会在墙壁上涂抹出lovetree图案，完成此作品。

提 示　涂抹图案时的深浅控制

第一次涂抹图案时，只要鼠标左键没有松开，呈现出来的图案会按照选项栏中的设置进行显示，而在重复单击鼠标左键时，图案效果则会一层层由浅入深地堆叠。

分 享　摄影取景初探

当拍摄者走出民宅步入庭园时，在一个有红叶的地点拍摄了一张图像，如左下图所示。笔者觉得这张照片不错，于是把照片给随行的伙伴看并邀请大家一起拍摄。

但有一位朋友太贪心，取材全景，想一网打尽，结果败给灰蒙的天空，如右下图所示。显然，这张图片是以天空作为曝光中心点，画面果然一片漆黑。

另外一位仁兄显然得到要领，可惜取材时选取的红叶前后距离太小，或光圈设置太小，以致前景与背景重叠在一起，使画面陷入一片混杂。

"运用之妙，存乎一心"。外出摄影写生，除了勤跑景点、细心观察之外，还要眼到、口到、心到。即使是阴天，也能够拍出还可以看的照片，阴雨天的山岚云雾是晴天所无法看到的景象。右下图为原本停在树上的成群麻雀，伺机下来分食下方养鸡的饲料，民宅主人拿起石头往树林一掷并一声吆喝，麻雀顿时各自纷飞，按下快门得此一照，也拜单眼相机快门够快所赐。

4-3　景深模糊与细节锐化

> 所谓的模糊，就是将轮廓分明的线条平滑化，使图像看来有薄雾且失焦；而锐化，则是增加相邻像素间的对比值，使图像的焦距清晰。

4-3-1　营造图像浅景和远景的双重表现

使用方法：使用"模糊工具"和"锐化工具"为图像增加模糊或清晰的效果，一方面可以产生景深感，另一方面可以加强图像边缘的对比，让局部图像变得模糊或清晰。

适用场合：适用于表现景深效果或修复失焦的图像。

▸ *Before*

▸ *After*

学习难易：★ ★ ☆ ☆ ☆

作品分享：随时光盘＜本书范例\ch04\完成文件\ex04H.psd＞

速学流程：

❶ 单击"工具"面板中的"模糊工具"或"锐化工具"按钮。

❷ 在选项栏中进行设置。

❸ 在图像上按住鼠标左键不放，以拖拉方式进行涂抹，形成模糊或锐化的效果。

STEP 01 复制"背景"图层

打开本章范例原始文件<4-08.jpg>，在"图层"面板中按住"背景"图层不放并拖拉至 🔲 "创建新图层"按钮上，再松开鼠标左键，这样就会产生一个"背景 副本"图层。

STEP 02 切换至"模糊工具"

使用 Ctrl + + 组合键适当放大图像的显示比例，接着单击"工具"面板中的 💧 "模糊工具"按钮，按照如下步骤进行操作。

在选项栏中设置画笔大小，在"模式"下拉列表框中选择"正常"，在"强度"文本框中输入100。

在图像上半部按住鼠标左键不放，以拖拉方式来回反复涂抹，营造出模糊效果。

STEP 03 切换至"锐化工具"

接着单击"工具"面板中的 △ "锐化工具"按钮，按照如下步骤进行操作。

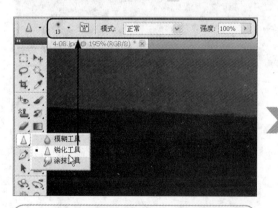

在选项栏中设置画笔大小，在"模式"下拉列表框中选择"正常"，在"强度"文本框中输入100。

在图像下半部按鼠标左键不放，以拖拉方式来回反复涂抹，营造出锐化效果。

4-3-2　塑造图像景深的层次感

　　使用方法："高斯模糊"通过调整模糊强度，快速模糊选取范围；而"动感模糊"则是通过角度及距离来制造模糊效果。

　　适用场合："高斯模糊"适用于模糊前景或背景以突显主题，产生景深效果；"动感模糊"则适用于需要加强动态感的图像，例如奔跑的儿童、车子或动物等。

▶ *Before*

▶ *After*

学习难易：★ ★ ☆ ☆ ☆

作品分享：随时光盘＜本书范例\ch04\完成文件\ex04l.psd＞

速学流程：

❶ 选择"滤镜"｜"模糊"｜"高斯模糊"或"动感模糊"菜单命令。

❷ 图片产生了景深感或动态感。

STEP 01 复制"背景"图层

打开本章范例原始文件<4-09.jpg>，在"图层"面板中按住"背景"图层不放，拖拉至 ⬛ "创建新图层"按钮上，再松开鼠标左键，这样就会产生一个"背景 副本"图层。

STEP 02 使用"动感模糊"

使用 Ctrl + + 组合键适当放大图像的显示比例，选择"滤镜"|"模糊"|"动感模糊"菜单命令，按照如下步骤进行操作。

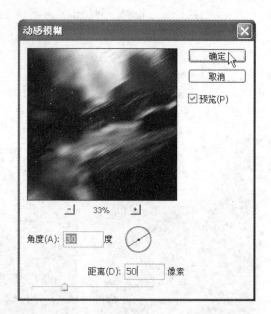

> 在"动感模糊"对话框中设置"角度"和"距离"选项，再单击"确定"按钮。

STEP 03 使用"橡皮擦工具"擦拭出需要清晰显示的地方

单击"工具"面板中的 ✏ "橡皮擦工具"按钮，具体操作步骤如下。
通过橡皮擦特性擦除图像下方约2/3的区域，包括河流、岸边石头，使之清晰呈现。

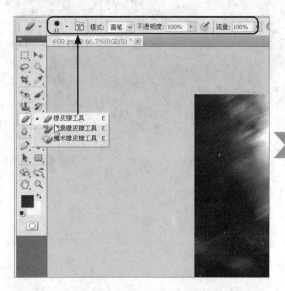

> 在选项栏中设置画笔大小，在"不透明度"文本框中输入100，在"流量"文本框中输入100。

> 在河流区域按住鼠标左键不放，以拖拉方式来回涂抹，擦掉模糊的部分。

STEP 04　使用"高斯模糊"

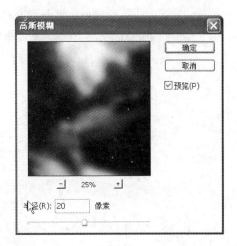

❶ 再次打开"图层"面板,按住"背景"图层不放并拖拉至 ▣ "创建新图层"按钮上,再松开鼠标左键,就会产生一个内容一样的"背景 副本 2"图层。

❷ 选择"滤镜"|"模糊"|"高斯模糊"菜单命令,再按照如下步骤进行操作。

> 在"高斯模糊"对话框中设置"半径"选项,单击"确定"按钮。

STEP 05　使用"橡皮擦工具"擦拭出需要清晰显示的地方

再次单击"工具"面板中的 ✐ "橡皮擦工具"按钮,按照如下步骤擦除河流上方的模糊区域,使之清晰呈现。

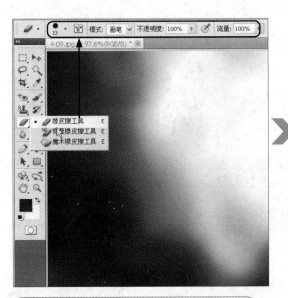

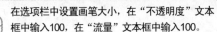

> 在选项栏中设置画笔大小,在"不透明度"文本框中输入100,在"流量"文本框中输入100。

> 针对流水区域,按住鼠标左键不放,以拖拉方式来回涂抹,擦掉模糊的部分。

STEP 06 设置图层的混合模式及透明度

最后，通过"图层"面板调整图层中的混合模式及"不透明度"，让"动感模糊"及"高斯模糊"两个滤镜的效果减弱一些，从而更好地产生前后层次感。

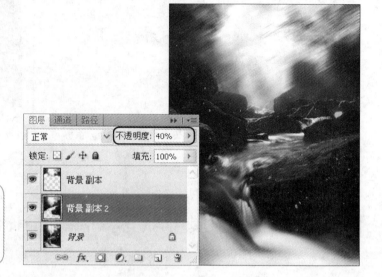

选中"背景 副本 2"图层（使用"高斯模糊"），在"不透明度"文本框中输入40。

选择"背景 副本"图层（使用"动感模糊"），在混合模式下拉列表框中选择"浅色"，在"不透明度"文本框中输入70。

4-3-3　修饰图像模糊问题

使用方法：“智能锐化”滤镜所提供的锐化控制选项可以设置锐化运算规则，或控制阴影及亮部区域所使用的锐化程度。

适用场合：适用于因为晃动或没有正确对焦而产生的模糊图像。

▶ *Before*

▶ *After*

学习难易：★ ★ ☆ ☆ ☆

作品分享：随时光盘＜本书范例\ch04\完成文件\ex04J.psd＞

速学流程：

❶ 选择“滤镜”|“锐化”|“智能锐化”菜单命令。

❷ 在“基本”或“高级”控制选项中进行设置，单击“确定”按钮。

STEP 01 复制"背景"图层

打开本章范例原始文件<4-10.jpg>，在"图层"面板中按住"背景"图层不放，并拖拉至
"创建新图层"按钮上，再松开鼠标左键，就会产生一个"背景 副本"图层。

STEP 02 使用"智能锐化"

使用 Ctrl + + 组合键适当放大图像的显示比例，选择"滤镜" | "锐化" | "智能锐化"菜单命
令。在设置前，先对"智能锐化"对话框中的"基本"控制选项的具体选项进行说明。

- "数量"：设置锐化的程度，数值越高，锐化强度越高。
- "半径"：设置锐化宽度，数值越大，边缘效果越宽，锐化也越明显。
- "移去"：选择要从图像中去除的"模糊类型"，选项有"高斯模糊"、"镜头模糊"和
  "动感模糊"。
- "角度"：在去除"动感模糊"类型时，会出现角度的设置选项。
- "更加准确"：当选中此项时，会以精确方式进行演算，但速度会较慢。

可以通过 - 、 + 按钮来缩放预览
窗口，以取得最佳查看状态。

进行如图相关设置后，单击"确定"按钮。

提 示 智能锐化的高级设置

在"智能锐化"对话框中，如果选
择"高级"单选按钮，在当前窗口中将会
出现"锐化"、"阴影"和"高光"三个
标签，除了可以对基本锐化程度进行控制
外，还可针对图片的明暗进行细部调整。

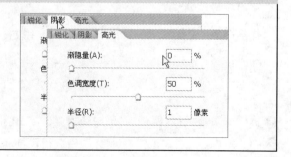

4-4 润色图像的局部内容

本节使用减淡、加深及海绵三个工具的特性，为图像画龙点睛，轻松展现局部图像的润色技巧，让原本平淡而沉闷的照片展现出丰富的生命力及艺术魅力。

4-4-1 营造图像色彩丰富度

使用方法：通过使用"海绵工具"的两种模式："饱和"和"降低饱和度"，一方面可以强化图像色彩的鲜艳度，另一方面也会让彩色的图像转变为灰色。

适用场合：适用于想要增强色彩效果，但又要保留色彩和色调细节的图像。

▶ *Before*

▶ *After*

学习难易：★ ★ ☆ ☆ ☆

作品分享：随时光盘<本书范例\ch04\完成文件\ex04K.psd>

速学流程：

❶ 单击"工具"面板中的"海绵工具"按钮。

❷ 在选项栏中进行设置。

❸ 按住鼠标左键不放并移动，增强或降低图像的饱和度。

STEP 01　复制 "背景" 图层

打开本章范例原始文件＜4-11.jpg＞，在 "图层" 面板中按住 "背景" 图层不放并拖拉至
"创建新图层" 按钮上，再松开鼠标左键，就会产生一个 "背景 副本" 图层。

STEP 02　通过 "海绵工具" 增加图像饱和度

使用 Ctrl + + 组合键适当放大图像的显示比例，接着单击 "工具" 面板中的 "海绵工具" 按
钮，按照如下步骤进行操作。

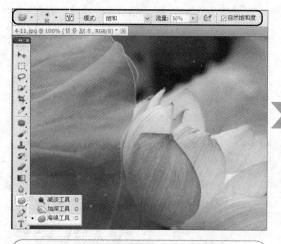

在选项栏中设置画笔大小，在 "模式" 下拉列
表框中选择 "饱和"，在 "流量" 文本框中输
入50，勾选 "自然饱和度" 复选框。

按住鼠标左键不放，来回擦拭图片中红色的
圈选范围，强化前景的花瓣、根茎及荷叶的
颜色饱和度。

STEP 03　通过海绵工具降低图像饱和度

和上一步一样，单击 "工具" 面板中的 "海绵工具" 按钮，在 "模式" 下拉列表框中选择
"降低饱和度"，然后按照如下步骤进行操作。

按住鼠标左键不放，来回擦拭图片中红色的圈选范
围，降低背景荷叶的颜色饱和度。

4-4-2　清澈明亮大眼睛

使用方法：使用 "减淡工具" 或 "加深工具" 将区域内的图像变亮或变暗。

适用场合：适合用于强调发色、眼睛、眼影等部分的光泽、明暗度，增强图像立体感。

▸ *Before*

▸ *After*

学习难易：★ ★ ☆ ☆ ☆

作品分享：随时光盘<本书范例\ch04\完成文件\ex04L.psd>

速学流程：

❶ 单击"工具"面板中的"减淡工具"或"加深工具"按钮。

❷ 在选项栏中进行设置。

❸ 单击鼠标左键数次，加强区域图像的明暗度。

STEP 01 复制"背景"图层

打开本章范例原始文件<4-12.jpg>，在"图层"面板中按住"背景"图层不放并拖拉至 ⬚ "创建新图层"按钮上，再松开鼠标左键，就会产生一个"背景 副本"图层。

STEP 02 使用"加深工具"加强瞳孔及虹膜的深邃度

使用 Ctrl + + 组合键适当放大图像的显示比例，单击"工具"面板中的 ◍ "加深工具"按钮，按照如下步骤将瞳孔进行加深。

在选项栏中设置画笔大小，在"范围"下拉列表框中选择"阴影"，在"曝光度"文本框中输入30，勾选"保护色调"复选框。

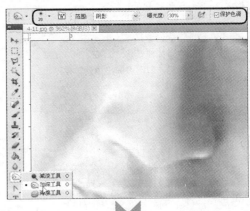

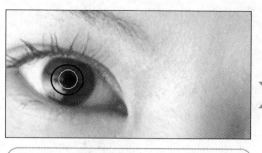

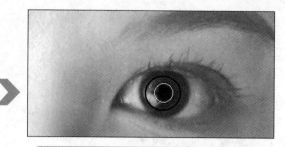

将鼠标移至眼睛中间的瞳孔，单击鼠标左键数次，加深瞳孔颜色。

依照相同的操作方法，为另一只眼睛加深瞳孔颜色。

接着在选项栏中重新设置画笔大小，在"范围"下拉列表框中选择"中间调"，在"曝光度"文本框中输入50，按照如下步骤对虹膜进行加深。

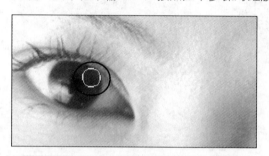

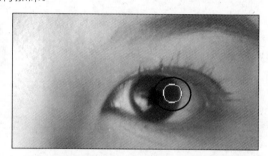

将鼠标移至眼睛瞳孔周围的虹膜，单击鼠标左键数次，加深虹膜颜色。

依照相同的操作方法，为另一只眼睛加深虹膜颜色。

STEP 03 使用"减淡工具"加强眼球的反射光

单击"工具"面板中的 🔍 "减淡工具"按钮，按照如下步骤将眼球周围的反射光进行减淡。

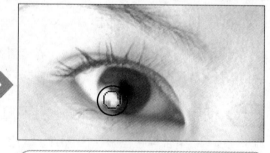

在选项栏中设置画笔大小，在"范围"下拉列表框中选择"高光"，在"曝光度"文本框中输入50，勾选"保护色调"复选框。

将鼠标移至眼睛的反光处，单击鼠标左键数次，减淡颜色。

依照相同的操作方法，为另一只眼睛减淡反射光颜色。

4-5 延伸图像透视感

"消失点"功能可用来对建筑物的墙壁等具有透视平面的图像进行校正，并可达到绘制、仿制、修补、变形等效果。

▸ *Before*

▸ *After*

学习难易：★ ★ ☆ ☆ ☆

作品分享：随时光盘<本书范例\ch04\完成文件\ex04M.psd>

速学流程：

❶ 选择要使用的图像。

❷ 选择"滤镜"|"消失点"菜单命令。

❸ 定义平面的4个角落节点。

❹ 编辑图像后，单击"确定"按钮。

消失点工具

此范例要将图像左侧的建筑物进行墙面延伸，在设置前，先针对"消失点"对话框工具箱中的各项工具进行说明。

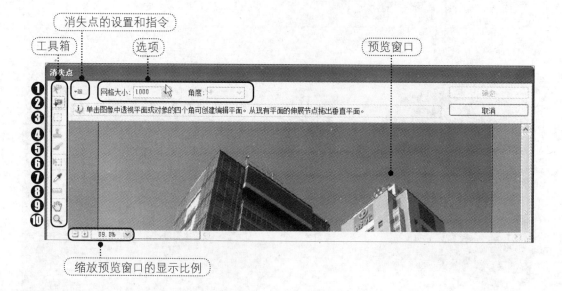

① "编辑平面工具"：编辑与调整平面尺寸。

② "创建平面工具"：可定义平面的4个角落节点、调整尺寸、形状及拖移出新平面。

③ "选框工具"：可建立矩形选取范围，也可以移动或仿制。

④ "图章工具"：通过单一图像的取样点来进行仿制绘图。

⑤ "画笔工具"：可使用设置的颜色在平面中绘制。

⑥ "变形工具"：以移动边界方框控点的方式缩放、旋转及移动浮动选取范围。

⑦ "吸管工具"：在预览窗口的图像上选取颜色，或直接打开"拾色器"对话框进行颜色选取。

⑧ "测量工具"：在平面上建立两个端点来测量距离，按住 Ctrl 键不放可调整角度。

⑨ "抓手工具"：在预览窗口中拖拉图像进行查看。

⑩ "缩放工具"：放大或缩小预览窗口中的图像显示比例。

STEP 01 复制"背景"图层

打开本章范例原始文件<4-13.jpg>，在"图层"面板中按住"背景"图层不放并拖拉至 ⬛ "创建新图层"按钮上，再松开鼠标左键，就会产生一个"背景 副本"的图层。

STEP 02 定义4个角落节点

选择"滤镜"|"消失点"菜单命令，打开"消失点"对话框，单击工具箱中的 📫 "创建平面工具"按钮，按照如下步骤建立4个节点。

 在建筑物的顶端单击鼠标左键，建立第一个节点，接着往下拖拉。

在此平面的另外三个角落各单击鼠标左键一次，即完成节点的建立。

STEP 03 延伸建筑物的墙面

在完成节点建立后，单击 🖑 "创建平面工具"按钮，按照如下步骤延伸建筑物墙面。

 将鼠标移至如图所示的边缘节点上方。

按住 Ctrl 键不放，往左侧拖拉延伸此建筑物的墙面至如图所示的状态。

将鼠标移至如图所示的角落节点上，单击鼠标左键
不放往上拖拉，调整整个延伸出来的透视平面。

STEP 04 ▶ 在消失点中仿制选取范围

接着单击工具箱中的 🔲 "图章工具"按钮，在原有的墙面上建立取样点，将相同图像仿制到先
前延伸出去的透视平面中。

 将鼠标移至欲定义的仿制区域上，按住 Alt
键不放，再单击鼠标左键建立取样点。

在延伸出去的平面上的相对位置，按住鼠标
左键不放拖拉，使用先前的取样点完成大楼
左侧的平面仿制。

最后单击"确定"按钮即完成此范例的操作。

本章重点整理

（1）"污点修复画笔工具"适用于快速修补图像中范围小且背景单纯的污渍或瑕疵，例如，痘痘、黑斑、疤痕、污点等。

（2）"修复画笔工具"适用于移除照片上大范围的杂物和瑕疵修补。

（3）"修补工具"适用于背景单纯且范围较大的修补区，可省去一笔笔涂刷的时间。

（4）"红眼工具"适用于改善照片中的人类出现的红眼及动物出现的黄眼、绿眼效果。

（5）"内容识别比例"适用于移除图像中一些不必要的景物，例如，电线杆、多余的人和车等，让图像去芜存菁。

（6）"仿制图章工具"适用于进行对象的复制和去除图像中的瑕疵。

（7）"图案图章工具"适用于在图像上绘制各种图案，提高图像丰富度的情况。

（8）"模糊工具"、"锐化工具"：适用于表现景深效果或修复失焦的图像。

（9）"高斯模糊"适用于模糊前景或背景以凸显主题，产生景深效果。

（10）"动感模糊"适用于奔跑的儿童、车子或动物等需要加强动态感的图像。

（11）"智能锐化"适用于因为晃动或没有正确对焦而产生的模糊图像。

（12）"海绵工具"适用于想要增强色彩效果，但又要保留色彩和色调细节的图像

（13）"减淡工具"、"加深工具"：适用于强调发色、眼睛、眼影等部分的光泽、明暗度，增强图像立体感。

（14）"消失点"针对建筑物的墙壁等具有透视平面的图像进行校正，并可达到绘制、仿制、修补、变形等效果。

（15）本章中常用的快捷键如下。

- Ctrl + + 或 Ctrl + - 组合键：放大或缩小图像显示比例。
- [或] 组合键：放大或缩小画笔。
- Ctrl + D 组合键：取消选区的选取。

Chapter 5

选取与去背完美搭配

图 像去背是Photoshop众多功能中最基本也是最重要的技法。本章
按照图像的复杂度和制作目的，挑选合适的选取工具、通道、快
速图层蒙版，以实现准确、快速地去背，轻松解决恼人的问题。

● 拉面广告设计

● 幸福婚纱喜展

Design Amazing Images

BACKGROUND

MARQUEE & LASSO

Discover New Dimensions in Digital Imaging

味噌屋 らく六

OPEN

Design Idea

拉面广告设计

此作品将4张原本单纯的拉面元素图像，使用选取工具，建立指定选区，不仅可以针对某个区域进行图像变化，还可以撷取图像中的主体目标，通过创意与设计，赋予图像新的风貌。

▶ *Before*

▶ *After*

学习难易：★ ★ ☆ ☆ ☆

设计重点：综合使用"多边形套索工具"、"磁性套索工具"、"魔棒工具"及"椭圆选框工具"四大工具，加上选区的各种调整方法，合并出崭新的图像风格。

作品分享：随书光盘＜本书范例\ch05\完成文件\ex05A.psd＞

▓ 相关素材

<5-01.jpg>　　<5-02.jpg>　　<5-03.jpg>　　<5-04.jpg>

制作流程

❶ 初步认识选取工具，整理出建立选区的六大步骤

❷ 先复制背景图层，接着使用"多边形套索工具"建立直线选区，并增加选区范围，然后使用"色调分离"和"色相/饱和度"功能设计图像

❸ 使用"磁性套索工具"沿着图像边缘建立选区，并羽化调整边缘，用缩小、复制、粘贴及移动功能来调整选区内的图像及选取状态

❹ 使用"魔棒工具"选取相似的颜色来建立选区，并使用反向选择选区，缩小选区，调整亮度/对比度，用缩小、复制、粘贴及移动功能来调整选区内的图像及选取状态

❺ 通过导引线的布置，建立椭圆形选区，并使用"多边形套索工具"，平滑、色阶、缩小、复制、粘贴及移动功能来调整选区内的图像及选取状态

5-1 认识选取、去背及相关工具

Photoshop提供多种不同的工具组合，让用户可以建立点阵化和向量化的选区。本节将带领读者初步认识各组选取工具的界面、使用时机及建立流程。

关于选取工具

所谓选取，简单来说，就是将图像去芜存菁，如同剪报一样裁剪出需要的部分并留存。Photoshop中的图像选取方法有很多。在获得一张图像时，除了要先思考选区的建立范围外，如何善用各种选取工具也是很重要的，合适的工具可以让工作事半功倍。

下面列出Photoshop中常用的选取工具及操作对象，读者可以根据说明正确选择选取工具，然后从图像中选取需要的部分。

1.选框工具组

此系列工具的主要选取对象为标准几何形状，例如，矩形、圆形，以及1像素宽的水平线与垂直线。

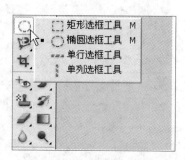

2.套索选取工具组

此系列工具的主要选取对象为边缘虽弯曲，但线条却还简单明显的不规则几何形状。

3.颜色选取工具组

此系列工具的主要选取对象为主体或背景色彩对比差异较大的图像。

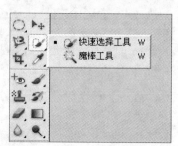

建立选区的操作流程

下面通过下方的流程图来讲解建立选区的六大步骤，这样在执行相关操作时，依循这个架构就能很快入手。

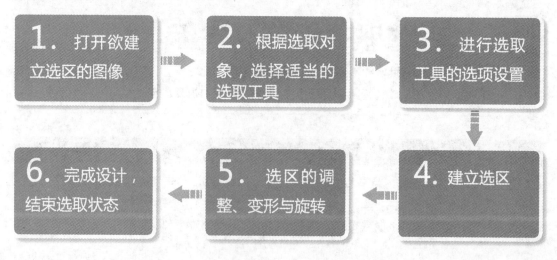

5-2 使用"多边形套索工具"去背编修

"多边形套索工具"适用于边缘有棱有角，且线条简单明显的不规则几何图形，通过直线条的描绘，建立选区，进而实现图像去背效果。

关于套索选取工具组

Photoshop套索选取工具组中包括"套索工具"、"多边形套索工具"及"磁性套索工具"3种。

大致来说，"套索工具"可以通过直接在图像上移动鼠标的方式来建立不规则的选区；"多边形套索工具"则是以单击鼠标的方式来建立边缘笔直的选区；"磁性套索工具"则是通过有如磁铁吸附在图像边缘的效果来建立选区。

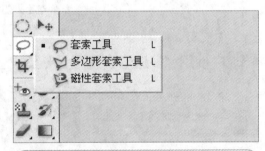

 在"工具"面板中"套索工具"按钮右下方的三角形上按住鼠标左键不放，会出现其他功能按钮。

打开本章范例原始文件<5-01.jpg>练习，在本节中首先要使用"多边形套索工具"对这张图像的特定选区进行色彩调整，再为图像全面着色。

STEP 01　复制"背景"图层

为避免图像的后期处理影响图像的初始状态，在开始处理图像前，先复制"背景"图层，保留初始图像。

先打开"图层"面板，按照
右图所示的步骤进行操作。

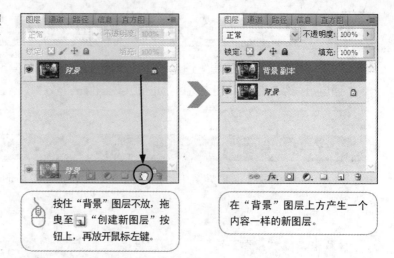

按住"背景"图层不放，拖
曳至 ▣ "创建新图层"按
钮上，再放开鼠标左键。

在"背景"图层上方产生一个
内容一样的新图层。

STEP 02 使用"多边形套索工具"建立直线选区

为了在图像上的门窗范围内使
用特效，这里使用 ▽ "多边
形套索工具"为范例的门窗建
立选区。

参考右图标示的框选范
围来建立选区。

在建立选区前，先对选项栏中的各个相关
选项进行说明。

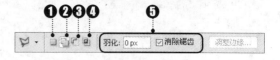

❶ ▣ "新选区"：默认的选取模式，在此按钮被选中的状态下，倘若再选取一个区域，则前
　　一个选区会自动消失。

❷ ▣ "添加到选区"：在建立了一个选区后，单击"添加到选区"按钮，待鼠标指针呈 ❤
　　状，可以在作业窗口中继续增加另一个选区，扩大选区范围。

❸ ▣ "从选区减去"：在建立了一个选区后，单击"从选区减去"按钮，待鼠标指针呈 ❤ 状，
　　在作业窗口中继续增加另一个选区，两个选区的重叠部分即为第一个选区须剔除的部分。

❹ ▣ "与选区交叉"：在建立了一个选区后，单击"与选区交叉"按钮，待鼠标指针呈 ⋈ 状，在作业窗口中继续增加另一个选区，两个选区的重叠部分即为须保留的选区。

❺ "羽化"、"消除锯齿"：当对这两项进行设置时，选区边缘会变得柔和。

单击"工具"面板中的"多边形套索工具"按钮。

在选项栏中单击"新选区"按钮，此模式为默认的选取模式。另外，如图所示设置"羽化"和"消除锯齿"选项。

待鼠标指针呈 ⋈ 状，将鼠标移到左侧窗户的左上角位置，单击鼠标左键，出现一个锚点。

将鼠标移至此多边形下方的中间位置，单击鼠标左键，即从第一个锚点到第二次单击鼠标的地方画一条直线。

此区域是未被选取的部分

选区的边界会以闪烁的黑白虚线来表示

重复此动作，在左下角、右下角、右侧中间、右上角单击鼠标，最后将鼠标移回至左上角，双击鼠标左键，完成选区的建立。

提示	**在选取过程中有用的快捷键**

1. 在选取过程中，按 Shift 键即锁定以45°进行选取。

2. 在选取过程中，按 Delete 键可取消上一次的选取动作。

STEP 03 增加选区的范围

因为要建立的选区总共有5处，所以为了扩大选区的范围，须按以下步骤进行操作。

 在建立了一个选区后，再在选项栏中单击"添加到选区"按钮。

 待鼠标指针呈 状，在作业窗口中继续增加另一个选区，扩大选区范围。

在"添加到选区"按钮被选中的状态下，继续增加另外3个选区。

STEP 04 使用"色调分离"

建立了选区后，接着就要对区域内的图像使用"色调分离"的效果。选择"图像"|"调整"|"色调分离"菜单命令，按照以下步骤进行操作。

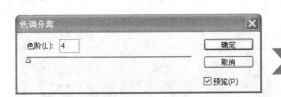

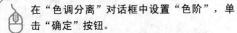

在"色调分离"对话框中设置"色阶"，单击"确定"按钮。

选区内的图像有了如上变化。

STEP 05　使用"色相/饱和度"

在将门窗色调分离之后，接下来便针对整张图像进行色相及饱和度的调整。先按 Ctrl + D 组合键退出选取模式，再选择"图像"|"调整"|"色相/饱和度"菜单命令并进行如下操作。

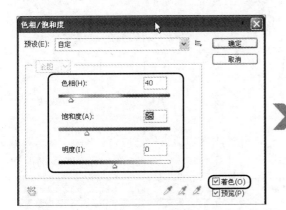

在"色相/饱和度"对话框中勾选"着色"复选框后，在"色相"和"饱和度"设置完成后，单击"确定"按钮。

图像呈现的效果如图所示。

提 示 ▶ **切换选区的快捷键**

1. 按 Shift + Ctrl + D 组合键可以恢复刚才建立的选区。

2. 按 Ctrl + A 组合键可以将图像全部选取。

5-3 使用"磁性套索工具"去背编修

> "磁性套索工具"适用于颜色对比强烈的不规则图像，它可依附于对象的边缘来实现区域的选取。

在5-2节的"背景"图层调整完成后，在<5-01.jpg>打开状态下，另外打开本章范例原始文件<5-02.jpg>。从本节开始，将陆续通过各种选取工具进行图像的去背编修，并将去背后的对象合成至原先的<5-01.jpg>上。

STEP 01 使用"磁性套索工具"沿着图像边缘建立选区

使用套索选取工具组中的  "磁性套索工具"进行电车主体的选取。在建立选区前，先对选项栏中的各个相关选项进行详细说明。

1. "宽度"：设定套索要检测的宽度数值。

2. "对比度"：设定套索对图像中边缘的敏感度。

3. "频率"：设定套索建立固定点的频率。

4. "使用绘图板压力以更改钢笔宽度"：主要针对绘图板的使用，当此按钮处于选中状态时，会增加笔尖压力，减小边缘宽度；反之则相反。

> 单击"工具"面板中的"磁性套索工具"按钮，在选项栏中进行如图所示的设置。

 待鼠标指针呈 状，在作业窗口中单击鼠标左键，选取起始点。

 接着顺着电车边缘开始移动鼠标，当鼠标移动时（不需要单击鼠标左键），选取线会自动吸附于电车边缘。当遇到较大转弯时，可以单击鼠标左键加入锚点。

 回到第一个锚点时单击鼠标左键即成功建立选区。

STEP 02　柔化选区边缘

为了让电车主体的边缘不过于锐利，须对选区的边缘进行柔化，具体操作如下所示。

 将鼠标移至选区内单击鼠标右键，在快捷菜单中选择"羽化"菜单命令。

在"羽化选区"对话框中设置"羽化半径"后，单击"确定"按钮，选区的边缘会变得较为柔和与平滑。

注意▸ 设置羽化的时机

　　选取对象的前后都可以设置羽化的效果，但仍然强烈建议在选取后再设置羽化。假设选取前通过选项栏设置了羽化，那么当过于模糊时，就必须重新选取一次；而若选取后再设置羽化，那么当要反悔时只要还原至上一步骤即可。

STEP 03 手动调整选区

按住 Ctrl + T 键，当前窗口会显示8个变形控制点，如下图所示，然后将选区以拖曳方式进行缩小。

 将鼠标移至选区4个角落的任一个控制点上，待鼠标指针呈 状。

 按住 Shift 键不放，再按住鼠标左键不放并往内拖曳，可等比例缩小选区的长、宽。

提 示 其他控制选区缩放的快捷键

按住 Alt 键，可由中心点向四周缩放选区；按住 Shift + Alt 键，可由中心点等比例缩放选区；按 Esc 键，可以取消选区的调整。

STEP 04 手动旋转选区

除了大小的调整外，通过变形控制点还可以旋转选区的角度。在显示变形控制点的状态下，进行如下操作。

 将鼠标移至选区右上方的控制点，待鼠标指针呈 状，按住鼠标左键不放，旋转选区至合适角度。

 按 Enter 键完成调整操作。

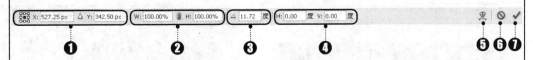

提示　通过选项栏设置调整选项

除了通过上述手动方式进行选区的调整外，还可以通过选项栏中的各个选项进行较为精准的设置，从而更精确地进行调整。

❶ "参考点位置"、"设置参考点的水平位置"、"设置参考点的垂直位置"：主要设置变形时所依据的基准点位置。

❷ "设置水平缩放比例"、"设置垂直缩放比例"：可以分别或等比例输入欲缩放的长、宽数值。

❸ "设置旋转"：通过数值设置旋转角度。

❹ "设置水平斜切"、"设置垂直斜切"：通过数值调整水平及垂直的倾斜角度。

❺ "在自由变换和变形模式之间切换"：在选中状态下，会出现九宫格的网纹，通过拖曳网纹内的控制点、线条或区域，可以更改选区和网纹形状；取消选中时，则恢复成变形模式。

❻ "取消变换"：不执行变换效果，恢复原始状态。

❼ "进行变换"：单击此按钮即执行变换效果。

STEP 05　复制选区中的内容，并粘贴为一个去背新对象

在成功建立选区后，按 Ctrl + C 组合键复制电车对象，接着切换至<5-01.jpg>文件中，再按 Ctrl + V 组合键粘贴电车对象。

（在复制并粘贴后，如果还要调整电车的大小或旋转角度，可以直接按 Ctrl + T 组合键进行调整。）

STEP 06　将去背对象移至适当位置

接下来就是将去背对象移至适当位置进行摆放。单击"工具"面板中的 "移动工具"按钮，在选项栏中进行如下设置。

勾选此复选框，会在图像
上显示8个控制点，也可以
通过拖曳控制点调整大小

包括"顶对齐"、"垂直居中对齐"等按
钮，主要是让对象按照指定的方式对齐

勾选"自动选择"复选框后，只要在欲移动
的图像上单击鼠标左键，焦点便会自动切换
至该图层上，按住鼠标左键移动即可将该图
层移动至适当位置。

将鼠标移到电车对象上时，按住鼠标左键不
放，拖曳至如图所示位置摆放。

5-4 使用"魔棒工具"去背编修

通过"魔棒工具"，在选区中指定单一颜色，并以该颜色的相似颜色作为选取区域。

关于颜色选取工具组

Photoshop颜色选取工具组包括"快速选择工具"和"魔棒工具"两种。

大致来说，这两种工具都适用于背景色
与主体色系差异较大的图像。

在"工具"面板中的"快速选择工具"按钮
右下方的三角形上按住鼠标左键不放，会出
现其他功能按钮。

完成了上一节的"磁性套索工具"编修后，同样在<5-01.jpg>打开的状态下，另外打开本章范例原始文件<5-03.jpg>，本节将使用"魔棒工具"清除墙壁区域，仅留下柜台上的对象。

STEP 01　使用"魔棒工具"选取相似的颜色建立选区

通过颜色选取工具组的 　"魔棒工具"选取墙壁区域。在建立选区前，先对选项栏中的各个相关选项进行详细说明。

❶ "容差"：决定像素选取的颜色范围。

❷ "消除锯齿"：建立边缘平滑的选区。

❸ "连续"：只选取相同颜色的附近区域。

❹ "对所有图层取样"：原则上只选取作业图层的相似颜色区域，倘若勾选此复选框，则会从所有图层选取颜色相似的区域。

单击"工具"面板中的"魔棒工具"按钮，在选项栏中进行相关设置，如右图所示。

待鼠标指针呈 状，在作业窗口中墙壁的任一处单击鼠标左键。

这样就完成了部分选区的建立。

接着在选项栏中单击"添加到选区"按钮，以便扩大选区。

当鼠标指针呈※状，即可继续在未选取的墙壁区域单击鼠标左键，选取的范围大致如右图所示。（倘若多选了不要的部分图像，可以通过选项栏中的匚"从选区减去"按钮来减少选取区域。）

提 示 ▶ 用快捷键增加或减少选区

按住 Shift 键不放，待鼠标指针呈※状即可增加选区；反之，按住 Alt 键不放，待鼠标指针呈※状即可减少选区。

STEP 02 反向选择选区

由于主要想保留此图像上的柜台区域，因此，进行选择反向操作，具体操作如下所示。

将鼠标移至选区内单击鼠标右键，选择"选择反向"菜单命令。

如此即可选取所需要的范围。

STEP 03 将目前的选区缩小

选择"选择"|"修改"|"收缩"菜单命令，缩小选区，具体操作如下所示。

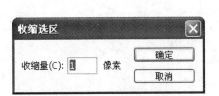

在"收缩选区"对话框中设置"收缩量"的像素值，单击"确定"按钮。选取区域会等距向内收缩。

STEP 04　调整亮度及对比度

选择"图像"｜"调整"｜"亮度/对比度"菜单命令，调整图像，具体操作如下所示。

在"亮度/对比度"对话框中设置"亮度"和"对比度"，单击"确定"按钮。

如图所示，加强了颜色的对比。

STEP 05　选区的最后调整

按照5-3节中第3、5、6步的操作方式，缩小、复制、粘贴及移动选区，在<5-01.jpg>文件中完成的布置效果如右图所示。

5-5 以规则形状的选框工具去背编修

通过选框工具系列中的选取工具，可以迅速建立常见的矩形、圆形等规则形状的选区。

Photoshop选框工具组包括"矩形选框工具"、"椭圆选框工具"、"单行选框工具"及"单列选框工具"4种。

大致来说，这4种工具适用于建立标准几何形状的选区，如矩形、圆形等，其选取操作步骤大同小异，只是选区的形状不同而已。

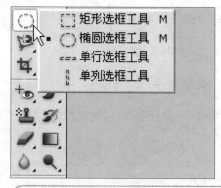

按住"工具"面板中的"矩形选框工具"按钮右下方的三角形不放，就会出现其他功能按钮。

在完成上一节的魔棒工具编修后，在<5-01.jpg>打开的状态下，另外打开本章范例原始文件<5-04.jpg>，本节将使用"椭圆选框工具"来选取拉面碗。

STEP 01 打开标尺，拖曳出导引线

在建立形状规则的选区前，为了一次就能成功选取图像中的拉面碗，不用重复拖曳，先在图像的四周拖曳出导引线，这样后续选区的建立就会轻松和精准。

先选择"视图"|"标尺"菜单命令，在作业窗口中打开标尺，再单击"工具"面板中的
🔅 "移动工具"按钮，然后拖曳出导引线，具体操作如下所示。

 将鼠标指针移到上方标尺，然后按住鼠标左
键不放，待鼠标指针呈 ↔ 状，往下拖曳出一
条淡蓝色的导引线，当导引线移动至拉面碗
的边缘后松开鼠标左键。

 按照相同的方法，在拉面碗的下方和左右两
侧拖曳出淡蓝色的导引线。

STEP 02 建立及移动规则的选区

在使用选框工具组中的 ⭕ "椭圆选框工具"来建立拉面碗选区前，先对选项栏中的各个相关
选项进行说明。

- "样式"：当单击"工具"面板中的 ⬚ "矩形选框工具"按钮或 ⭕ "椭圆选框工具"按钮
  时，该选项会处于激活状态。它提供了3种样式以辅助选框工具的使用。
- "正常"：以拖曳方式建立任意大小的选区。
- "固定比例"：通过指定宽度和高度的比值，从而拖曳出固定比例的选区。
- "固定大小"：指定选区的固定宽度和高度的像素值。

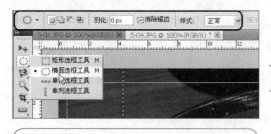

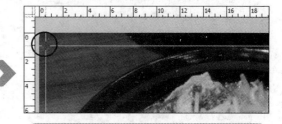

 单击"工具"面板中的"椭圆选框工具"按
钮，在选项栏中进行相关设置，如上图所示。

 待鼠标指针呈十状，移至左上方导引线相交
的位置，按住鼠标左键不放。

 由左上往右下拖曳，完成椭圆形选区的建立。

 将鼠标移至选区内，待鼠标指针呈 ▶ 状，按住鼠标左键不放拖曳，微调选区的位置，直至选区完全符合拉面碗边缘（也可通过键盘的 ↑ 、 ↓ 、 ← 、 → 键来移动选区）。

STEP 03　使用"多边形套索工具"增加选区

这里使用5-2节中介绍的 ⬡ "多边形套索工具"将原拉面碗的选区延伸至两只汤匙的红色把手处。

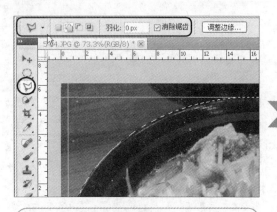

 单击"工具"面板中的"多边形套索工具"按钮，在选项栏中单击"新选区"按钮，其他设置如图所示。

通过拖曳的方式完成左下方和右上方汤匙手把选区的增加。

STEP 04　将原有选区边缘变得平滑

选择"选择"|"修改"|"平滑"菜单命令，调整选区边缘的平滑度。

在"平滑选区"对话框中设置"取样半径"，单击"确定"按钮，会发现选区的边缘变得较为平滑。

STEP 05　使用色阶调整色彩

接着选择"图像"|"调整"|"色阶"菜单命令，加强选区内图像的色彩。

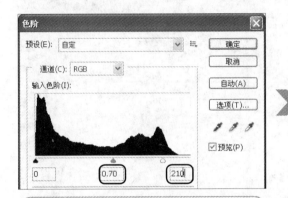

在"色阶"对话框中调整中间调输入色阶和亮部输入色阶后，单击"确定"按钮。

这时，原本暗淡的图像在色彩和亮度上发生了明显变化。

STEP 06　选区的最后调整

按照5-3节中第3、5、6步的操作方式，通过选区的缩小、复制、粘贴及移动调整拉面碗，在<5-01.jpg>文件中完成最后的制作。

在完成范例的制作后，记得以PSD格式存储文件。

Design Idea

幸福婚纱喜展

对于这份幸福洋溢的作品，一方面使用快速选择工具和调整边缘两大功能为美丽的新娘及难处理的发丝建立绝佳的去背效果；另一方面用"通道"面板及快速图层蒙版模式，协助我们进行教堂及花朵的选取，让作品展现出专属新人的幸福。

▶ *Before*

▶ *After*

学习难易： ★ ★ ☆ ☆ ☆

设计重点： 分别使用快速选择工具、调整边缘、通道及快速图层蒙版等功能来建立选区，并学习存储选区及使用各种滤镜效果的方法。

作品分享： 随书光盘<本书范例\ch05\完成文件\ex05E.psd>

相关素材

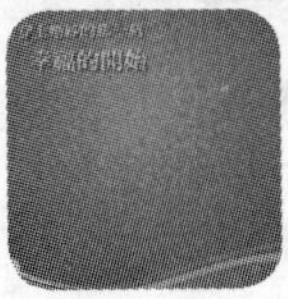

<ex05A.psd>

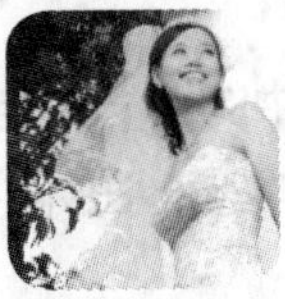

<5-05.jpg>

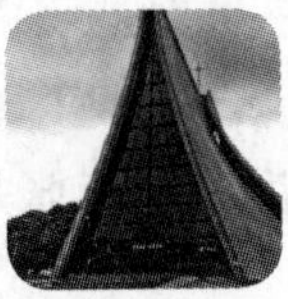

<5-06.jpg>

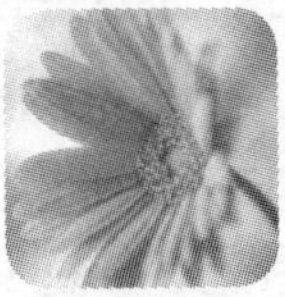

<5-07.jpg>

制作流程

❶ 使用“快速选择工具”选取新娘主体，并收缩选区。

❷ 使用调整边缘的相关选项，修饰新娘选区的边缘品质，并针对发丝进行细致调整，最后将选区复制到目标图片中，并调整大小及位置

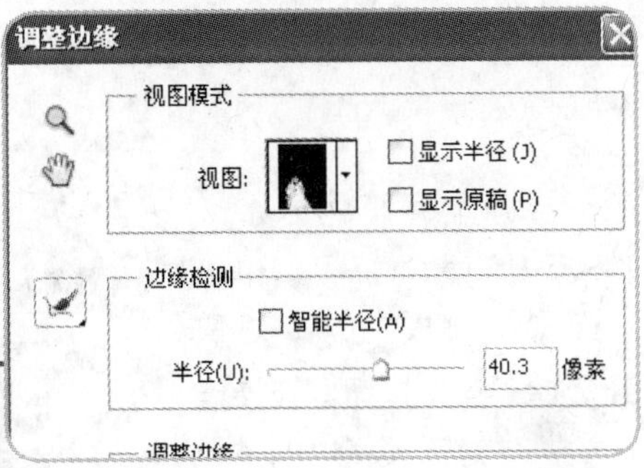

❸ 复制通道后，先使用“色阶”对话框调整轮廓细节，然后使用“橡皮擦工具”和“画笔工具”进行修饰，接着使用“通道”面板建立选区，反向选取、缩小及存储选区，并使用艺术效果滤镜，最后将选区复制到目标图片中，并调整大小及位置

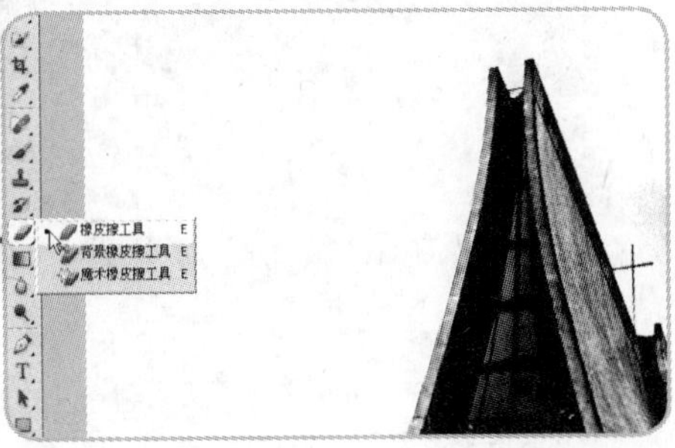

❹ 以快速图层蒙版模式建立花朵选区，接着柔化边缘并使用喷色描边画笔滤镜，最后将选区复制到目标图片中，并调整位置及不透明度

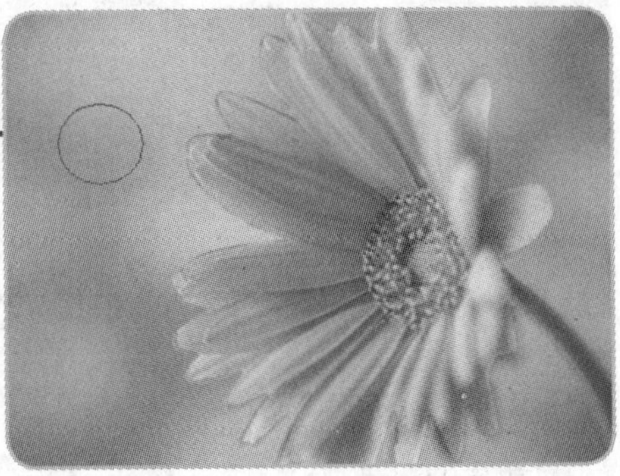

5-6 使用"快速选择工具"去背编修

"快速选择工具"是Photoshop颜色选取工具组中的一员，当单击此工具按钮并拖曳鼠标时，选区将自动沿着图像的边缘向外扩张并选取图像主体。

关于快速选择工具

"快速选择工具"是一个使用相当方便的工具，只要图像的边缘明确，就能快速检测，自动寻找。为了完成"幸福婚纱喜展"的主题概念，在这一节中，我们将使用"快速选择工具"的特性，选取图像中的美丽新娘。只有主角确立了，后续的制作才可以继续。

打开本章范例原始文件<5-05.jpg>练习，单击"工具"面板中的 "快速选择工具"按钮，在操作之前，先对选项栏中的各个相关选项进行说明。

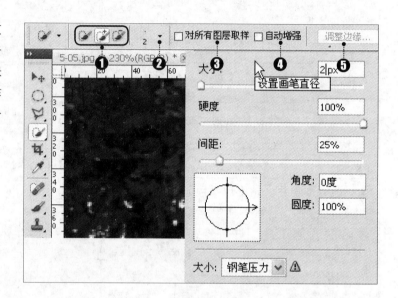

❶ "新选区" 、"添加到选区" 、"从选区减去" ：通过这3个按钮的搭配使用，可以灵活增减选取的范围（各按钮的详细说明可以参考5-2节）。

❷ 单击此下三角按钮，可以打开"画笔"选取器，用来设置画笔大小、硬度等选项。倘若不想通过输入方式改变画笔大小，可以在建立选区时，通过按住键盘上的 [键缩小画笔，或按住] 键放大画笔。

❸ "对所有图层取样"：不只在当前选择的图层上建立选区，而是在文件的所有图层上建立选区。

❹ "自动增强"：当勾选此复选框时，Photoshop会自动让选区更服帖于图像边缘，并自动修整边界的粗糙感。

❺ "调整边缘"：单击此按钮可打开"调整边缘"对话框，针对选区的边缘进行更细致的调整（详细操作及说明请参考5-7节）。

STEP 01 使用"快速选择工具"选取图像主体

单击"工具"面板中的 ✎ "快速选择工具"按钮，按照如下步骤完成新娘人物的选取。

在选项栏中进行如图所示的相关设置后，按 Ctrl + + 键数次，放大图像的显示比例，以便更好地使用工具。

待鼠标指针呈 ⊕ 状，将鼠标移至新娘头部，按住鼠标左键不放拖曳，选区的边缘会自动吸附在主体边缘上，并依拖曳的范围，往外扩大选区。

持续往下移动鼠标，扩大选区的范围，最终将新娘主体完整纳入选区。

STEP 02 收缩选区的范围

虽然选取了新娘主体，但是新娘的头纱及一些不必要的背景也一并选取了。为了让主体能单纯呈现，按如下步骤进行选区的收缩。

在圈选发丝时，不要紧挨着发丝边缘，可以往外选取一些，以便进行细致的边缘调整（参见5-7节）。

参考右图中标示的红色圈选范围，清除不必要的选区。

在选区建立状态下，在选项栏中单击"从选区减去"按钮。

待鼠标指针呈⊖状时，按住鼠标左键不放并拖曳。按照上述圈选范围，减去不必要的选区。

注 意 ▶ 选区圈选的诀窍

在建立选区的过程中，除了要善用 [和] 键调整画笔大小外，还必须灵活使用选项栏中的 "添加到选区"和 "从选区减去"按钮增减选的范围，这样才能圈选出正确无误的选区。

5-7 调整选区的边缘

在调整选区边缘时，不仅可以在不同视图模式下查看选区，而且可以通过其中提供的各个选项来修饰选区的边缘品质，进而输出完美的去背效果图片。

在5-6节中使用"快速选择工具"圈选了新娘主体，为了让选区的边缘呈现得更完善，以便后续撷取人物充分与背景合成，避免出现去背效果不完全的窘状，在选区建立的状态下，在选项栏中单击"调整边缘"按钮，打开"调整边缘"对话框，如下图所示。在进行设置前，先对相关选项进行说明。

❶ "视图模式"

- "视图"：在下拉列表中共有"闪烁虚线"、"叠加"、"黑底"、"白底"、"黑白"、"背景图层"、"显示图层"7种变更选区的视图模式。如果想了解各种模式的详细信息，可以将鼠标指针移到该模式上，即会出现提示信息。（按 F 键可快速切换7种视图模式；按 X 键可打开或关闭视图。）

- "显示半径"： 勾选此复选框，会显示使用 ✎ "调整半径工具"或 ✎ "抹除调整工具"进行边缘调整的修饰结果。

- "显示原稿"：勾选此复选框，即可显示原始选区，以便对照。

❷ "边缘检测"

- "智能半径"： 勾选此复选框，软件会自动调整图像边缘的硬边及柔边半径。

- "半径"：设置边缘调整的选区大小。尖锐边缘使用小半径，柔和边缘使用大半径。

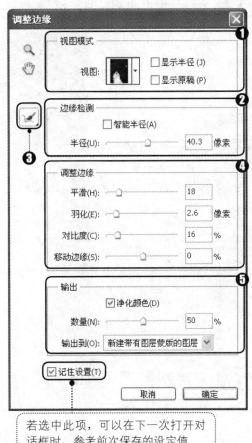

若选中此项，可以在下一次打开对话框时，参考前次保存的设定值

❸ "调整半径工具"和"抹除调整工具"

✎ "调整半径工具"及 ✎ "抹除调整工具"：通过这两个工具，一方面可以扩大选区，另一方面也可以清除调整过的边缘，还原原始边缘，实现更细致的调整。

❹ "调整边缘"

- "平滑"：调整图像边缘的锯齿程度，使边缘平滑。

- "羽化"：柔化图像边缘。
- "对比度"：图像边缘的柔边效果会因对比数值的增加而变得明显。
- "移动边缘"：倘若为正值，会外移柔边边界；倘若为负值，会内移柔边边界，并可以清除边缘不必要的颜色。

❺ "输出"

- "净化颜色"：通过选区的邻近像素颜色来移除周围的彩色边缘。
- "数量"：当勾选"净化颜色"复选框时，可以通过它设置移除颜色的程度。
- "输出到"：可以将调整过的选区输出为目前图层上的选区或图层蒙版，或者产生新的图层或文件。

STEP 01　设置调整边缘的相关选项

先以"叠加"模式进行检查，再参考右图"调整边缘"对话框中的设置值进行设置。

（因为每个人操作过程中选取状态是不同的，所以"调整边缘"对话框中的设置值必须根据情况进行适度调整。）

STEP 02　发丝边缘的细部调整

经过第1步的操作，我们发现新娘左下方的发丝部分尚未完全选取，接着通过 "调整半径工具"和 "抹除调整工具"进行更细致的调整。

　　目前，红色区域已基本去背，但发丝部分还有些许空间也必须纳入清除范围，单击 "调整半径工具"按钮，然后按照以下步骤进行修饰。

待鼠标指针呈⊕状，通过 [键和] 键调整画笔至适当大小后，按住鼠标左键不放并拖曳，将发丝之间残留的空白涂抹上红色。

在涂抹过程中，如果不小心超出范围或想清除之前涂抹的部分，可以单击 "抹除调整工具"按钮，然后按照以下步骤进行修饰。

待鼠标指针呈⊕状，通过 [键和] 键调整画笔至适当大小后，按住鼠标左键不放并拖曳，擦除先前增加的红色范围。

按上述方法检查其他范围，然后使用 "调整半径工具" 和 "抹除调整工具" 进行更细致的调整，最后单击"确定"按钮，完成选区边缘的调整。

STEP 03　复制并粘贴为一个去背新对象，并调整大小及位置

回到作业窗口中，打开"图层"面板，会发现新增了一个"背景 副本"图层，接着按照以下步骤进行复制操作。

按住 Ctrl 键不放，将鼠标指针移至"背景 副本"图层的图标上，单击鼠标左键，呈选取状态。

按 Ctrl + C 键进行复制。

打开本章范例原始文件<ex05A.psd>，按 Ctrl + V 键，将新娘对象粘贴到预先布置好的文件中，接着按照以下步骤进行大小及位置的调整。

 按 Ctrl + T 键显示8个变形控制点，如上图所示，然后按住 Shift 键不放并拖曳，等比例放大新娘对象。

接着将鼠标移至8个变形控制点内，待鼠标指针呈 ▶ 状，按住鼠标左键不放，拖曳至如图所示位置摆放，最后按 Enter 键完成变形动作。

5-8 使用通道去背编修

除了通过前面各种选取工具建立选区外，还可以使用"通道"面板中的灰阶图像完成选区的载入、编修、存储及使用等动作，让选区的选取更灵活。

所谓通道，是依据打开的图像自动建立的通道面板，而其通道数目则是根据图像的颜色模式确定的。例如，常见的RGB图像，其通道就有RGB、红、绿、蓝4个。

在本节中，将使用通道中不同类型信息的灰阶图像完成选区的建立，从而实现去背的效果。保留5-7节打开的＜ex05A.psd＞文件，另外再打开本章范例原始文件＜5-06.jpg＞练习。

STEP 01　复制 "背景" 图层

先打开 "图层" 面板，按照
右图所示步骤进行操作。

> 按住 "背景" 图层不放，拖
> 曳至 🔲 "创建新图层" 按
> 钮上，再放开鼠标左键。

> 在 "背景" 图层上方产生一个
> 名为 "背景 副本" 的图层。

STEP 02　创建新通道

选择 "窗口" | "通道" 菜
单命令，打开 "通道" 面
板，按照如右图所示步骤进
行操作。

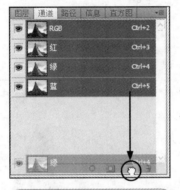

> 按住绿图层不放，拖曳至
> 🔲 "创建新通道" 按钮
> 上，再放开鼠标左键。（通
> 道的选择以轮廓清晰为主）

> 在 "通道" 面板的最下方产生
> 一个内容一样的 "绿 副本"
> 通道。

STEP 03　使用色阶调整功能显现轮廓细节

选择 "图像" | "调整" | "色阶" 菜单命
令，打开 "色阶" 对话框，按照右图进行设
置，加强图像主体的轮廓细节。

色阶	✕
预设(E)：自定	确定
	取消
通道(C)：绿 副本	自动(A)
输入色阶(I)：	选项(T)...
	✓ 预览(P)

| 58 | 1 | 156 |

> 在输入色阶下面的文本框中分别输入58、
> 1、156，单击 "确定" 按钮。

STEP 04　使用 "橡皮擦工具" 擦除不必要的部分

在这个图像中，主要使用中间的教堂建筑物，所以按照如下操作，擦除不需要的部分。

先按 X 键将"工具"面板上的"前景/背景"状态切换为"黑色/白色"。

单击"工具"面板上的"橡皮擦工具"按钮，在选项栏中进行设置，具体设置如右图所示。

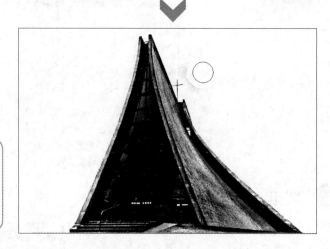

在作业窗口中按住鼠标左键不放，擦除建筑物以外不要的部分。（可以使用 [和] 键自由调整画笔大小。）

 使用"画笔工具"将主体涂黑

使用"画笔工具"将需要保留的建筑物主体涂黑，形成黑白分明的效果。确认"工具"面板上的"前景/背景"状态为"黑色/白色"。

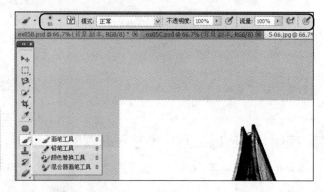

单击"工具"面板中的"画笔工具"按钮，按照右图所示在选项栏中进行设置。

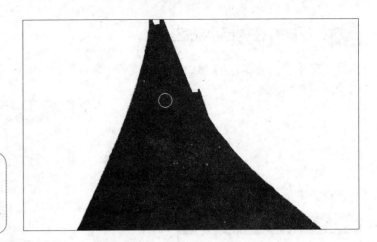

在作业窗口中按住鼠标左键不放，将建筑物涂黑。（同样可以使用 [和] 键自由调整画笔大小）

STEP 06 ▶ 使用"通道"面板建立选区

接着就使用"通道"面板建立选区。

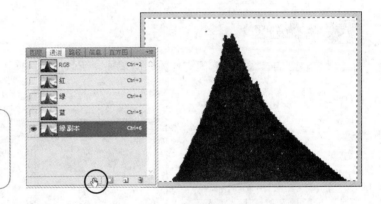

在"通道"面板上单击"将通道作为选区载入"按钮，即完成选区的建立。

在"通道"面板中选择RGB图层，浏览当前选取的范围。

STEP 07 反向并往内缩小选区

选择"选择"|"反向"菜单命令，再选择"选择"|"修改"|"收缩"菜单命令，按照以下步骤缩小选取区域。

在"收缩选区"对话框中设置"收缩量"，单击"确定"按钮。

选取区域等距向内收缩。

STEP 08 存储选区

好不容易建立的选区，却常因文件关闭而消失，所以下面将通过"路径"面板保存选区。

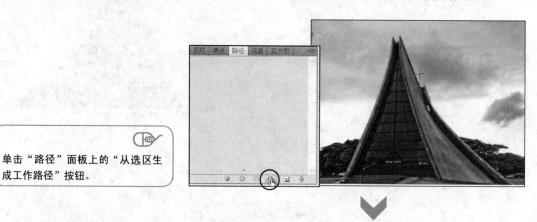

单击"路径"面板上的"从选区生成工作路径"按钮。

建立工作路径后，为了保留相关设置值，以便选区可以重复使用，接着选择"文件"|"存储为"菜单命令，打开"存储为"对话框，将该文件另存成<*.psd>文件格式。

STEP 09 使用艺术效果滤镜

按照以下步骤调用先前存储的选区。

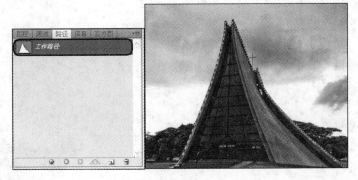

按住 Ctrl 键不放,在"路径"图层上单击,即可恢复该存储的选区。

　　选择"滤镜"|"艺术效果"|"绘画涂抹"菜单命令,参照下面图片中的参数进行设置,对教堂主体使用艺术绘画效果。

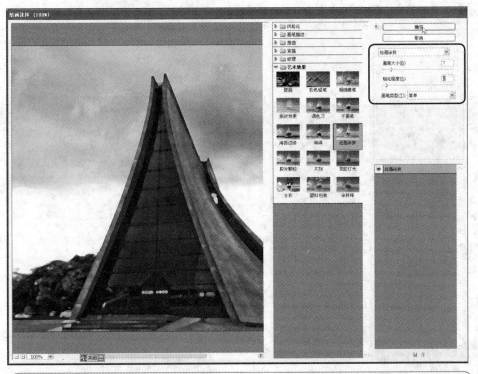

在"绘画涂抹(100%)"对话框中调整画笔大小、锐化程度和画笔类型,单击"确定"按钮。

STEP 10 复制并粘贴为一个去背新对象，调整大小及位置

回到作业窗口，确认选取了教堂对象后按 Ctrl + C 键进行复制，再打开上一节的 <ex05A.psd>文件，然后按 Ctrl + V 键，粘贴教堂对象。

接着按照以下步骤调整对象的大小及位置。

单击"图层"|"排列"|"后移一层"菜单命令两次，将教堂对象移至背景前面。

接着拖曳至如图所示位置，最后按 Enter 键完成变形操作。

按 Ctrl + T 键显示8个变形控制点，然后按住 Shift 键不放，通过拖曳等比例缩小教堂对象。

STEP 11　使用镜头光晕

为了营造教堂神圣的气氛，我们使用"镜头光晕"滤镜进行表现。

单击"工具"面板中的 "选取工具"按钮，确认已选中选项栏中的"自动选择"复选框，在后面的下拉列表框中选择"图层"，然后如右图所示选取对象。

在背景中任一处单击鼠标左键，软件就会自动选取该图层。

选择"滤镜"|"渲染"|"镜头光晕"菜单命令，打开"镜头光晕"对话框并进行如下设置。

如上图所示，设置"亮度"和"镜头类型"选项，并使用鼠标拖曳光源至合适位置，单击"确定"按钮。

图像呈现的效果如上图所示。

5-9 使用"快速图层蒙版"去背编修

在使用快速图层蒙版模式建立图层蒙版时，可以通过画笔涂抹区分出保护区（已涂抹）和不被保护区（未涂抹）。当退出快速图层蒙版模式时，不被保护的区域就会形成选区。

图层蒙版是Photoshop中经常使用的简易选取法。在快速图层蒙版模式下，可以使用绘画工具来产生不透明的红色覆盖范围进行编辑，当退出快速图层蒙版模式时，图层蒙版就会转换为图像上的选区。

在本节中，我们将使用"快速图层蒙版"功能来选取花朵主体，完成"幸福婚纱喜展"作品的最后设计。同样，在<ex05A.psd>打开的状态下，另外再打开本章范例原始文件<5-07.jpg>练习。

STEP 01 以快速蒙版模式编辑

单击"工具"面板下方的 "以快速蒙版模式编辑"按钮，进入图层蒙版模式，按照以下步骤创建选区。

按 D 键还原"工具"面板上的"前景/背景"初始状态（黑/白）。

单击"工具"面板中的"画笔工具"按钮，在选项栏中进行设置，如右图所示。

 再单击"工具"面板下方的 ◻ "以快速蒙版模式编辑"按钮，退出图层蒙版模式，发现已选取了花朵主体。

 待鼠标指针呈○状，在作业窗口中按住鼠标左键不放并拖曳，将背景部分涂满颜色（花朵部分不用涂）。

注意 ▶ 在涂抹过程中要注意的细节

　　1. 在涂抹过程中，可以通过 [及] 键自由调整画笔大小，范围大时用大画笔，靠近花瓣的部分，建议用小画笔。基本上，花瓣四周的涂抹不用过于精细，只要排除花朵的主体，将背景完全涂满即可。

　　2. 要清除涂抹的多余部分，可按 D 键将"工具"面板的"前景/背景"切换为"白/黑"，然后使用画笔进行擦拭。

STEP 02　柔化选区边缘

为了让花朵的边缘不过于锐利，选择"选择"|"修改"|"羽化"菜单命令，进行柔化边缘的设置。

在"羽化选区"对话框中设置"羽化半径"，再单击"确定"按钮，选区的边缘就会变得较为柔和且平滑。

STEP 03　使用画笔描边滤镜

选择"滤镜"|"画笔描边"|"喷色描边"菜单命令，在"喷色描边（100%）"对话框中进行设置，为花朵制造出美术外观。

对该对话框中的"描边长度"、"喷色半径"和"描边方向"进行调整后，单击"确定"按钮。

STEP 04 复制并粘贴为一个去背新对象，调整位置及不透明度

回到作业窗口中，确认选取了花朵对象后，按 Ctrl + C 键进行复制，再打开原先的 <ex05A.psd> 文件，然后按 Ctrl + V 键粘贴花朵对象。

接着进行位置及不透明度的调整，具体操作如下所示。

按 Ctrl + T 键显示如图所示的8个变形控制点，然后拖曳至如图所示位置，并按 Enter 键完成变形操作。

在"图层"面板中将"不透明度"设置为80%。

最后，记得保存文件，如此即完成了"幸福婚纱喜展"的范例制作。

本章重点整理

（1）建立选区的操作流程：打开要建立选区的图像→根据选取对象，选择合适的选取工具→进行选取工具的选项设置→ 建立选区→选区的调整、变形与旋转→完成设计，结束选取状态。

（2）套索选取工具：适用于边缘弯曲、线条明显的不规则几何形状。

用"套索工具"建立选区的操作流程：在图像上通过鼠标拖曳的方式→建立不规则的选区；"多边形套索工具"：以单击鼠标的方式→建立边缘笔直的选区；"磁性套索工具"：通过有如磁铁吸附在图像边缘的效果→建立选区。

（3）颜色选取工具：主体或背景色彩差异较大的图像。

"魔棒工具"：设置容差→选取颜色相似的范围→建立选区；"快速选择工具"：拖曳鼠标→沿着图像边缘，向外扩张并建立选区。

（4）选框工具：用于标准的几何形状选区的建立，如矩形、圆形等。

"矩形选框工具"、"椭圆选框工具"、"单行选框工具"及"单列选框工具"：以拖曳方式→建立标准几何形状的选区。

（5）调整边缘：可以在不同视图模式下查看选区，并通过其中提供的各项设置修饰选区的边缘品质，进而在输出时达到完整去背的效果。

（6）本章中常用的快捷键如下。

- 使用"多边形套索工具"建立选区时，按住 Shift 键，锁定以 45°角进行选取；按 Delete 键可撤销上一次的选取动作。

- 在使用"工具"面板中的各种选取工具建立选区时，按住 Shift 键不放可增加选区；按住 Alt 键不放可以减少选区。

- Ctrl + D 组合键：退出选取模式。

- Shift + Ctrl + D 组合键：恢复先前建立的选区。

- Ctrl + A 组合键：选取全部图像。

- [、] 键：放大、缩小画笔。

- Ctrl + T 组合键：显示8个变形控制点，以便进行大小和角度调整；按 Esc 键取消变形。

- D 键：还原"前景/背景"（黑/白）。

- X 键：切换"前景/背景"。

Chapter 6

使用图层管理图像

图层是Photoshop中十分重要的功能，控制图层中的图像，设置图层与图层间的搭配，能让作品呈现出不同的效果。

● 古厝的天空摄影讲座

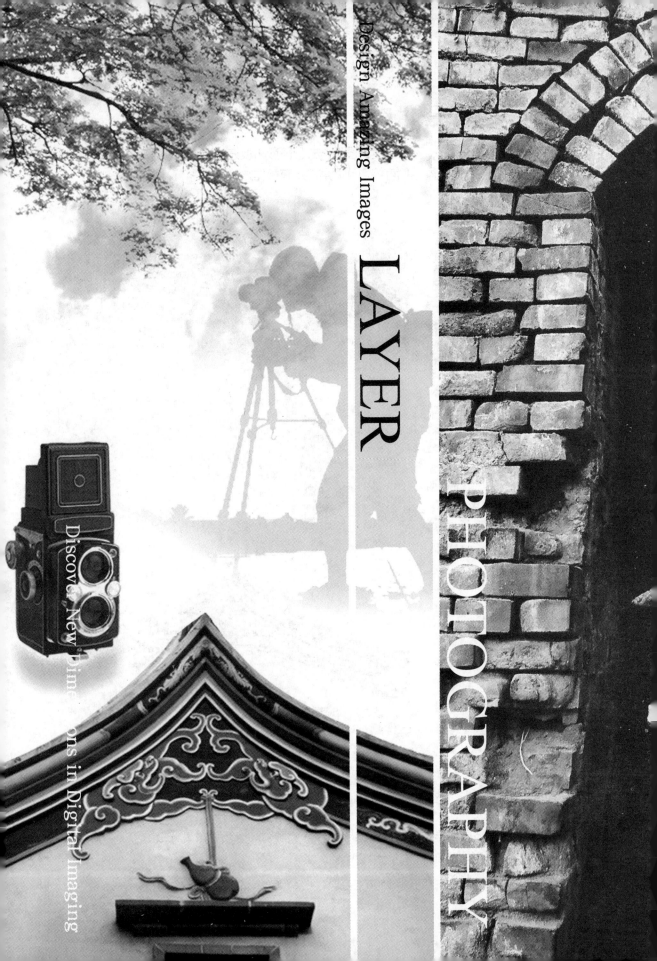

Design Amazing Images

LAYER

PHOTOGRAPHY

Discover New Dimensions in Digital Imaging

Design Idea

古厝的天空摄影讲座

本范例使用图层的混合模式、不透明度、图层样式、蒙版和填充或调整图层等功能，在顺畅的操作中完成了完美的作品。本范例可练习到图层的所有操作方法。

▶ *Before*

▶ *After*

学习难易：★ ★ ★ ☆ ☆

设计重点：使用图层的混合模式，搭配图层样式、蒙版、填充或图层调整等功能，制作出完美的作品。

作品分享：随书光盘＜本书范例\ch06\完成文件\ex06A.psd＞

相关素材

<ex06A.psd>　　　<6-01.psd>　　　<6-02.psd>　　　<6-03.psd>

制作流程

❶ 移动图层
选取图层并移动，将不同的图层摆放到适当的位置

❷ 建立图层组
复制另一个文件中的文字图层到当前的文件中，并将两个图层链接在一起，建立图层组

❸ 设置图层的混合模式
复制蓝天图片，并使用图层的混合模式让蓝天背景更加鲜明

❹ 使用"填充或调整图层"
使用"填充或调整图层"为蓝天背景加上渐变效果，将古厝照片变为黑白照

❺ 复制图层并添加样式
将另一个文件中的相机图层复制到当前文件中，并添加投影样式

❻ 添加图层蒙版
将另一个文件中的摄影人像图层复制到当前文件中，并设置混合模式与不透明度。添加图层蒙版，去除人像周围不需要的部分，即完成作品

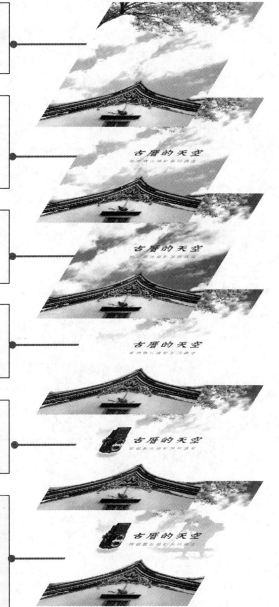

6-1 关于图层

> Photoshop的图层就像是一张张堆叠起来的图像，不仅可以使用不透明度和混合模式来调整图层间的关系，而且可以针对图层使用样式、遮罩及滤镜等效果。

图层的观念

Photoshop在打开文件后，使用图层的方法来整理其中所包含的图像，每个图层中可以放置不同的图像、文字或其他对象。每一个图层都有其独立性，在编辑时不会因为调整某个图层而影响到其他图层中的内容。

图层堆叠时，上方的图层会覆盖下方的图层，只有透明的部分（以灰白交错的方块表示），才显示下方图层的内容。当然，图层之间的关系并不是如此单纯，还可以使用混合模式、不透明度等功能来实现不同的效果。

图层大概可以分为"背景"图层和一般图层。当打开一个图像文件时，Photoshop的"图层"面板中的底层会存在一个"背景"图层，其他创建或复制的则为一般图层。Photoshop的作品中只能存在一个"背景"图层，且默认为锁定状态，无法移动位置、排列顺序或进行其他设置。

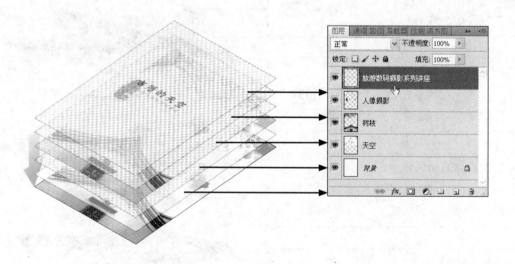

▲ Photoshop使用图层堆叠的方式构建出完整的作品。

认识"图层"面板

在对图层有了一个基础的概念后，图层的基本编辑或各种样式、滤镜的使用，都必须在"图层"面板中操作，所以若想流畅地使用图层，就必须先对"图层"面板有所了解。

打开本章范例原始文件<图层管理练习.psd>，接着选择"窗口"|"图层"菜单命令，打开"图层"面板。

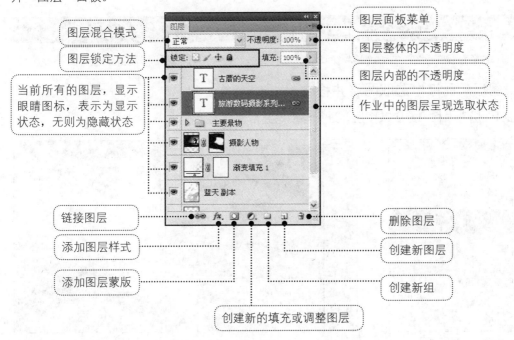

图层混合模式
图层锁定方法
当前所有的图层，显示眼睛图标，表示为显示状态，无则为隐藏状态

图层面板菜单
图层整体的不透明度
图层内部的不透明度
作业中的图层呈现选取状态

链接图层
添加图层样式
添加图层蒙版

删除图层
创建新图层
创建新组

创建新的填充或调整图层

注 意 在新建文件时"背景"图层的注意事项

在新建文件时，若背景内容被设置为白色或背景色时，默认新建一个"背景"图层；但若在新建文件时背景内容被设置为透明时，新建的图层默认为一般图层。

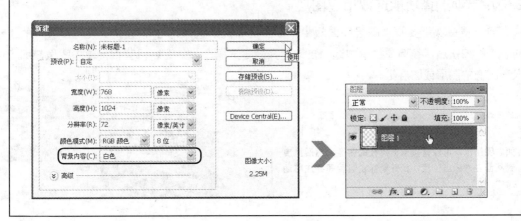

6-2 图层管理

在介绍了"图层"面板，对图层有了一定的了解后，接着通过范例来熟悉图层的基本操作，为熟练使用图层打下更稳固的基础。

选取并移动图层

打开本章范例原始文件<ex06A.psd>，这里要进行图层的选取和移动练习。

1.在"图层"面板中选取图层并移动

在"图层"面板中选取某图层并进行移动是经常使用的操作。

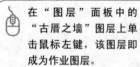 在"图层"面板中的"古厝之墙"图层上单击鼠标左键，该图层即成为作业图层。

单击"工具"面板中的"移动工具"按钮，将鼠标指标移到选取图层的图像上。

在图像上按住鼠标左键不放，往下拖曳至适当位置后松开鼠标，完成移动操作。

2.使用自动选择功能选取相应图层

若觉得每次都要到"图层"面板中选取图层有点麻烦，可在单击"工具"面板中的"移动工具"按钮后，在选项栏中勾选"自动选择"复选框，如此在编辑区直接单击图像，即可选取该图像的图层或图层组。

如右图所示，可以直接单击树枝的图像，然后拖曳到画面左方适当位置，松开鼠标左键后即完成移动操作。

同时选取多个图层

在Photoshop中编辑时常需要同时选取多个图层，无论是连续或不连续的图层，都可以参考以下的方法。

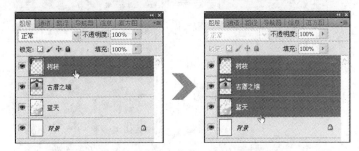

如果要选取多个连续的图层，在第一个图层上单击鼠标左键后，按住 Shift 键不放，再在最后一个图层上单击鼠标左键即可。

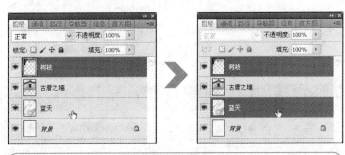

如果要选取多个不连续的图层，按住 Ctrl 键不放，在想要选取的图层上单击鼠标左键即可。

新建图层

若要建立一个新的空白图层，可以使用"创建新图层"按钮。

单击"图层"面板中的"创建新图层"按钮，这时会在作业图层上方新建一个图层，并以"图层 1"、"图层 2"、"图层 3"等默认名称进行命名。

提示 ▶ 打开"新建图层"对话框来新建图层

选择"图层"|"新建"|"图层"菜单命令，打开"新建图层"对话框新建图层，这种方法可同时设置图层的名称、颜色、模式、不透明度等相关属性。

复制图层

在处理图像时，图层复制是很重要的操作，可按照以下方法复制图层。

按住要复制的图层不放并拖曳至 "创建新图层" 按钮上，再松开鼠标左键。

在原图层上方就会产生一个内容相同的图层，图层名称后面加上了"副本"两个字。

删除图层

若要删除图层，可先选取要删除的图层，再单击"图层"面板中的"删除图层"按钮。

选取要删除的图层后，单击 "删除图层"按钮。

在打开的警告对话框中单击"是"按钮，即可删除选取的图层。

提示　其他删除图层的方法

也可以使用下述方法来删除图层。

1. 将选取的图层拖曳至 "删除图层"按钮上，再松开鼠标左键，即可直接删除图层，不会出现警告对话框。

2. 选取要删除的图层后，选择"图层"|"删除"|"图层"菜单命令，在弹出的警告对话框中单击"是"按钮，即可删除选取的图层。

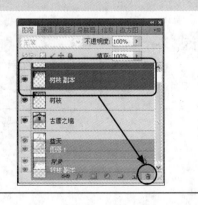

在不同的文件中复制图层

打开本章范例原始文件<6-01.psd>，下面想将其中的两个文字图层复制到原先打开的<ex06A.psd>文件中，操作方法如下所示。

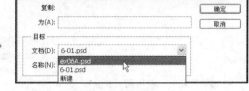

 在"图层"面板中选取要复制的图层后单击最右侧的 选项按钮，在弹出的菜单中选择"复制图层"命令。

 在"复制图层"对话框中的"目标"选项组中设置"文档"选项为ex06A.psd，单击"确定"按钮。

回到原先的<ex06A.psd>，在"图层"面板中果然显示了刚才由另一个文件复制过来的图层。

 选取这两个图层，将其中的文字内容移至整个作品的中间。

隐藏或显示图层

当图层越来越多导致无法顺利编辑图像时，可隐藏不必要的图层，待完成后再显示。

 单击图层前面的 👁 "指示图层可见性"图标让它呈现消失状态，如此即可隐藏该图层。
再次单击图层前面的 👁 "指示图层可见性"图标让它呈打开状态，即可显示该图层。

图层命名

新建或复制图层时，名称不是由软件产生，就是由原图层延伸。如果希望自己命名图层，可以使用下述方法。

在选取图层后，在原图层文名称上双击鼠标左键，输入新的图层名称后按 Enter 键即可。

调整图层顺序

调整图层顺序的方法十分简单，只要在"图层"面板中使用鼠标拖曳图层即可。

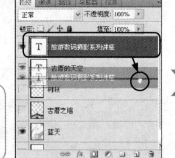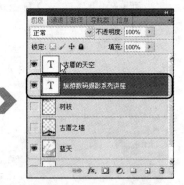

选取要调整顺序的图层后，按住鼠标左键不放，拖曳图层至目的地后松开鼠标即可。

建立图层组

作品越复杂，所使用的图层就越多。此时，可使用文件夹进行分类，这样能有效地组织与管理图层。新建、删除和重命名图层组文件夹等操作与一般图层操作相同，操作方法有以下两种。

在"图层"面板中单击 ▢ "创建新组"按钮，在新建图层组文件夹后可重新命名，再将相关图层拖曳至图层组文件夹中。

也可以先选取相关图层，按住鼠标左键不放并拖曳至 ☐ "创建新组"按钮上再放开鼠标，这样即可新建图层组文件夹，并将先前选取的图层放到其中。

图层的链接

　　使用 ∞ "链接图层"功能可选取两个以上的图层进行链接，以便将多个图层一起调整或移动。

在未链接的状态下选取一个文字图层后，使用"工具"面板中的 ▸⊹ "移动工具"按钮移动图层中的文字时，另外一个图层中的文字并不能跟着移动。

在"图层"面板中选取两个图层后，单击"链接图层"按钮，此时在图层名称后面出现 ∞ 链接图标。

此时再使用"工具"面板中的 ▸⊹ "移动工具"按钮移动其中一个图层中的文字时，另外一个图层中的文字也会跟着移动。

若要取消链接，则先选取所有链接的图层，直接在"图层"面板中单击"链接图层"按钮，或者选择"图层"|"取消图层链接"菜单命令。

若要暂时停用链接的图层，按住 Shift 键不放，在链接图标上单击鼠标左键，当链接图标呈 ✖ 状即停止使用链接的图层；按住 Shift 键不放再单击链接图标，当链接图标呈 ∞ 状便可重新启用链接的功能。

图层的锁定

Photoshop提供4种图层锁定状态，在编辑图像时可以锁定某些图层，这样可以避免其他的内容受到影响。

1.☐ "锁定透明像素"

将透明的部分进行锁定，只允许编辑有像素的部分；若要取消锁定，只需再单击此按钮即可。

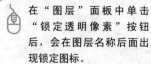

在"图层"面板中单击"锁定透明像素"按钮后，会在图层名称后面出现锁定图标。

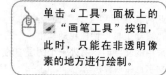

单击"工具"面板上的 ✎ "画笔工具"按钮，此时，只能在非透明像素的地方进行绘制。

2. ✎ "锁定图像像素"

　　锁定图层的像素部分，此时无法使用绘图工具进行编辑，但却可以任意移动；若要取消锁定，只需再单击此按钮即可。

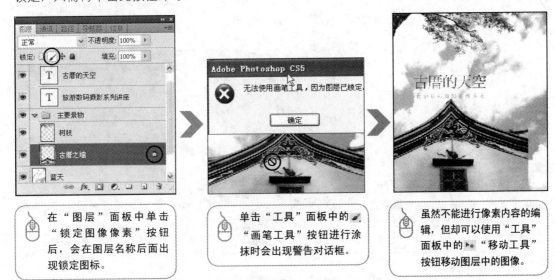

　　在"图层"面板中单击"锁定图像像素"按钮后，会在图层名称后面出现锁定图标。

　　单击"工具"面板中的✎"画笔工具"按钮进行涂抹时会出现警告对话框。

　　虽然不能进行像素内容的编辑，但却可以使用"工具"面板中的⊹"移动工具"按钮移动图层中的图像。

3. ⊹ "锁定位置"

　　这个功能刚好与"锁定图像像素"功能相反，即无法移动图层内图像的位置，但是可以使用绘图工具进行编辑；若要取消锁定，只需再单击此按钮即可。

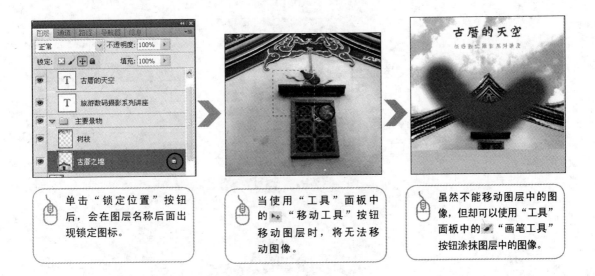

　　单击"锁定位置"按钮后，会在图层名称后面出现锁定图标。

　　当使用"工具"面板中的⊹"移动工具"按钮移动图层时，将无法移动图像。

　　虽然不能移动图层中的图像，但却可以使用"工具"面板中的✎"画笔工具"按钮涂抹图层中的图像。

4. 🔒 "锁定全部"

　　将图层的状态全部锁定后，既无法任意移动，也无法使用绘图工具进行编辑；若要取消锁定，只需再单击此按钮即可。

图层复合的记录

在制作同一个作品时，许多人都会将各个图层中的文字、图像更换不同的位置以寻求不同的感觉。Photoshop提供的图层复合功能可以分别记录不同图层效果及位置所形成的结果，用户可在同一作品中迅速切换不同的构图版本。

 选择"窗口"|"图层复合"菜单命令，打开"图层复合"面板，单击"创建新的图层复合"按钮。

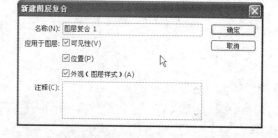

 在"新建图层复合"对话框中保持默认的名称，再勾选"应用于图层"的"可见性"、"位置"和"外观（图层样式）"复选框，最后单击"确定"按钮。

 在"图层复合"面板中新增了一个图层复合设置。

 回到"图层"面板后，如右图所示，重新配置文字和主要景物图层的位置。

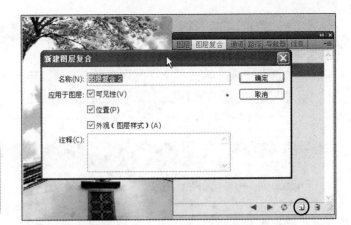

切换至"图层复合"面板，单击"创建新的图层复合"按钮，如右图所示，设置存储内容后单击"确定"按钮。

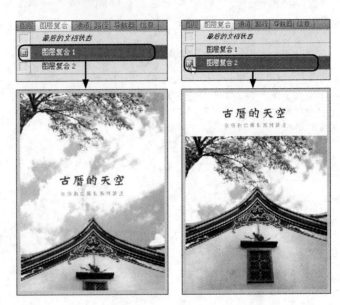

在完成两组图层复合的设置后，即可在"图层复合"面板中选择设置的名称前的栏位，快速切换不同版本的图层配置。

提 示 认识"图层复合"面板

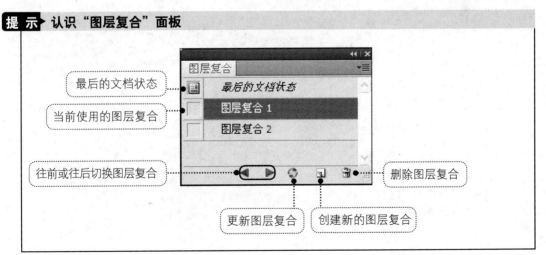

最后的文档状态

当前使用的图层复合

往前或往后切换图层复合

更新图层复合　创建新的图层复合

删除图层复合

6-3 图层混合模式与不透明度

图层的混合模式是上下图层间进行像素运算的方法，使用该方法往往会变换出令人惊艳的效果；不透明度可以设置图层的显示程度，让图像融合于下面的图层中。

设置图层混合模式

Photoshop提供了各种混合模式来建立上下图层间特殊的显示效果，让图像合成有更丰富的颜色变化。下面将延续上一节的范例进行练习，先将"图层复合"面板切换至"图层"面板，再进行设置。目前，背景的蓝天图像色彩似乎不够鲜明，这时可以使用图层混合模式来加强。

按住"蓝天"图层不放，拖曳至 □ "创建新图层"按钮上，再松开鼠标左键，即产生一个相同的图层，这里将使用两个相同的图层设置混合模式来提高原图像的鲜明度。

单击"蓝天 副本"图层，在"混合模式"下拉列表框中选择"正片叠底"，会发现整个蓝天背景更亮了，颜色更加鲜明。

注 意　各种图层混合模式的效果

要想合理使用混合模式，需要经过反复尝试，积累经验，才能将此功能的特性完全掌握并发挥出来。下面将使用两个不同的图层简单显示混合的结果。

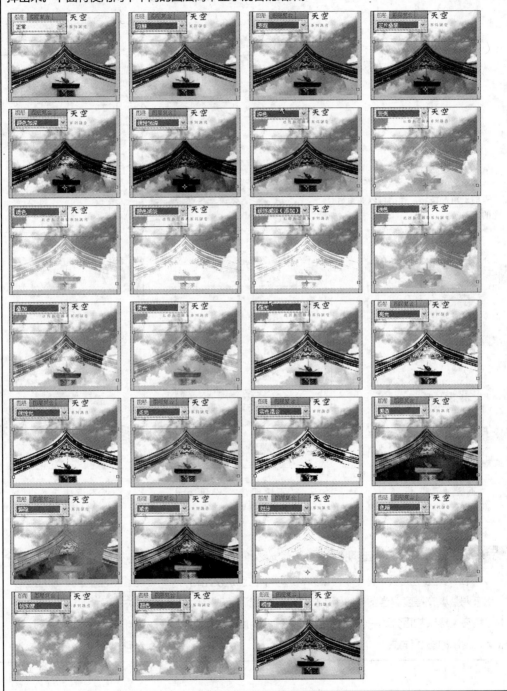

图层不透明度的设置

图层的不透明度决定图层的显现程度，值越大，越不透明，值越小，越透明。

选择"古厝之墙"图层，单击"不透明度"旁的三角形按钮，弹出可以调整百分比的滚动条。

 "不透明度"设置为20%时的结果。

"不透明度"设置为50%时的结果。

"不透明度"设置为90%时的结果。

提 示 设定图层的内部不透明度

在"图层"面板中有一个"填充"选项，它也是使用百分比来调整填充程度。当图层使用了样式、蒙版或调色时，调整"填充"选项的百分比只会改变图层图像的透明度，并不会影响已使用的图层样式。

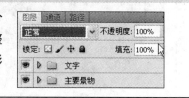

6-4 填充与调整图层

填充与调整图层能让图层的内容达到处理后的效果，但是不会影响原图像，让用户在设计时更具灵活性。

在图层上使用填充与调整图层后，会建立一个拥有图层蒙版的填充或调整图层，并将相关的设置值存储于其中。您会发现，这里所显示的选项与"图像"菜单中的"调整"子菜单中的大部分命令是相同的，它们之间的差别在哪呢？

使用"图像"|"调整"菜单命令进行设置时，设置值会直接使用在原始图像上。但若使用"图层"面板下方的 ● "创建新的填充或调整图层"按钮，那么设置值将写入一个新图层，并不会直接破坏原始图像。

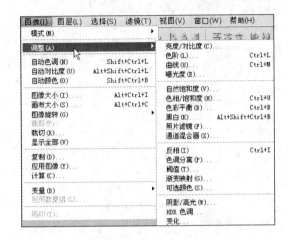

使用填充与调整图层

这里要将"蓝天 副本"图层中的蓝天背景设置为"渐变"，让中间的标题文字更清楚。先设置前景色为白色，再按照以下步骤进行操作并添加调整图层。

选择"蓝天 副本"图层后，在"图层"面板中单击"创建新的填充或调整图层"按钮，在弹出菜单中选择"渐变"命令。

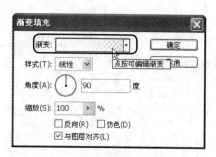

在"渐变填充"对话框中，"渐变"选项默认为"前景色到透明渐变"，直接单击"渐变"右侧的选项，就弹出"渐变编辑器"对话框。

在弹出的"渐变编辑器"对话框中，在"色标"选项组中的"位置"文本框中输入50，单击"确定"按钮回到"渐变填充"对话框，再单击"确定"按钮完成设置。

回到"图层"面板，刚才选取的图层上方多了一个"渐变填充 1"图层。除了刚才保存的设置值的内容，还有一个空白的蒙版可以使用。如图所示，作品的天空背景也以渐变的形式呈现。

注 意　修改和删除填充或调整图层的方法

　　1. 若在进行了填充或调整图层的操作后，对显示效果不满意，想要修改一下，这时可以选取该填充或调整图层，然后选择"图层"｜"图层内容选项"菜单命令，在弹出的"渐变填充"对话框中可以调整相关的设置值。

　　2. 若要删除填充或调整图层，那么就选取该图层，然后在"图层"面板中单击 "删除图层"按钮即可。

使用剪贴蒙版

　　其实在使用填充或调整图层后，它所影响的并不只有下面的一个图层，而是下面所有的图层。有时，这样的效果会给用户带来困扰，这里将说明如何使用剪贴蒙版的方法来解决该问题。

 选择"古厝之墙"图层，这里要将该图层调整为黑白照片的状态。在"图层"面板中单击"创建新的填充或调整图层"按钮，在弹出的菜单中选择"黑白"命令。

此时会弹出"调整"面板，这里保留默认值。

回到"图层"面板后，刚才选取的图层上方多了一个"黑白 1"图层。虽然下方的"古厝之墙"图层已经呈现为黑白图像，但是下方的蓝天背景也一起被影响了。

 在"黑白 1"图层上单击鼠标右键，在弹出的快捷菜单中选择"创建剪贴蒙版"命令。

设置完毕后，整个调整图层会置入到下一个图层当中。如此，调整图层的效果只会影响置入的图层，而不会影响其他的图层。

若要恢复为一般图层，先选择剪贴蒙版"黑白 1"图层，然后单击鼠标右键，从弹出的快捷菜单中选择"释放剪贴蒙版"命令即可。

提示 另一个创建和释放剪贴蒙版的方法

将鼠标指标移至两个图层中间的边线上，按住 Alt 键不放，鼠标指标呈现出两个重叠的圆形，单击鼠标左键，即可创建剪贴蒙版。

 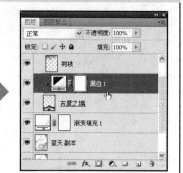

将鼠标指标移至两个图层中间的边线上，按住 Alt 键不放，鼠标指标呈现出两个重叠的圆形，单击鼠标左键，即可释放剪贴蒙版。

6-5 图层样式

Photoshop可以在图层上使用多种不同的样式，这些样式既可以为图层中的内容变换不同的样式，又不会破坏原来的内容。

添加图层样式

打开本章范例原始文件<6-02.psd>，将其中的"复古相机"图层复制到原先打开的<ex06A.psd>文件中，再开始设置图层样式。

将<6-02.psd>中的"复古相机"图层复制到<ex06A.psd>"树枝"图层上，将该图片与文字的位置调整一下。

选择"复古相机"图层后，单击"添加图层样式"按钮，在弹出菜单中选择"投影"命令，在弹出的"图层样式"对话框中进行设置。

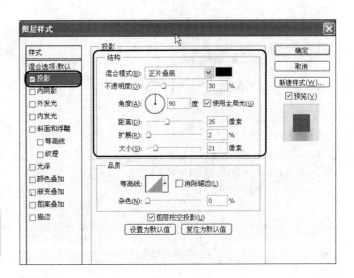

如右图所示，在"结构"选项组中进行设置。

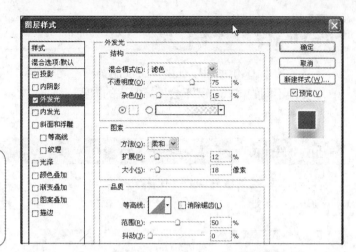

接着勾选"外发光"，如右图所示，在"结构"、"图素"和"品质"选项组中设置完毕后，单击"确定"按钮完成设置。

回到编辑画面后，选取的图像已经添加了设置的样式，在"图层"面板中可以看到该图层下面显示了所使用的样式名称。

显示/隐藏和修改图层样式

在"图层"面板中可以显示或隐藏所添加的样式，以检验搭配的效果。

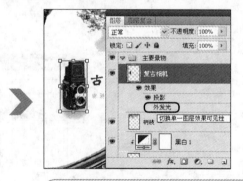

在"图层"面板中可以看见使用的图层效果的名称，单击效果名称前的👁"切换单一图层效果可见性"按钮。

该样式即被隐藏起来，图层中的效果也被移除了。如果要恢复使用，只要再单击效果名称前的👁"切换单一图层效果可见性"按钮即可。

　　如果要修改已经使用的效果，可以直接在"图层"面板上的效果名称上双击鼠标左键，即可再次打开"图层样式"对话框进行修改。

删除图层样式

若不想使用某图层样式，可以依照下述三种方法来删除图层样式。

方法一：

若要删除图层中所有的效果，在图层右方的 *fx* 图标上按住鼠标左键不放，拖曳至 🗑 "删除图层"按钮上放开即可。

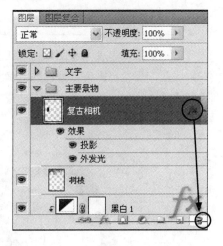

方法二：

在该图层上单击鼠标右键，在弹出的快捷菜单中选择"清除图层样式"命令即可。

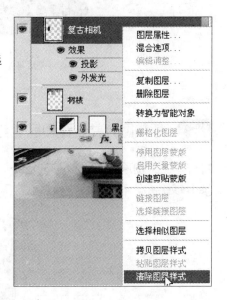

方法三：

若要移除其中一个效果，在该效果上按住鼠标左键不放，拖曳至 🗑 "删除图层"按钮上再放开即可。

6-6 图层蒙版

在绘图或选取工具建立的图像显示的区域使用图层蒙版，可以依照创作的需求更加灵活地显示图像。

图层蒙版就是使用绘图或选取工具建立图像显示的状态，将图层蒙版直接使用在图层上。在蒙版上，黑色范围为欲盖住的图像部分；白色范围则为欲显示的图像部分。图层蒙版并不会破坏原始图层。此外，还可以增加或减少图层蒙版的区域，或删除图层蒙版。

黑色：为盖住图像的地方

白色：显示图像的地方

基底图像

使用图层蒙版后的效果

▲ 图层蒙版可以显示出不同的图像区域。

STEP 01 插入图片并设置图层混合模式

打开本章范例原始文件<6-03.psd>，将其中的"摄影人物"图层复制到原先打开的<ex06A.psd>文件中，再按照以下步骤设置图层样式。

将<6-03.psd>中的"摄影人物"图层复制到<ex06A.psd>"渐变填充1"图层上方，单击"工具"面板 ►+ "移动工具"，如右图所示，调整图片大小。

接着请"摄影人物"图层的"混合模式"设置为"线性光源",将"不透明度"设置为20%。

STEP 02 添加图层蒙版

虽然在"摄影人物"图层上设定了混合模式和不透明度,但是依然影响了蓝天背景的显示。因此,这里使用图层蒙版的功能,仅留下适合的区域来显示。

选择"摄影人物"图层,单击"添加图层蒙版"按钮。

此时会发现在原图层中新建了一个空白蒙版。

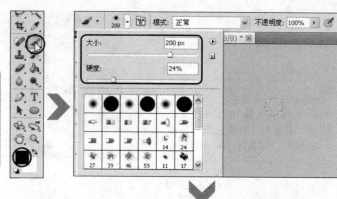

先将"前景色"设置为"黑色"，再单击"工具"面板中的"画笔工具"按钮，在选项栏中设置"尺寸"为200px，"硬度"为24%，其他保持默认值。

在图像上按住鼠标左键不放，涂抹"摄影人物"图层蒙版背景部分，只保留摄影人像和附近的图像内容，以达到合成的效果。

STEP 03 调整图层蒙版

添加图层蒙版时，有许多调整技巧。例如，显示或隐藏图层蒙版、新建或删除蒙版范围，以及删除图层蒙版。下面将分成几个部分进行说明。

1.单独编辑图层蒙版

如果想要单独编辑图层蒙版，那么可以使用下述方法。

按住 Alt 键不放，直接在"图层"面板中单击"图层蒙版缩览图"图标，即显示灰阶的蒙版。
若再次单击该图标，则又重新显示图层的完整内容。

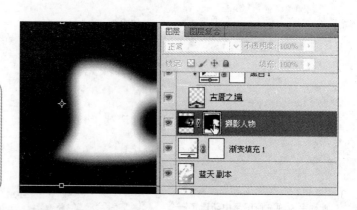

2.关闭图层蒙版

如果需要暂时关闭图层蒙版，以查看未使用图层蒙版时的效果，可以使用下述方法。

按住 Shift 键不放，在"图层"面板的
"图层蒙版缩览图"上单击鼠标左键，
即关闭图层蒙版的效果。
若要使用图层蒙版的效果，则按住
Shift 键不放，在缩览图上再次单击鼠
标左键即可。

3.新建或删除图层蒙版范围

图层蒙版上的黑色范围为要盖掉的图像部分，白色范围则为要显示的图像部分。所以在
涂抹蒙版的过程中，可以随时在"工具"面板中切换"前景色"和"背景色"，互换黑色和白
色，修补图像显示或隐藏的范围。

在涂抹图层蒙版的过程中，如果目前显
示的范围太小，就先单击"工具"面板
中的"切换前景和背景色"按钮。

将"前景色"切换为"白色"后，回到
图层蒙版并涂抹，即可恢复原来遮住的
区域。

4.解除图层蒙版的链接

在默认情况下，图层蒙版与图层的内容处于链接的状态，所以移动其中一个，另一个也会移动。如果要只移动图层内容或蒙版，那么需要解除图层蒙版的链接，然后再进行移动。

在 链接图标上单击鼠标左键，即可解除图层与图层蒙版之间的链接。

此时即可单独移动图层内容或图层蒙版。再单击一次鼠标左键即恢复链接。

5.使用或删除图层蒙版

在删除图层蒙版时，除了能将图层蒙版移除外，还能将图层蒙版的效果整合到原来的图层当中。

选择"图层蒙版缩览图"后再单击"删除图层"按钮，会弹出警告对话框，单击"应用"按钮。

此时会将目前蒙版的效果应用到图层内容中。

若单击"删除"按钮，则仅删除图层蒙版的部分。

在完成"古厝的天空"设计后存储文件，在制作的过程中可以练习所有图层应用的使用工具和操作技巧，让整个作品充满设计感。

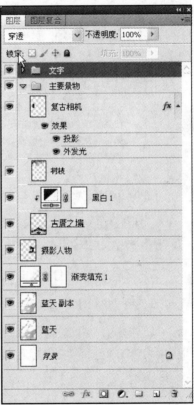

分享 智能对象

编修图像时，原本缩小的图像会因为一再的放大、缩小而破坏图像像素和品质。为了避免这样的情况，Photoshop提供的"智能对象"功能可以让图像保持原有的像素信息，即使执行缩放或旋转等操作也不会造成图像品质的下降。

将图层中的图像转换成"智能对象"的方法如下。

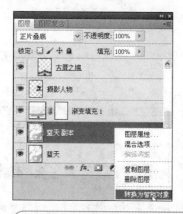 

 在要转换的图层上单击鼠标右键，从弹出的快捷菜单中选择"转换为智能对象"命令。

该图层缩览图右下角即会出现 🔳 图标，代表图层中的图像已经成为"智能对象"。

在Photoshop中创建"智能对象"还有以下方法。

1. 选择"图层"｜"智能对象"｜"转换为智能对象"菜单命令；或在"图层"面板中单击右上角的 按钮，再在弹出菜单中选择"转换为智能对象"命令。

2. 选择"文件"｜"打开为智能对象"菜单命令，让图像在打开时就直接转换为"智能对象"。

在使用"智能对象"时还有以下两点需要特别注意。

1. 若要在"智能对象"图层执行绘图或编修操作，则必须在此图层上单击鼠标右键，从弹出的快捷菜单中选择"栅格化图层"命令，将"智能对象"图层转成一般图层后，才能执行上述操作。

2. 图层即使转为"智能对象"图层，如果图像放大的比例超过原始比例太多，图像像素仍然会遭到破坏。

在"智能对象"图层上进行绘图或编修时，会出现警告对话框。

本章重点整理

（1）Photoshop使用图层的方法整理其中所包含的图像，每一个图层都有其独立性，在编辑时不会因为调整某个图层而影响到其他图层中的内容。

（2）当打开一个图像文件时，"图层"面板在底层会存在一个"背景"图层，"背景"图层默认为锁定状态，无法移动位置、排列顺序或进行其他的设置。

（3）单击"工具"面板中的"移动工具"按钮，在选项栏中勾选"自动选择"复选框，即可通过编辑区直接选择图像，选取该图层或群组进行移动或调整。

（4）图层提供4种锁定的状态："锁定透明像素"、"锁定图像像素"、"锁定位置"和"锁定全部"。

（5）图层的混合模式可以建立上下图层间特殊的显示效果，让图像合成出更丰富的颜色变化；图层的不透明度决定了图层的显现程度。

（6）"填充或调整图层"功能能让图层的内容达到处理后的效果，却不会影响原图像，让用户在设计时更具灵活性。

（7）图层不但可以使用不同的图层样式表现出不同的效果，而且不会破坏原来的内容。

（8）"图层蒙版"就是使用绘图或选取工具建立显示的区域，然后将蒙版直接应用在图层上。

（9）在蒙版上，黑色范围为欲盖掉的图像部分；白色范围则为欲显示的图像部分。图层蒙版并不会破坏原始图层。此外，还可以增加或减少蒙版的区域，或删除图层蒙版。

（10）本章中常用的快捷键如下。

- Shift + Ctrl + N 键组合：创建新图层。
- 在第一个图层上单击鼠标左键，按住 Shift 键不放，再在最后一个图层上单击鼠标左键即可选取多个连续的图层。
- 按住 Ctrl 键不放，在想要选取的图层上单击鼠标左键即可选取多个不连续的图层。
- F7 键：打开/收合"图层"面板。

Chapter 7

动感文字全应用

文字扮演着传达与叙述的角色，更具有画龙点睛之效。这里使用两个有趣的范例来讲解文字的基本建立与编修，以及常见的文字特效，让文字显示出不同的效果。

● **爱地球广告设计**

● **招生广告设计**

Design Idea

爱地球广告设计

本范例使用了大量的文字，为每个文字角色使用不同的颜色与效果，让整个广告通过"文字"素材凸显设计主题，这样做既明确又不呆板。

▸ *Before*

▸ *After*

学习难易：★★★★★

设计重点： 使用"锚点文字"和"段落文字"两种文字属性，再使用文字格式、对象与渐变颜色及变形文字等效果，充分表现出文字的优势。

作品分享： 随书光盘<本书范例\ch07\完成文件\ex07A.psd>

相关素材

<7-01.jpg>　　　　<7-02.jpg>　　　　<7-文字.txt>

制作流程

❶ 在设计文字作品前，先了解一下"从哪里找字体？""如何安装字体？"

❷ 认识文字工具，并学习创建锚点文字和段落文字的方法

❸ 在输入文字后，使用基本编修、格式化和移动文字对象等技巧，让文字与作品更为搭配

❹ 美化文字：通过对象样式和图层样式，可以快速地使用各种材质效果以及渐变颜色

❺ 以变形文字效果设计出充满立体感的球体文字，其中使用了渐变色、光泽和蒙版功能，并使用插图让作品整体以更有感觉的方式呈现

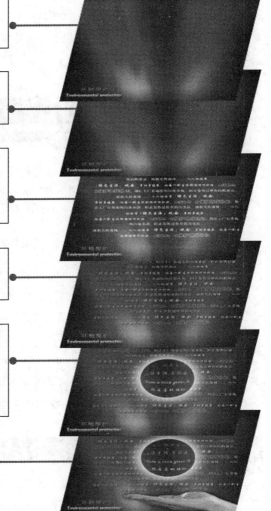

7-1 安装字体

一件好的作品，除了通过美丽图像和特效处理吸引眼球，如果能再加上合适的文字，那么就更能表达出想要呈现的主题。

在哪里找字体

由于每台计算机所安装的系统不同，所以默认提供的字体也不尽相同。这里以Windows 7为例来示范和说明。Windows 7提供了细明体、新细明体、楷体-GB2312及微软雅黑等简体中文字体，而英文字体则更多。除了默认的字体外，也可将自行购买的字体或从网络上下载的免费字体安装到计算机上。

网络上可免费下载的字体以英文字体居多，例如，Fawnt（http：//www.fawnt.com/），首页直接列出了目前世界最流行的55种可免费下载的字体。当然，该网站还有超过9000种英文字体可以免费使用。

在网络上只要搜索"免费字体"，就会列出许多免费资料，这些字体让文字设计更加多元化。

- Fonts 500（http：//www.fonts500.com/）：该网站收录了网络上最受欢迎的500种字体，它提供的字体多半比较偏向艺术风，很适合在设计时使用。
- Font Squirrel（http：//www.fontsquirrel.com/）：该网站收录了800种精心挑选的超质感字体。

安装字体

购买或下载了字体，如何才能使用呢？这些字体文件需要经过简单的安装操作才能使用，而不同的系统安装字体的方式大同小异，这里以Windows 7系统为例来说明。

首先打开光盘或本地磁盘中要安装字体的文件夹，可在Windows 7文件管理窗口中先预览各种字体的外观，再决定是否安装该字体。

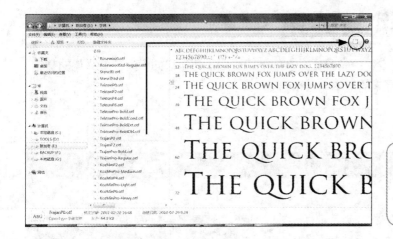

选择某字体文件，再单击"显示预览窗格"按钮，在右侧的预览窗口中即可看到该字体的外观。

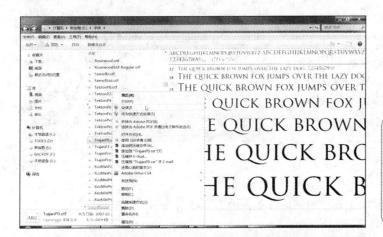

选取要安装的字体文件，在文件上单击鼠标右键，再在弹出的快捷菜单中选择"安装"命令（按住 Ctrl 键不放，一次可选择多个字体文件进行安装）。

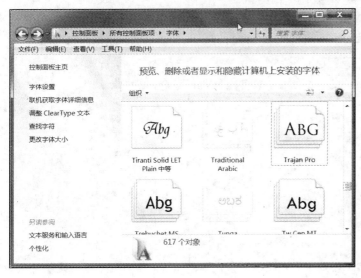

在C盘的<字体>文件夹中可看到已安装的字体。

　　另外，也可以将要安装的字体文件直接复制至<C：\Windows\Fonts>文件夹中，这是安装字体最快速的方式。字体安装完成后即可使用，不需要重新打开软件或重新启动计算机。

7-2 添加锚点与段落文字

Photoshop中，文字是由向量式文字外框所构成，在学习如何设计多样化的文字效果之前，先认识一下文字的基本输入和调整。

关于文字工具

"工具"面板中有4种文字工具。

- 横排文字工具：文字以水平方向进行输入。
- 直排文字工具：文字以垂直方向进行输入。
- 横排文字蒙版工具：文字以水平方向进行输入，并创建文字形状的选区。
- 直排文字蒙版工具：文字以垂直方向进行输入，并创建文字形状的选区。

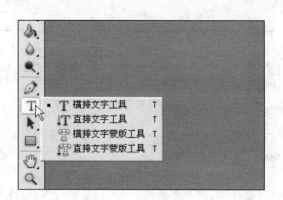

单击"工具"面板中的"文字工具"按钮，在上方的选项栏中看到以下控制选项。

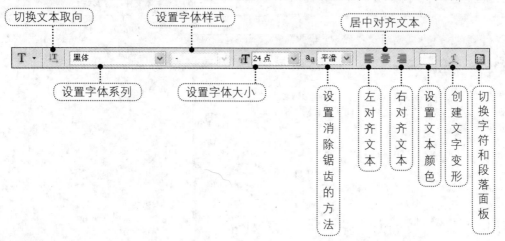

STEP 01 创建锚点文字

创建文字的方法有3种：锚点文字、段落文字和路径文字，下面先针对锚点文字进行说明。

"锚点文字"：在任何一个定点上单击鼠标左键，即可输入水平或垂直文字；该行的长度随着文字数目的多少而增减。但是不管输入多少个文字，该行都不会自动换行，只有按 Enter 键才会开始新的一行。

打开本章范例原始文件<7-01.jpg>，首先要制作的是两行水平文字，先选择合适的文字工具。

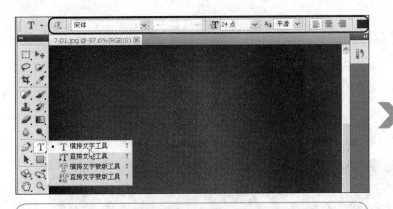

在"工具"面板中单击"横排文字工具"按钮，在选项栏中进行如下设置：字体为"宋体"，字体大小为"24点"，消除锯齿的方法为"平滑"，文本居中对齐，字体颜色为白色。

将鼠标指针移至图像上时，鼠标指针会呈 状。

通过锚点输入两行水平文字。

在图像左下角单击鼠标左键，出现输入线，输入文字"环境保护"。（在文字下方会出现一条基线）

按 Enter 键换行，再输入第二行文字 Environmental protection。

输入完成后，单击选项栏最右侧的 ✓ "提交所有当前编辑"按钮，结束输入操作。

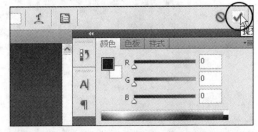

此时观察一下"图层"面板的变化，可发现已新增了一个以该文字内容命名的文字图层，并以T表示。

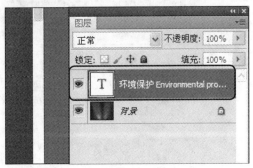

STEP 02 创建段落文字

"段落文字"：使用一个文字方框设置水平或垂直文字的输入边界，并依照方框的宽度自动换行；当按 Enter 键时，会开始新的段落。

接下来使用段落文字的创建方式来输入文字。同样，先单击"工具"面板中的"横排文字工具"按钮，再按照以下步骤进行操作。

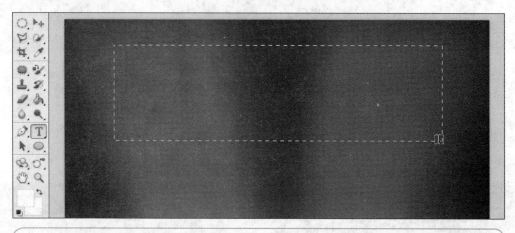

将鼠标指针移至图像上，鼠标指针会呈 状，然后如上图所示，在图像上按住鼠标左键不放，由左上往右下拖曳出一个方框。

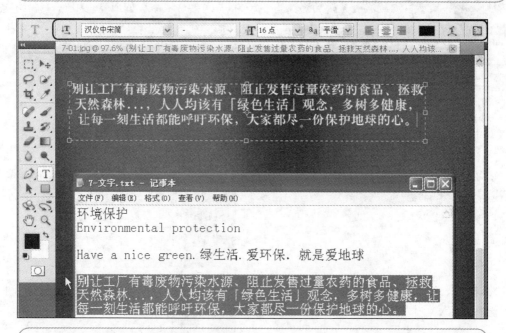

在选项栏中进行如下设置：字体为"汉仪中宋简"，字体大小为"16点"，消除锯齿的方法为"平滑"，文本居中对齐，字体颜色为白色。再如图所示，输入相关文字内容，或打开本章范例原始文件<7-文字.txt>，复制并粘贴相关文字。

在输入第一段的段落文字时，可以发现文字内容在遇到输入边界时会自动换行，这也是段落文字最主要的特性。

最后，单击选项栏最右侧的 ✔ "提交所有当前编辑"按钮，结束输入操作。

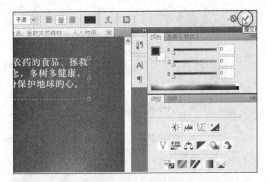

此时观察一下"图层"面板的变化，可发现已新增了一个以该文字内容命名的文字图层，并以T表示。

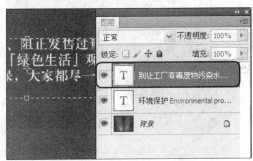

7-3 文字编修与格式化

在完成文字输入后，如果需要再修改文字的字体、大小、颜色或位置等，可以按照以下方法进行相关编修。

STEP 01　移动文字

当文字的摆放位置不太理想时，可按照以下方法进行调整。

在"图层"面板中选取要移动的文字图层。

单击"工具"面板中的"移动工具"按钮，在选项栏中勾选"自动选择"和"显示变换控件"。（此设置可更方便地选取与移动对象）

将鼠标指针移至文字上，按住鼠标左键不放拖曳即可移动文字。

提示 微调文字位置

单击"工具"面板中的"移动工具"按钮后，除了可直接拖曳文字对象来调整位置，还可通过键盘上的 ↑、↓、← 和 → 方向键来微调文字位置。

STEP 02 更改文字格式

可再次选取前面创建的整段或部分文字，调整相关格式，例如，字体、大小、颜色等。该范例的第一阶段先针对锚点文字Environmental protection，选择更适合英文字的字体。

 单击"工具"面板中的"横排文字工具"按钮，用拖曳鼠标的方式选取要更改文字格式的文字部分。

 在选项栏中为所选文字设计合适的字体系列和字体样式。

最后，单击选项栏最右侧的 ✔ "提交所有当前编辑"按钮结束文字编辑操作。

第二阶段是针对段落文字"别让工厂……"，将其调整成更具特色的文字呈现方式。同样，先单击"工具"面板上的"横排文字工具"按钮，再按照以下步骤操作。

 选取欲更改格式的文字"人人……呼吁环保，"，在选项栏中设置字体为"华文行楷"。

选取欲更改格式的文字"「绿色生活」"，在选项栏中设置字体大小为"20点"。

选取最后一句文字"大家都……的心。"，在选项栏中设置字体为"华文彩云"。再选取文字"保护地球的心"，在选项栏中设置字体大小为"20点"。

在以上段落的文字格式调整完成后，复制该段文字并在该段文字后重复粘贴4次，以设计出作品想要呈现的效果。

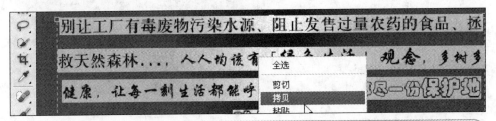

选取整段落文字"别让……地球的心。"，在选取的文字上单击鼠标右键，从弹出的快捷菜单中选择"拷贝"命令。

将插入点移至段落文字"别让……地球的心。"的末尾，再按 Ctrl + V 键4次，如上图所示，在该段文字最后重复粘贴4次。（若文字无法完全显现，可以拖曳文字方框四周的控制点放大显示区域。）

最后，单击选项栏最右侧的 ✓ "提交所有当前编辑"按钮结束输入操作。

STEP 03 改变文字方向

通过"切换文本取向"按钮可快速改变文字的排列方向，首先单击"工具"面板中的"横排文字工具"按钮，再按照以下步骤进行操作。（此步骤效果仅为练习，最后的范例完成结果和此处效果不一定相同。）

在"图层"面板中选取要更改的文字图层。

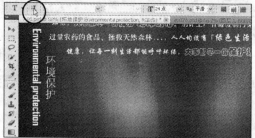

在选项栏中单击"切换文本取向"按钮，可看到文字方向立即改变。（再单击一下即可切换回来）

　　然而，在文字取向调整后，可以发现英文字的直排文字是以单字为单位，而不是一个个字符转为直排，这时可再通过"字符"面板来调整。

单击"字符"面板最右侧的 ▓ 按钮。

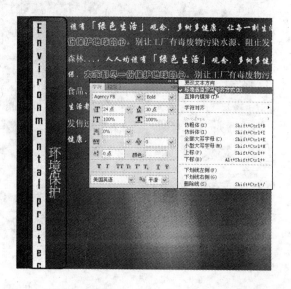

在弹出的菜单中选择"标准垂直罗马对齐方式"命令，即可呈现出如右图所示的文字效果。

STEP 04　改变文字行距和字距

行距是指行与行之间的距离。首先来看看如何调整文字行距。

在"图层"面板中选择要调整行距的文字图层。（在此选择"环境保护E……"图层）

在"字符"面板中单击"设置行距"下拉按钮，在下拉列表中选择合适的行距点数，或直接在文本框中输入点数值。

字距则是指字符间的距离，所以可以针对指定字符来设置合适的字符距离。

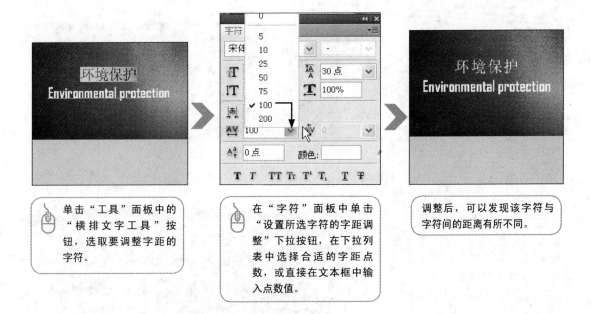

单击"工具"面板中的"横排文字工具"按钮，选取要调整字距的字符。

在"字符"面板中单击"设置所选字符的字距调整"下拉按钮，在下拉列表中选择合适的字距点数，或直接在文本框中输入点数值。

调整后，可以发现该字符与字符间的距离有所不同。

7-4 文字颜色效果

对文字进行上色，除了通过色块调整文字颜色，还可针对文字图层使用图层样式，快速地为文字套用样式中设计的颜色、渐变或图样。

STEP 01 套用与取消套用对象样式

样式不能选择性地使用在指定文字上，它会影响整个文字图层中的所有字符。首先介绍通过"样式"面板直接使用样式的效果。

1.套用预设的对象样式

首先为"环境保护……"文字套用"雕刻天空（文字）"样式。

单击"工具"面板中的"移动工具"按钮，在"图层"面板中选择"环境保护E……"图层。

在"样式"面板预设的对象样式中，单击要套用的样式缩图。

在文字上简单地套用预设样式，不但可以立即看到套用后的效果，还可以在"图层"面板中清楚地看到该文字图层所套用的投影、光泽、斜面或颜色叠加等功能。

2.添加更多样式

"样式"面板预设了一组主题样式供用户使用。若需要更多的样式，可单击该面板的选项按钮，从弹出菜单中选择合适的样式效果。

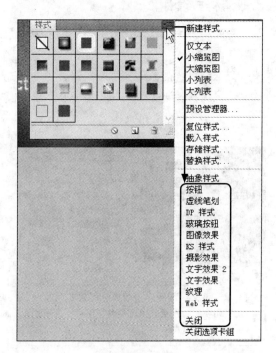

 单击"样式"面板最右侧的按钮，在弹出菜单中选择合适的样式效果，此例选择"Web 样式"。

 弹出提示对话框，要求确认样式的添加方式。
•单击"确定"按钮会以选择的新样式替换当前"样式"面板中的样式。
•单击"追加"按钮则会将新样式加到"样式"面板中，但不会取代已有的样式。

 可看到新样式已加到"样式"面板原有样式的下方，同样，选择想要套用的样式缩图（此例为"水银"）。

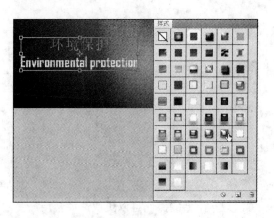

3.取消样式套用

当文字套用样式后，若觉得还是单纯的颜色表现比较适合，怎么办呢？这里列举了两种调整方法。

方法一：先隐藏该文字图层已套用的样式效果。（此方法适用于下次还要再呈现该效果，此时，只要再将该"效果"图层切换至显示模式即可。）

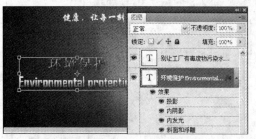

单击该文字图层内"效果"图层左侧的 👁 "切换所有图层效果可见性"图标，即可切换至隐藏模式。

立即将文字套用的样式效果隐藏起来。

方法二：可直接删除该文字图层已套用的样式。

在"图层"面板上的该文字图层内的"效果"图层上单击鼠标右键，从弹出的快捷菜单中选择"清除图层样式"命令。

STEP 02 套用渐变颜色与投影

常见的文字上色效果还有渐变颜色的表现方式，二色、三色或不同角度变化的渐变，均会为文字效果大为加分。另外，再搭配投影效果，也可让图像中的文字更有深度。

1.设置前景色和背景色

在设置文字渐变颜色效果前，先按照想要的渐变色（二色）在前景色与背景色上进行设置，这样下面的操作可以更快速地套用渐变效果。

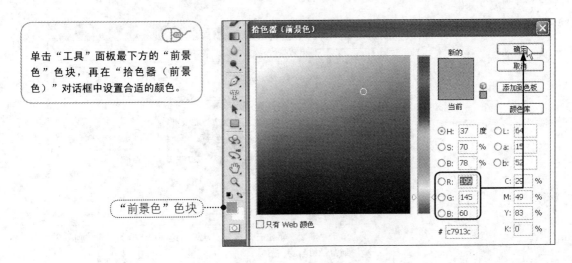

单击"工具"面板最下方的"前景色"色块，再在"拾色器（前景色）"对话框中设置合适的颜色。

"前景色"色块

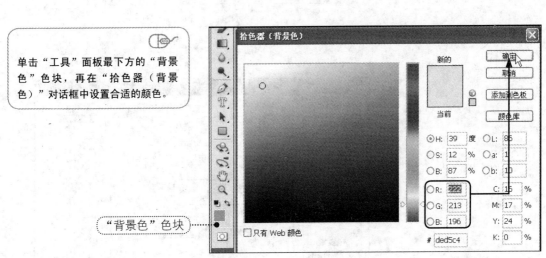

单击"工具"面板最下方的"背景色"色块，再在"拾色器（背景色）"对话框中设置合适的颜色。

"背景色"色块

2.为文字图层套用图层样式

通过套用图层样式，可让该文字图层立即拥有投影、光泽、颜色叠加、渐变叠加等效果。

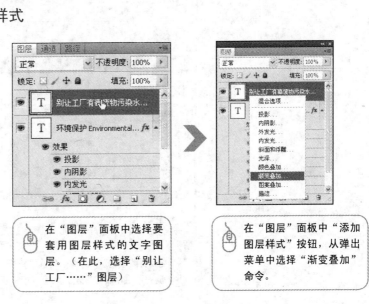

在"图层"面板中选择要套用图层样式的文字图层。（在此，选择"别让工厂……"图层）

在"图层"面板中"添加图层样式"按钮，从弹出菜单中选择"渐变叠加"命令。

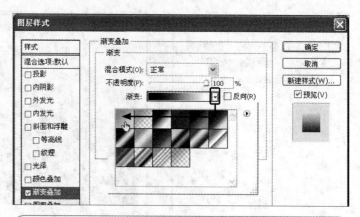

单击"渐变"下拉三角按钮，从弹出选项中选择第一个"前景色到背景色渐变"图标。

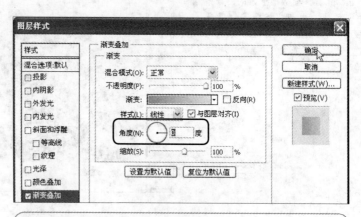

"角度"选项设置为0，其他保留默认值。

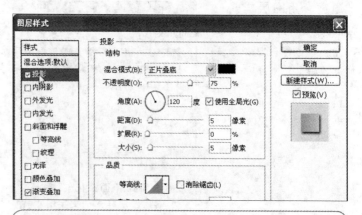

在左侧"样式"窗格中勾选"投影"复选框，可按照个人喜好来调整不透明度、距离、大小等值，再单击"确定"按钮。

回到作品，可以看到在"别让工厂……"这段文字上已成功使用了渐变颜色与投影，并按照指定的颜色、角度完成设计。

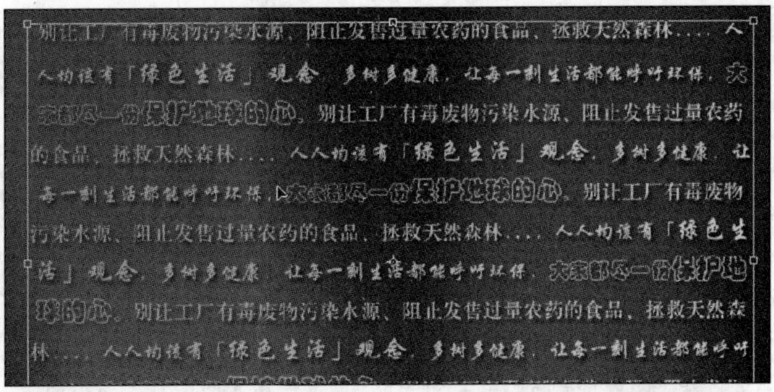

为了配合后续作品的整体设计，将"别让工厂……"中的文字在合适的位置换行，效果如右图所示。

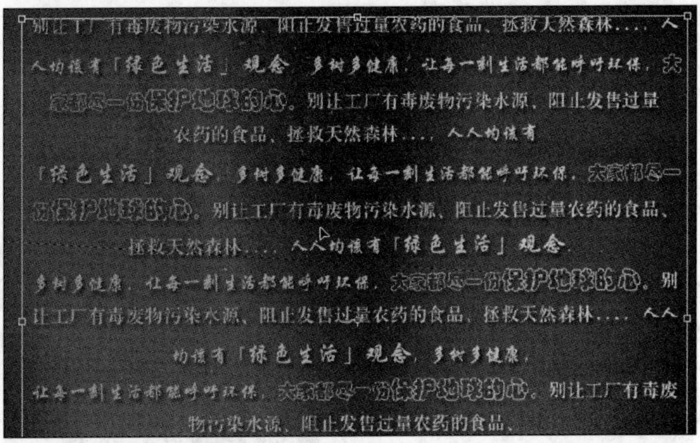

> 单击"工具"面板中的"横排文字工具"按钮，在文字上单击，进入其编辑模式，再在合适的位置按 Enter 键进行换行操作。

最后，单击选项栏最右侧的 ✔ "提交所有当前编辑"按钮结束文字编辑操作。

7-5 变形文字效果

本节要使用文字工具选项的"创建文字变形"功能，将作品设计出立体圆球文字效果，让文字呈现出弯曲的弧度及特定样式。

STEP 01 在指定范围内输入段落文字

首先要创建一段指定范围的段落文字，在创建这段文字前，先将第7-4节设计好的"别让工厂……"段落文字隐藏起来，再开始操作。

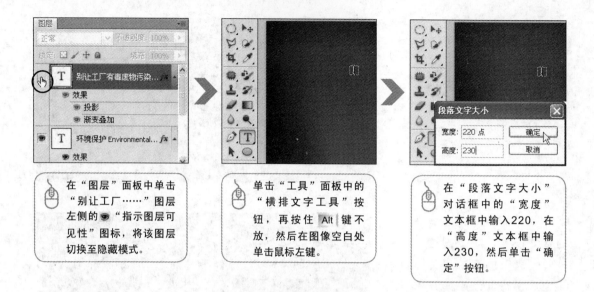

在"图层"面板中单击
"别让工厂……"图层
左侧的 👁 "指示图层可
见性"图标，将该图层
切换至隐藏模式。

单击"工具"面板中的
"横排文字工具"按
钮，再按住 Alt 键不
放，然后在图像空白处
单击鼠标左键。

在"段落文字大小"
对话框中的"宽度"
文本框中输入220，在
"高度"文本框中输
入230，然后单击"确
定"按钮。

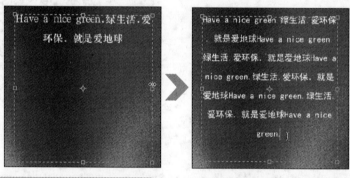

在选项栏中将字体设置为"华康圆体"，字体样式设置为W9，字
体大小设置为"16点"，消除锯齿的方法为"平滑"，对齐方式为
"居中对齐文本"，文本颜色为"白色"。在"字符"面板中设置
行距为"18点"，再输入相关文字"Have a nice green.绿生活.爱
环保. 就是爱地球"。

选取该段文字，复制
并粘贴数次，再按照
上图所示在合适的位
置按 Enter 键进行换行
操作。

最后，单击选项栏最右侧 ✓ 的"提交所有当前编辑"按钮结束文字编辑操作。

STEP 02 创建变形文字

为让文字呈现出作品中立体圆球的效果，将"Have a nice…"段落文字设计成"鱼眼"文字
效果。

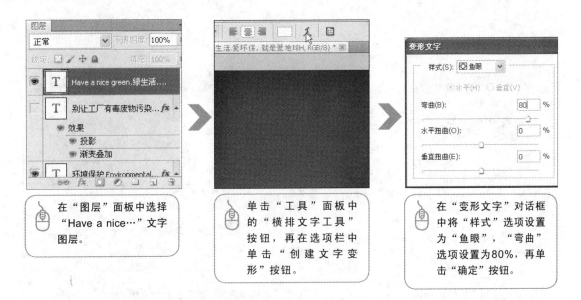

在"图层"面板中选择"Have a nice…"文字图层。

单击"工具"面板中的"横排文字工具"按钮，再在选项栏中单击"创建文字变形"按钮。

在"变形文字"对话框中将"样式"选项设置为"鱼眼"，"弯曲"选项设置为80%，再单击"确定"按钮。

　　回到工作区，可看到该段落文字已套用了鱼眼效果。接着将该文字位置调整至作品中央偏上摆放。

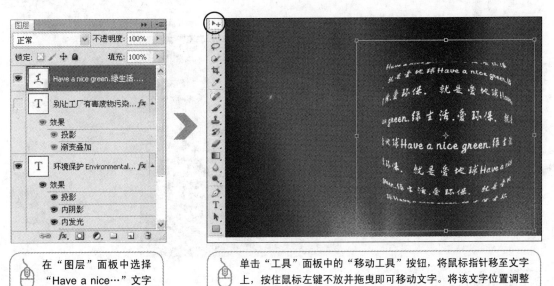

在"图层"面板中选择"Have a nice…"文字图层。

单击"工具"面板中的"移动工具"按钮，将鼠标指针移至文字上，按住鼠标左键不放并拖曳即可移动文字。将该文字位置调整至作品中央偏上摆放。

STEP 03 为文字套用渐变颜色

此处将对鱼眼文字套用绿色至白色的渐变颜色效果。在设置文字渐变颜色前，请参考第2步中的说明来设置前景色与背景色。

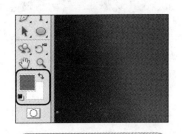

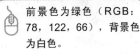

前景色为绿色（RGB：78，122，66），背景色为白色。

接着在"图层"面板中选择要套用图层样式的"Have a nice…"文字图层，再按照以下步骤套用渐变颜色。

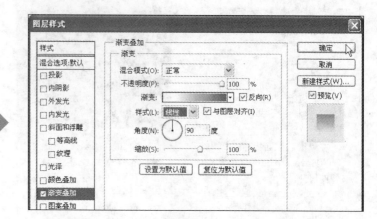

在"图层"面板中单击"添加图层样式"按钮，从弹出菜单中选择"渐变叠加"命令。

将"渐变"选项设置为"前景色到背景色渐变"，勾选"反向"复选框，"样式"选项设置为"线性"，其他选项维持默认设置，再单击"确定"按钮。

简单地套用渐变颜色后，整个鱼眼文字效果就更明显了。

 设计球体光泽

作品中球体外围有一圈白色光泽，光泽的设计可让立体球体的呈现更为凸出，现在来看看如何制作。

 在"图层"面板中选择最下方的"背景"图层。

圆形选取区的
预设中心位置

单击"工具"面板中的"椭圆选框工具"按钮，在图中标示的+（预设中心位置）按住鼠标左键不放，再按住 Shift + Alt 键不放，拖曳出一个正圆形选区，再松开鼠标左键和相关按键。

按 Ctrl + C 组合键进行复制，再按 Ctrl + V 组合键进行粘贴，即按照该选区创建相对的圆形对象，并将该对象图层拖曳到"Have a nice…"图层下方。

接着为圆形对象套用"外发光"效果。

在"图层"面板中单击"添加图层样式"按钮，从弹出菜单中选择"外发光"命令。

按照上图设置值设计白色外发光的效果，再单击"确定"按钮。

STEP 05 用图层蒙版设计出球体

经过前面几个步骤就完成了球体内的鱼眼文字与发光设计，接下来就要通过蒙版，依指定的球体大小进行剪裁。

按住 Ctrl 键不放，再在"图层"面板上的圆形图层（图层1）缩览图上单击鼠标左键，按照该对象产生选区。

在"图层"面板中选择"Have a…"。图层，再单击"添加矢量蒙版"按钮进行剪裁。

目前已初步完成整个立体球体的设计，最后要微调此蒙版的效果，淡化球体边缘的文字，让整个球体与文字更有感觉。

在"图层"面板中的"Have a…"图层蒙版缩览图上单击鼠标左键。

单击"工具"面板中的"渐变工具"按钮，在选项栏中设置渐变为"黑，白渐变"，渐变样式为"线性渐变"，勾选"反向"复选框，其他保持默认值。

在选项栏中的"黑，白渐变"渐变颜色缩览图上单击鼠标左键。

按住渐变条右侧的白色色标不放，拖曳至如图所示位置，调整渐变颜色配置，再单击"确定"按钮。

圆形蒙版的中心位置

最后在圆形蒙版的中心位置按住鼠标左键不放，如图指示拖曳至圆的边缘，加强圆形蒙版边缘的透明化效果。

这就完成了这个部分的文字相关效果设计。这时可在"图层"面板中单击"别让工厂……"文字图层左侧的 "指示图层可见性"图标，将该图层切换至显示模式。

STEP 06　通过魔棒工具创建"手"插图

这一步将是此作品最压轴的设计，即使用"魔棒工具"选取"手"图像，并添加到主作品中，让整个文字效果与其搭配呈现。打开本章范例原始文件<7-02.jpg>练习。

单击"工具"面板中的"魔棒工具"按钮。

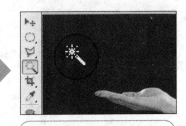

此时，鼠标指针呈 状，在图像黑色背景上单击鼠标左键，将背景色整个选取。

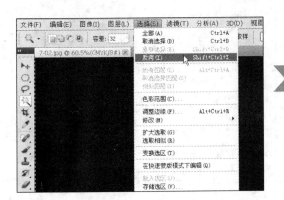

选择"选择"|"反向"菜单命令，将选区反向选取。

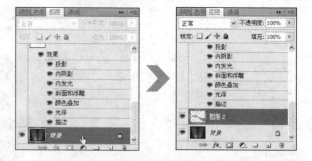

选择"选择"|"修改"|"羽化"菜单命令，将"羽化半径"选项设置为5，对选区边缘进行羽化处理。

选取了<7-02.jpg>文件中的"手"图像后，按 Ctrl＋C 组合键进行复制，接着回到主作品文件<7-01.jpg>，再按照右图说明操作，将"手"图像粘贴到主作品中。

在"图层"面板中选择"背景"图层，按 Ctrl＋V 组合键粘贴刚才复制的"手"图像。

单击"工具"面板中的"移动工具"按钮，在工作区中将"手"图像移至右图所示位置。

接着，为"手"图像设计外发光和部分透明化的效果，让作品更加完整。先在"图层"面板中选取刚才粘贴的"手"图像图层，再进行如下操作。

在"图层"面板中单击"添加图层样式"按钮，从弹出菜单中选择"外发光"命令。

按照上图的设置值设计黑色外发光的效果，再单击"确定"按钮，完成外发光的设计。

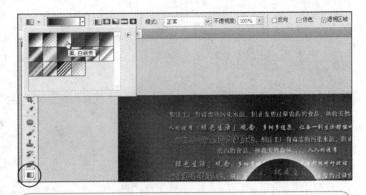

 在"图层"面板中单击"添加图层蒙版"按钮（在"手"图像图层右侧会看到蒙版图标）。

在选项栏中设置渐变颜色为"黑，白渐变"，渐变样式为"线性渐变"，取消勾选"反向"复选框。

按照右图标示的+位置，往左上角拖曳，产生渐变式透明蒙版。

这就完成了范例"爱地球广告设计"，虽然该作品使用了大量的文字，但只要添加一些效果，就可以让作品以更有层次的方式呈现。

Design Idea

招生广告设计

Photoshop CS5能直接将文字3D化，这个广告作品会将3D与2D文字组合在一起。让我们一起通过实例来感受它的效果吧！

▶ *Before*

▶ *After*

学习难易：★★★★☆

设计重点：通过使用3D文字和路径文字两种特效，使此作品表现出张力与活泼，并使用多边形套索工具加上个性化的插图设计。

作品分享：随书光盘<本书范例\ch07\完成文件\ex07B.psd>

相关素材

<7-03.jpg>

<7-04.jpg>

制作流程

❶ 在设计3D文字作品前，先介绍环境和相关
3D工具。通过启动OpenGL绘图功能，认
识3D面板和3D轴

❷ 先创建一般文字，然后再转换为3D文字，
接着通过3D转动相机工具和3D对象旋转
工具旋转X、Y、Z轴，并为其调整合适的
光源类型与强度

❸ 使用相同的方式，从创建3D文字开始到旋
转角度、调整光源……，完成其他3D文字
的设计

❹ 也可以沿着钢笔工具或形状工具所创建的
路径输入和设计文字，在创建路径后即可
在路径上输入文字

❺ 最后使用多边形套索工具以个性化的选
取方式设计插图，让整个平面设计与众
不同

7-6 关于3D

Photoshop在设计3D文字方面，一点也不逊于常见的3D专业软件，而且软件的操作出乎意料地简单。

关于3D工具

Photoshop可将文字定位为3D模型并自动演算出合适的角度、厚度和光源，在动手设计前先认识环境和相关工具。

1.效能设置与启动OpenGL

在使用复杂的图像（例如3D）时，加强及加速图像处理效能是一件相当重要的事前工作。

- 当系统中的RAM不足导致无法执行操作时，Photoshop会启动指定的暂存磁盘来保存数据。为了保证软件工作的最佳效能，建议将暂存磁盘设置为非开机磁盘，且应该是速度最快又具有足够空间可以使用的磁盘。

- 若计算机支持OpenGL显卡，那么启动OpenGL绘图功能后，打开、移动和编辑3D模型时互动效能会大幅提升。

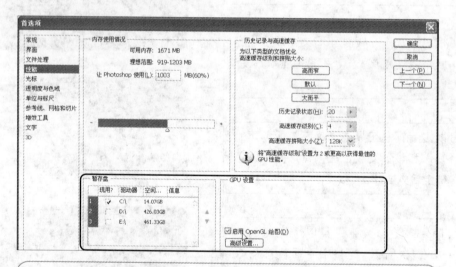

 选择"编辑"|"首选项"|"性能"菜单命令，从该对话框中的"暂存盘"选项组中选择合适的磁盘。若计算机支持OpenGL显卡，那么在"GPU 设置"选项组中勾选"启用 OpenGL 绘图"复选框。

2.认识3D面板

选取3D对象时，会在3D面板中显示相关联的设置值，并可自定义3D对象的场景、网格、材质、光线等设置。

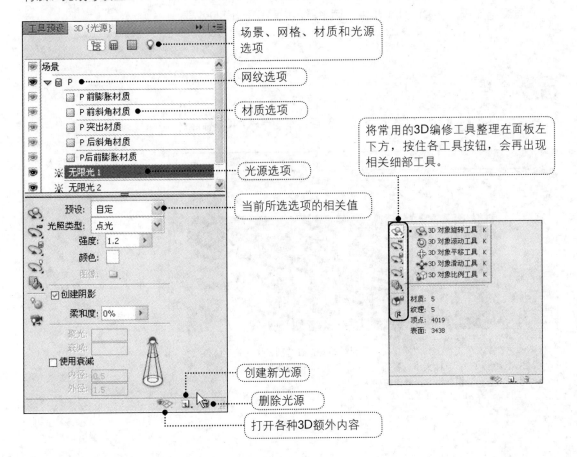

3.认识3D轴

选取3D对象时就会出现3D轴 （红色为X轴、绿色为Y 轴、蓝色为Z 轴），此工具可让用户在3D空间内旋转和平移对象，并依 X、Y 和 Z 轴方向调整光线、网格、材质。

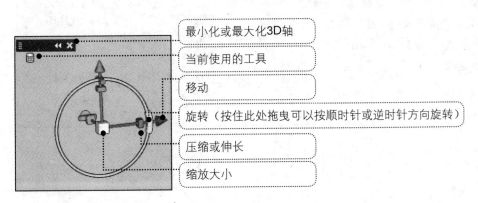

7-7 大玩3D文字

本范例会先创建一般文字，然后再将该文字转换为3D文字，并调整合适的厚度、角度与光线。学会这几个步骤，读者就可以轻松玩出3D效果。

STEP 01 创建3D文字

打开本章范例原始文件<7-03.jpg>，首先要制作的是PUNCH标题字中的P。

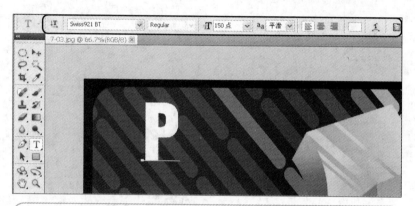

单击"工具"面板上的"横排文字工具"按钮，在选项栏中先将字体设置为 Swiss921 BT，字体大小设置为"150点"，消除锯齿的方法为"平滑"，文本颜色为"白色"等，然后再输入字母P。

提 示▶ 如何获取本范例使用的字体？

本范例使用的字体为Swiss921 BT，若系统中无此字体，那么可使用系统中笔画较粗的字体，以呈现出较佳的3D效果，或从互联网下载该字体，下载网址为http://www.fonts500.com/?page=4。

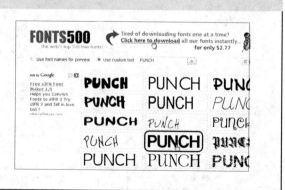

先单击 ✓ "提交所有当前编辑"按钮结束文字输入操作，再按照以下操作将创建好的文字转换为3D对象。

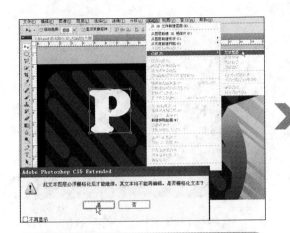

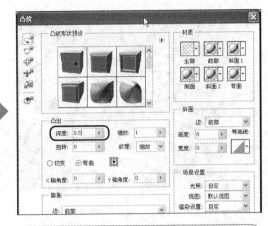

 选择3D|"凸纹"|"文本图层"菜单命令，会弹出一个对话框，告知用户须先将文字转换成点阵对象，单击"是"按钮。（一旦文字点阵化了，将无法再进入文字编辑模式进行编修。）

"凸纹"对话框中包括许多3D对象的相关设置，在此调整"深度"为0.5（其他设置保持默认值），单击"确定"按钮回到工作区。

文字P已经被设计成3D对象了。

STEP 02　旋转3D文字

首先使用3D相机工具，此工具不会改变3D对象本身的位置和角度，只是以模拟相机镜头移动的方式来调整。

在"图层"面板中选择3D文字P图层，再单击"工具"面板上的"3D 滚动相机工具"按钮。

在3D轴上，按住Y轴（绿）旋转控制点，待出现黄色旋转轴时，再拖曳Y轴往左旋转约10°。

　　接着使用3D对象工具调整3D对象本身的角度、位置与大小比例，同样，在"图层"面板中选择3D文字P图层，再单击"工具"面板中的"3D 对象旋转工具"按钮。

在3D轴上按住Z轴（蓝）旋转控制点，待出现黄色旋转轴时，再往上拖曳Z轴旋转控制点，如图所示，调整字母P的角度。

在3D轴上按住Y轴（绿）旋转控制点，待出现黄色旋转轴时，再往左拖曳Y轴旋转控制点约10°，如图所示，调整字母P的角度。

提 示 直接旋转、移动和缩放3D对象

　　在选取3D对象和要应用的"3D滚动相机工具"或"3D对象旋转工具"后，可以不使用3D轴，直接拖曳、调整对象。

STEP 03 ▶ 光源设置

在3D对象的角度和位置设计完成后，接下来要调整默认光源的类型、强度、颜色等。先单击"3D{光源}"面板中的 💡 "滤镜：光源"按钮，打开3D光源的辅助选项。

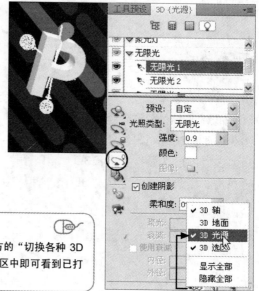

单击面板左下方的 "光源旋转工具"按钮，再单击最下方的"切换各种 3D 额外内容"，从弹出菜单中选择"3D 光源"命令，在工作区中即可看到已打开3D光源辅助调整工具。

光源会从不同角度照射3D对象，增加深度和投影的表现。Photoshop 3D对象的光照类型分为"点光"、"聚光灯"、"无限光"和"基于图像的光照"4种。

- "点光"：以指定点发光，产生犹如灯泡一样的光线，代表图标为。
- "聚光灯"：以圆锥形状发光，产生犹如聚光灯一样的投射光线，代表图标为。
- "无限光"：产生犹如太阳光一样从四面发光的光线，代表图标为。
- "基于图像的光照"：沿对象四周照射的光线。

一个3D对象默认有3个光源，并且均为无限光类型。现在先调整第一个光源，在3D面板中的"滤镜：光源"选择"无限光 1"。

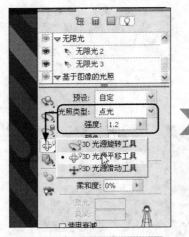

将"光照类型"设置为"点光"，"强度"设置为1.2，并在左侧单击"3D光源平移工具"按钮。

在工作区中可发现字母P上的3个光源图标中有一个更改为代表点光的图标，如图所示，拖曳该图标至合适的位置摆放。

提 示　看不到3D面板相关调整项目

选取了3D对象，但是却无法在3D面板中看到。这时，可以调整相关选项（如左下图）。选择3D|"凸纹"|"编辑凸纹"菜单命令，在弹出的对话框中单击"取消"按钮。回到工作区，就可在3D面板中看到调整的相关选项。

在3D面板中的"滤镜：光源"下，选择"无限光3"，并调整合适的类型与角度。

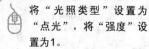

将"光照类型"设置为"点光"，将"强度"设置为1。

在工作区中可发现字母P上的3个光源图标中有一个更改为代表点光的图标，如图所示，拖曳该图标至合适的位置摆放。

在3D面板中的"滤镜：光源"下，选择"无限光2"，并调整合适的类型与角度。

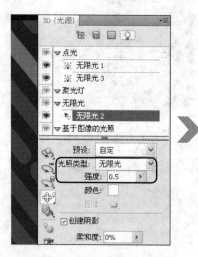

将"光照类型"设置为"无限光"，"强度"设置为0.5。

在工作区中可发现字母P上的3个光源图标中有一个更改为代表无限光的图标，如图所示，直接拖曳该图标或通过3D轴调整至合适位置。

至此，3D文字P的基本角度和光源的调整就完成了。

STEP 04 设置材质

对3D对象并非仅能套用文字的单色颜色，凸纹编辑功能让用户可在默认材质中选择合适的样式，并可设置是全部套用还是仅套用于3D对象的前部、斜面1、斜面2、边、背面等指定部分。

选取工作区中的3D对象，再选择3D｜"凸纹"｜"编辑凸纹"菜单命令。

在"凸纹形状预设"选项组中有突出分割、斜面2、膨胀、塌陷、螺旋状等18个形状样式供用户指定套用，以便为3D对象设置不同的纹面。

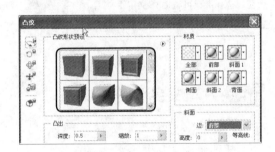

在"材质"选项组中，可指定需要套用材质的6个部分。第一个选项为"全部"，在"全部"的预设材质清单中选择一个样式，可快速地给3D对象整体套用指定的材质样式。

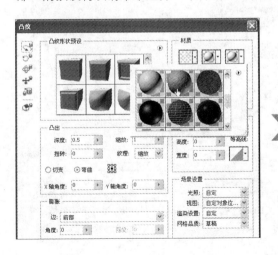

可随时在工作区中预览套用不同材质或纹面形状后的效果。（在此请自行选择喜爱的设置值套用，范例中则维持原来的白色3D文字设计）

STEP 05 完成其他3D文字设计

按照前面的操作步骤，从创建3D文字开始到旋转角度、调整光源，分别为U、N、C和H，如下图完成整个3D标题文字的设计。

"光照类型"和"强度"选项的调整没有标准，可根据3D文字组合，自行调整出最合适的效果。

STEP 06 为3D文字添加投影效果

在3D文字效果设计完成后，可再使用图层样式来增加3D文字的深度与表现。先在"图层"面板中选择要套用图层样式的图层，再如右图所示操作，为每个3D文字添加投影效果。

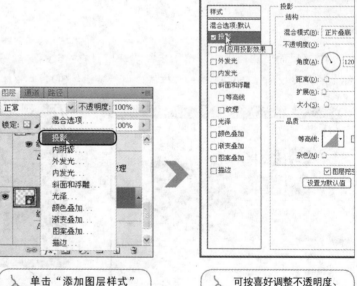

单击"添加图层样式"按钮，从弹出菜单中选择"投影"命令。

可按喜好调整不透明度、距离、大小等设置值，再单击"确定"按钮。

7-8 路径文字效果

经过前面相关文字的练习，本节再讲解一个文字效果，让文字沿着钢笔工具或形状工具所创建的路径进行输入和设计。

STEP 01 创建路径

文字沿着曲线或形状路径进行输入的方法大同小异，此作品以曲线路径为例。首先来创建曲线路径。

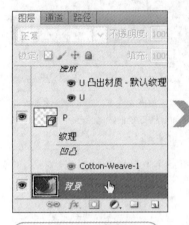

选择"图层"面板中的"背景"图层。

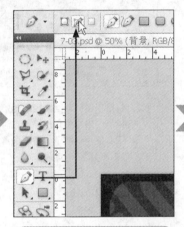

单击"工具"面板上的"钢笔工具"按钮，并在选项栏中切换至"路径"模式。

此时，鼠标指针呈 状，如上图所示，在图像上单击鼠标左键，创建曲线起始点。

如右图所示，按住鼠标左键不放，并稍微往上拖曳，创建出弧度曲线。

STEP 02 调整路径

继续制作前面创建的路径，这里要使用 "直接选择工具"帮助调整路径的起始点和结束点，以及路径曲线的弧度。

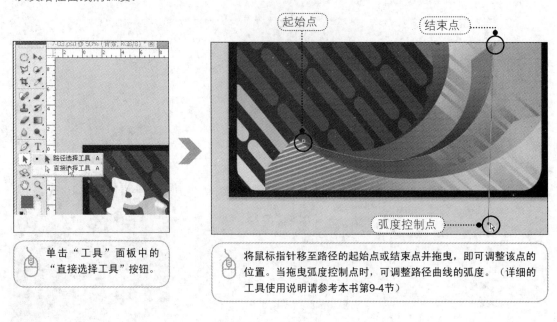

起始点　　　　结束点

弧度控制点

单击"工具"面板中的"直接选择工具"按钮。

将鼠标指针移至路径的起始点或结束点并拖曳，即可调整该点的位置。当拖曳弧度控制点时，可调整路径曲线的弧度。（详细的工具使用说明请参考本书第9-4节）

STEP 03 输入文字

在路径创建完成后，现在就来看看如何在路径上输入文字。首先单击"工具"面板上的 "横排文字工具"按钮，然后在选项栏中将字体系列设置为"隶书"，字体大小设置为"18点"，锯齿消除设置为"平滑"，文本对齐方式设置为"左对齐文本"等，再输入如下文本。

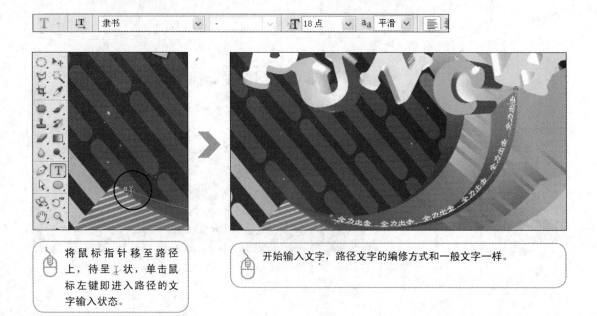

将鼠标指针移至路径上，待呈 状，单击鼠标左键即进入路径的文字输入状态。

开始输入文字，路径文字的编修方式和一般文字一样。

STEP 04 制作第二个路径文字

按照前面的操作步骤，从创建路径到输入文字，如右图所示完成第二个路径文字的设计。

STEP 05 创建个性化插图

这里进行该作品最压轴的设计。先打开本章范例原始文件<7-04.jpg>，使用"多边形套索工具"选取其中的人物图像，并加入主作品<7-03.jpg>，让整个文字效果与其搭配呈现。

锚点　　锚点　　锚点

单击"工具"面板中的"多边形套索工具"按钮，在选项栏中设置新增选区，"羽化"选项设置为0px。

此时，鼠标指针呈 状，如上图所示，在人物图像外围（须留些留白）合适的位置创建各个锚点。（详细的工具使用说明请参考本书第5-2节）

完成选区的创建，如图所示，按 Ctrl + C 组合键进行复制。

回到主作品<7-03.jpg>，按 Ctrl + V 组合键粘贴插图，再按照以下步骤进行设计。

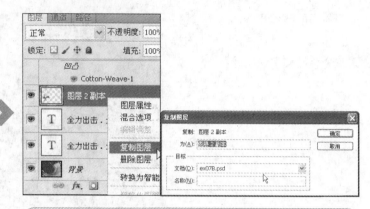

粘贴插图后，再使用"工具"面板中的 ▶ "移动工具"来调整插图的大小和位置。（完成调整后按 Enter 键完成变形操作）

在"图层"面板中的插图图层上单击鼠标右键，从弹出的快捷菜单中选择"复制图层"命令，在"复制图层"对话框中单击"确定"按钮完成图层复制操作。

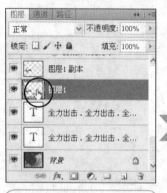

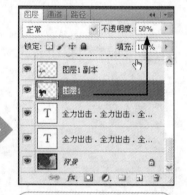

按住 Ctrl 键不放，再在原插图图层的缩图上单击鼠标左键，依该对象创建选区。

选择"编辑"|"填充"菜单命令，将"使用"设置为"黑色"，再单击"确定"按钮。

在"图层"面板中可以看到该图层对象已填充为黑色，再将"不透明度"设置为50%。

最后，单击"工具"面板中的 ▶ "移动工具"按钮，并按住 Shift + Alt 键不放，稍放大半透明黑色投影对象。这时，还可使用方向键调整其摆放的位置。（完成调整后按 Enter 键完成变形操作）

这就完成"招生广告"设计，全新3D文字与路径文字效果的应用，让该平面设计不同凡响。

本章重点整理

（1）安装字体：打开光盘或硬盘中要进行字体安装的文件夹→预览字体文件→在要安装的字体上单击鼠标右键，从弹出的快捷菜单中选择"安装"命令。

（2）关于锚点文字：在任何一个定点上单击鼠标左键，可执行水平或垂直文字的输入；该行的长度随着文字的多寡而增减，但不管输入多少字都不会自动换行，须按 Enter 键才会开始新的一行。

（3）关于段落文字：使用一个文字方框设置水平或垂直文字的输入边界，并依照方框的宽度自动换行；而当按 Enter 键时，会开始新的段落。

（4）依指定范围输入段落文字：单击"工具"面板中的"横排文字工具"按钮，再按住 Alt 键不放，然后在图像空白处单击鼠标左键，即可输入宽度和高度。

（5）微调文字对象的位置：单击"工具"面板中的"移动工具"按钮后，除了可直接拖曳文字对象调整位置，还可通过键盘上的↑、↓、←、→方向键来微调文字位置。

（6）文字上色功能，除了可通过选项栏中的"文字颜色"色块调整，还可针对文字图层套用图层样式或对象样式，将该图层文字套用样式中设计的颜色、渐变效果或图层样式。

（7）套用变形文字效果：选取要套用效果的文字图层→单击"工具"面板上的"横排文字工具"按钮，再在选项栏中单击"创建文字变形"按钮→选择要套用的样式，设置相关数值。

（8）选取3D对象时就会出现3D轴（红色：X轴、绿色：Y轴、蓝色：Z轴），此工具可让用户在3D空间内旋转与平移对象、光线、网格与材质，并依X轴、Y轴和Z轴方向调整。

（9）套用路径文字效果：通过钢笔工具或形状工具先创建路径→单击"工具"面板中的"横排文字工具"按钮，然后直接在路径上单击一下，便可以输入文字。

（10）本章中常用的快捷键如下。

- Ctrl + C 组合键：复制对象。
- Ctrl + V 组合键：粘贴已复制的对象。
- N 键：启动3D相机工具。
- K 键：启动3D对象工具。
- 按住 Ctrl 键不放，再在"图层"面板中的该圆形图层（图层1）缩图上单击鼠标左键，即依该对象产生选区。

Chapter 8

填色画笔展现真笔触

Photoshop中的画笔和铅笔工具能为作品带来真实的绘画笔触，再使用颜色进行搭配，可以展现出令人惊艳的效果。

● 夏之树

之树

Design Idea

夏之树

本章先了解Photoshop填色的方式和设置重点，进而了解画笔和铅笔工具的使用，最后应用到作品之中，在平淡的线稿作品上填上彩色的内容。

▸ *Before*

▸ *After*

学习难易：★ ★ ★ ☆ ☆

设计重点： 在线稿绘制图层布置完成后，使用不同的画笔工具为树木加上纹路，使用加深工具给纹路加上层次感。通过前景色、背景色的搭配为树叶、草原填上拟真的画笔。最后设置不同的图案，创造出云朵般的画笔图案，并使用鼠标在图层上写上文字，完成作品设计。

作品分享： 随书光盘＜本书范例\ch08\完成文件\ex08A.psd＞

相关素材

<ex08A.psd>

制作流程

❶ **布置线稿图层：**
去除线稿图层的空白，然后锁定该图层

❷ **绘制树干纹路：**
使用画笔填上树干的底色，再使用较淡的颜色绘出纹路，最后使用加深工具加强轮廓

❸ **绘制树叶：**
将深浅的绿色设置为前景/背景色，使用"散步枫叶"画笔填上树叶。交换前景色与背景色后，在不同图层的相同位置再填色一次，并将模式设置为混合模式

❹ **绘制草原：**
使用相同的前景色与背景色，设置"沙丘草"画笔，然后在作品下方填上草原

❺ **写上云朵画笔文字：**
使用不同的图案设置云朵画笔，加上图层投影效果，在上方以画笔写上文字。新增图层后使用文字工具写上其他文字，再设置投影及外发光效

8-1 设置颜色

在向量绘图、蒙版或选区中，先设置使用的颜色再进行填入是经常要做的操作，下面将说明如何设置颜色。

关于前景色与背景色

在进行填色操作前，设置要填入的颜色是很重要的操作。Photoshop使用前景色进行绘画、填色和涂画选区；使用背景色制作渐变填色并填满图像中的擦除区域。某些特殊效果滤镜也会交错使用前景色和背景色，以达到一定的效果。

在"工具"面板下方的颜色色块中会显示当前的前景色与背景色。

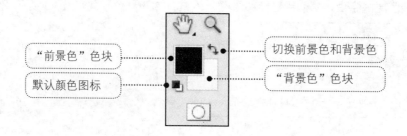

"前景色"色块 ———— 切换前景色和背景色

默认颜色图标 ———— "背景色"色块

可以使用吸管工具、"颜色"面板、"色板"面板或拾色器指定新的前景色或背景色。默认的前景色是黑色，背景色则是白色。

使用吸管工具

"吸管工具"能将取样颜色指定为新的前景色或背景色。先打开本章范例原始文件 <8-01.jpg>，可以从作业图像或屏幕上的任何位置取样。

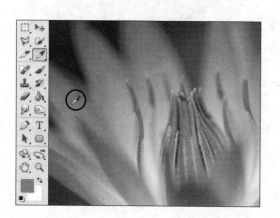

单击"工具"面板中的"吸管工具"按钮，若要选取新的前景色，则直接在图像上要取样颜色处单击鼠标左键。

或者将鼠标指针移至图像上后按住鼠标左键不放，然后在屏幕上的任何位置拖移，此时，"前景色"色块就会随着拖移区域颜色的不同而自动变化，松开鼠标左键后即选取该处颜色为新的前景色。

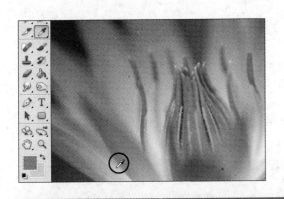

若要选取新的背景色，则按住 Alt 键不放，再到图像中要取样的颜色处单击鼠标左键。

或者将鼠标指针移到图像上方，按住 Alt 键和鼠标左键不放，在屏幕上的任何位置拖移。此时，背景色色块就会随着拖移区域颜色的不同而自动变化，松开鼠标左键后即选取该处颜色为新的背景色。

使用拾色器

　　若直接单击"前景色"或"背景色"色块时，则会弹出"拾色器（前景色）"或"拾色器（背景色）"对话框。在"拾色器"对话框中可以使用4种颜色模式（HSB、RGB、Lab和CMYK）来选择颜色。通过拾色器不仅可以设置前景色、背景色和文字颜色，还可以为不同的工具、指令和选项设置目标颜色。

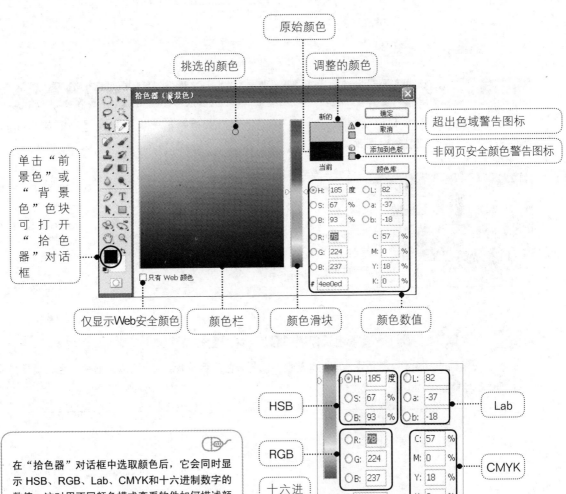

在"拾色器"对话框中选取颜色后，它会同时显示 HSB、RGB、Lab、CMYK和十六进制数字的数值。这对用不同颜色模式查看软件如何描述颜色很有用。

使用"颜色"面板

选择"窗口"|"颜色"菜单命令或按 F6 键即可打开"颜色"面板，该面板会显示当前前景色和背景色的颜色数值。用户可以通过面板中的滑块或不同的颜色模式编辑前景色和背景色，也可以从面板底部颜色曲线图中所显示的颜色色谱中选择前景色或背景色。

单击"颜色"面板上的选项按钮，从弹出菜单中可以切换不同的颜色模式及在"颜色"面板中的光谱。

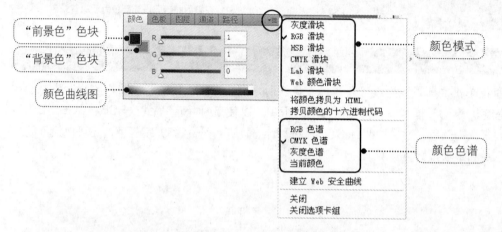

使用"色板"面板

选择"窗口"|"色板"菜单命令，打开"色板"面板，该面板显示的是经常使用的颜色。用户可以在面板中新增或删除颜色，也可以针对不同的专案显示不同的颜色库。

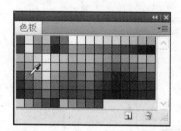

若要选取前景色，在"色板"面板中要选取的颜色上单击鼠标左键。
若要选取背景色，则按住 Ctrl 键不放，并在"色板"面板中要选取的颜色上单击鼠标左键。

提 示 **恢复默认的前景色/背景色及切换前景色/背景色的快捷键**

在编辑的过程中，若希望快速地将前景色和背景色恢复为默认值，可以按 D 键。若希望切换前景色与背景色的设置，可以按 X 键。

8-2 应用填色工具

色彩的使用在作品设计过程中起了很重要的作用，Photoshop基本上使用"渐变工具"和"油漆桶工具"来进行填色。

使用"渐变工具"填色

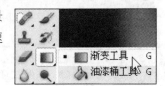

"渐变工具"：默认的渐变工具填色方式是搭配使用前景色与背景色。另外，还可以在多种颜色之间建立渐变混合以及快速套用各种特殊的渐变样式，例如，光谱、粉蜡笔、金属、彩虹等。

1.认识"渐变工具"的选项

单击"工具"面板中的"渐变工具"按钮，即可在选项栏中看到如下图所示的选项。

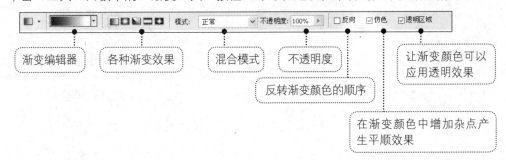

渐变编辑器　各种渐变效果　混合模式　不透明度　让渐变颜色可以应用透明效果

反转渐变颜色的顺序

在渐变颜色中增加杂点产生平顺效果

2. "渐变"工具的应用

渐变的效果受鼠标在图像上的拖曳方向和长度影响，不同的拖曳设置所产生的渐变效果也会不同。再次打开本章范例原始文件<8-01.jpg>。

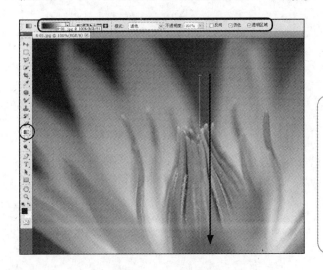

使用默认的前景/背景色，单击"工具"面板中的"渐变工具"按钮，在选项栏中将渐变设置为"前景色到背景色渐变"，渐变方式设置为"线性渐变"，"模式"设置为"滤色"，"不透明度"设置为100%，勾选"仿色"和"透明区域"复选框。

接着在图像中按住鼠标左键不放由上往下拖曳，至合适的长度再松开。

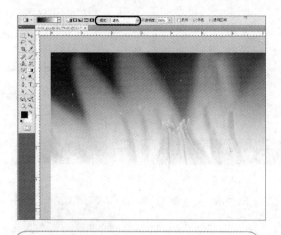

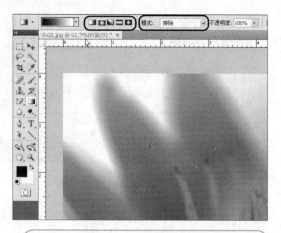

 原图像不仅填上渐变的颜色，而且套用了"滤色"的混合模式，产生了意想不到的效果。

🖱 用户还可以使用不同的混合模式或添加不同的渐变样式，制作出其他不同的效果。

使用"油漆桶工具"填色

🖍 "油漆桶工具"是把前景色和图案作为填色的内容，将颜色填入图像中相邻像素或选取的范围。

	渐变工具	G
■	油漆桶工具	G

1.认识"油漆桶工具"的选项

单击"工具"面板中的"油漆桶工具"按钮，可在选项栏中看到如下所示的选项。

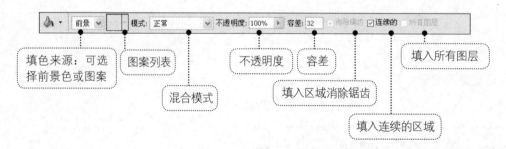

这里对几个较为特殊的选项进行说明。

- "容差"：数值范围在0～255之间，用于设置填色时所取代像素颜色相近的程度。
- "消除锯齿"：勾选此复选框，可防止填色时边缘产生锯齿。
- "连续的"：勾选此复选框，可填满所在像素连续的区域。如果没有勾选，则会填满图像中所有类似的像素。
- "所有图层"：勾选此复选框，填色的内容将跨越所有可视的图层。如果没有勾选，则仅以当前图层内的对象为填色内容。

2. "油漆桶工具"的应用：前景色

"油漆桶工具"填色的方式有前景色和图案两种，在填色时除了加上颜色还能设置混合模式与不透明度。打开本章范例原始文件<8-02.jpg>进行练习。

复制"背景"图层后，将前景色设置为要填入的颜色，单击"工具"面板中的"油漆桶工具"按钮，在选项栏中将"设置填充区域的源"设置为"前景"，"模式"为"颜色"，并勾选"消除锯齿"和"连续的"复选框。

这里要更换图像中人物的衣服颜色，首先要在大范围的区域填入颜色，因此要将"容差"设置为95，然后再到图像中衣服的区域单击鼠标左键，在颜色容差里的区域都会填上颜色。

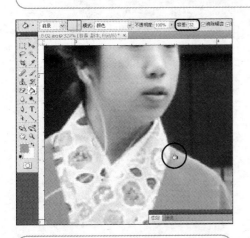

在完成大范围的区域填色后，这时，图像的边缘或投影处的颜色范围或许会超出容差值，此时可将图像放大，再将容差调小，在细节处仔细地填色，如此即完成颜色的填入。

 建议读者再复制"背景"图层，进行不同颜色的填入练习，在不同的图层中查看效果。

注 意 ▶ 当填色时不勾选"连续的"复选框时出现的状况

　　在单击"工具"面板中的"油漆桶工具"按钮时，若在选项栏中不勾选"连续的"复选框，填色的范围就不是以鼠标点选处为基准，在容差范围的区域填上颜色，而是以整张图片为基准，在容差范围的区域填上颜色。

　　若在选项栏中没有勾选"连续的"复选框，那么填色的范围会以整张图片为基准，在容差范围的区域都会填上颜色。上图中与衣服颜色接近的区域，如人物的脸和后墙都被填上了颜色。

3. "油漆桶工具"的应用：图案

　　以图案方式进行填色能赋予填色区域不同的质感。

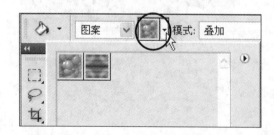

 再复制"背景"图层，单击"工具"面板中的 🖌，"油漆桶工具"按钮，在选项栏中将"设置填充区域的源"设置为"图案"，再单击右侧的下拉三角形按钮，此时可以看到预设的图案材质。

若当前的图案不能符合要求，则单击选项按钮，在弹出菜单中提供了许多其他种类的图案。

在选取要使用的图案类别后会弹出提示对话框，单击"确定"按钮即可导入所选类别的图案取代目前的图案。

注 意　选取其他图案后在弹出的对话框单击"追加"按钮

在选取其他图案后出现提示对话框时单击"追加" 按钮，即可将选取的图案类别内容加入到目前的图案列表中。

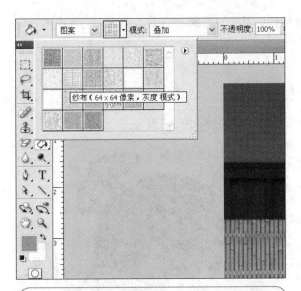

在选取要使用的图案后，接着将"模式"设置为"叠加"，"不透明度"设置为100%。

将"容差"设置为90，再到图像中衣服的区域单击鼠标左键，在颜色容差里的区域即会填上设置的图案。

8-3 认识"画笔工具"和"铅笔工具"

"画笔工具"和"铅笔工具"能以当前的前景色在图层中进行绘图。搭配不同的画笔样式、混合模式和透明度，便能为作品带来更多的创意。

适合柔和线段的"画笔工具"

单击"工具"面板中的 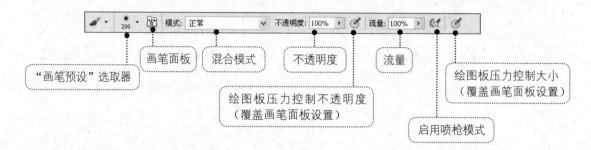 "画笔工具"按钮后，可以在选项栏中看到如下所示的选项。

- "画笔预设"选取器
- 画笔面板
- 混合模式
- 不透明度
- 绘图板压力控制不透明度（覆盖画笔面板设置）
- 流量
- 启用喷枪模式
- 绘图板压力控制大小（覆盖画笔面板设置）

这里对几个较为特殊的选项进行说明。

- "流量"：控制画笔的上色流量，数值越大，颜色越丰润。
- 喷枪：用喷枪模式绘画，将鼠标指针移至合适位置上按住鼠标左键不放时颜料会逐渐增加。
- 绘图板压力控制不透明度及大小：如果使用绘图板，可通过笔的压力、角度、旋转或笔尖轮来控制绘图工具。

 "画笔工具"适用于建立柔和的手绘线条，甚至可以模拟真实的笔触，创作出与一般作画相似的质感。

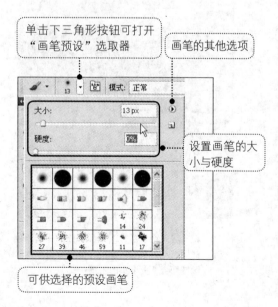

单击下三角形按钮可打开"画笔预设"选取器

画笔的其他选项

设置画笔的大小与硬度

可供选择的预设画笔

设置好前景色并选取适合的画笔，即可在图层中按住鼠标左键不放并拖曳进行涂抹绘图。

适合竖硬线段的"铅笔工具"

单击"工具"面板中的 ✐ "铅笔工具"按钮，可以在选项栏中看到如下所示的选项。

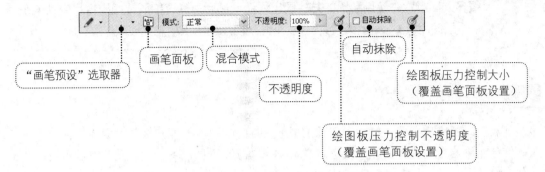

"画笔预设"选取器
画笔面板
混合模式
不透明度
自动抹除
绘图板压力控制大小
（覆盖画笔面板设置）
绘图板压力控制不透明度
（覆盖画笔面板设置）

这里对几个较为特殊的选项进行说明。

- "自动抹除"：可以在包含前景色的区域上涂绘背景色。
- 绘图板压力控制不透明度及大小：如果使用绘图板，可通过笔的压力、角度、旋转或笔尖轮来控制绘图工具。

✐ "铅笔工具"和 ✐ "画笔工具"功能很相似，最大的差异在于对象边缘的柔化度，"铅笔工具"适用于建立硬调的手绘线条。

单击下三角形按钮可打开
"画笔预设"选取器

画笔的其他选项

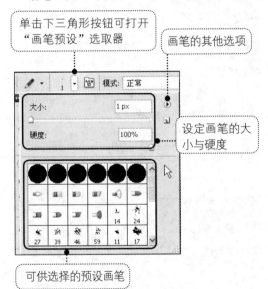

设定画笔的大
小与硬度

可供选择的预设画笔

设置好前景色和画笔后，就可以直接在图层中拖曳绘制。涂鸦书写时可以使用铅笔工具，效果很好。

提 示　使用快捷键控制画笔大小及不透明度

在使用 ✐ "画笔工具"或 ✐ "铅笔工具"进行编辑的过程中，常需要放大或缩小画笔的大小，或修改不透明度的百分比，此时可以使用快捷键来完成。

若想修改画笔的大小，可以按需求逐次按] 键放大画笔的大小或按 [键缩小画笔的大小。若想设置不透明度，可以直接按 1 键 ~ 0 键，对应的值为10% ~ 100%。

8-4 使用"画笔工具"为线稿上色

很多人都喜欢先使用手绘的方式画出线稿，然后再通过拍照或扫描将其变为电子文件，最后使用Photoshop进行上色，下面就使用画笔工具来完成该作品。

STEP 01 线稿图层的布置

本范例将先布置线稿图层，然后以不同的画笔在不同的图层上填充颜色，完成作品设计。打开本章范例原始文件<ex08A.psd>，首先要去除"线稿"图层的空白背景，然后再进行锁定操作。

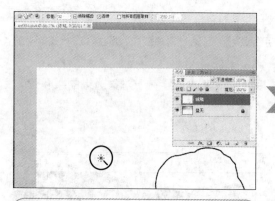

选择"线稿"图层，然后单击"工具"面板中的 "魔棒工具"按钮，待鼠标指针呈 状，在"线稿"图层的空白处单击鼠标左键。

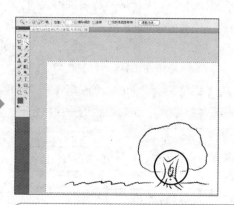

接着在选项栏中单击 "添加到选区"按钮，选取树干中间的范围。

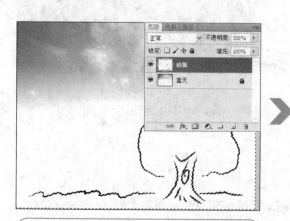

按 Delete 键删除"线稿"图层中选取的空白处，仅留下线稿的部分，此时后面的蓝天背景就显示出来了。

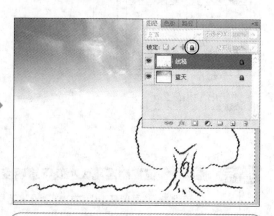

在下面使用画笔上色的过程中，"线稿"图层是用来参照的。为了不破坏它的内容，单击"图层"面板上的 "锁定全部"按钮进行锁定。

先按 Ctrl + D 组合键退出选取模式，再在
"线稿"图层下方新增一个图层，并改名
为"树干"。下面就要使用画笔在这个图
层中为树干进行上色。

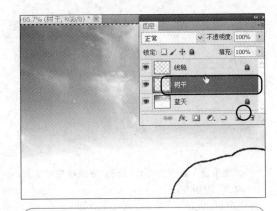

在"图层"面板中单击"创建新图层"
按钮。

STEP 02　使用画笔为树干上色

选择"树干"图层，准备进行上色操作。

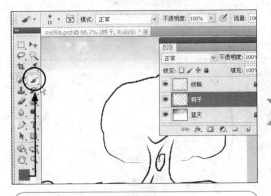

将"前景色"设置为#605555，再单击"工
具"面板的"画笔工具"按钮。

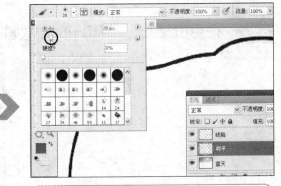

在选项栏选取要使用的画笔样式，将"大
小"设置为20px。

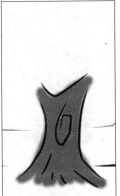

接着，按住鼠标左键不放，在树干部位进行涂抹操
作，填满整个区域。

接着在树干中加上一些纹路。

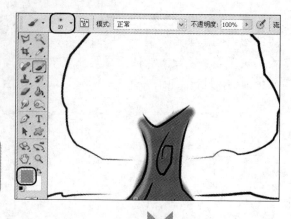

将"前景色"设置为#9B8989，在选项栏中设置"大小"为10px。

建议在原线条间进行绘制操作，这样整个纹路会更加逼真。

STEP 03 使用加深工具提高树干的层次感

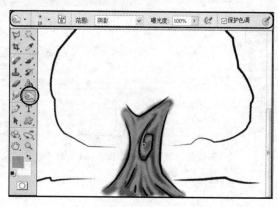

单击"工具"面板中的"加深工具"按钮，在选项栏中按照右图进行设置，按住鼠标左键不放，在树干纹路上进行涂抹，给纹路增加层次感。

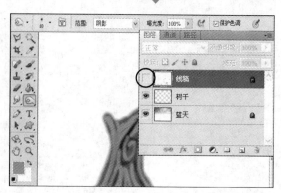

在编辑的过程中，可以隐藏"线稿"图层查看上色的效果。若要继续编辑，则再打开"线稿"图层，继续使用画笔。

8-5 使用"画笔工具"模拟特殊形状

在Photoshop上色的过程中，不仅可以涂上选择的前景色，而且提供了许多高级的形状来为作品加上不同的效果。

STEP 01　使用特殊画笔模拟树叶

在树干上色完成后，接着要在树叶的区域填入合适的画笔效果。这里将使用较为特殊的画笔，在进一步设置后可以填上更多样的内容。在"图层"面板中的"树干"图层上方新增一个"树叶"图层，再单击"工具"面板中的 🖌 "画笔工具"按钮。

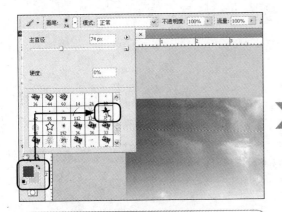

将"前景色"设置为#336633，"背景色"设置为#ccff33，再在选项栏中选取"散布枫叶"画笔。

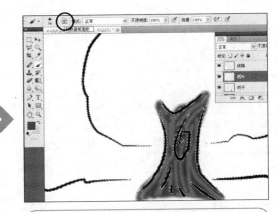

在选项栏中单击"切换画笔面板"按钮以进行进一步设置。

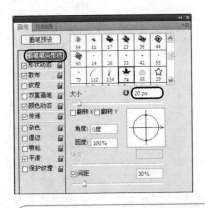

弹出"画笔"面板，默认画笔为"散布枫叶"，单击左侧的"画笔笔尖形状"选项，设置"大小"为20px，"间距"为30%。

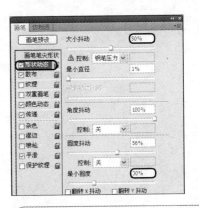

接着单击左侧的"形状动态"选项，设置"大小抖动"为50%，"最小圆度"为30%。

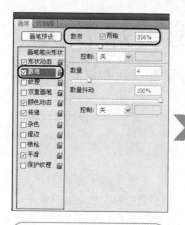

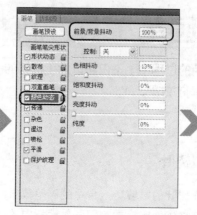

单击左侧的"散布"选项，勾选"两轴"复选框，设置散布随机性数值为316%。

单击左侧的"颜色动态"选项，将"前景/背景抖动"设置为100%。

单击左侧的"传递"选项，将"不透明度抖动"设置为50%。

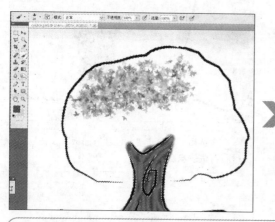

回到编辑区后，单击"树叶"图层，按住鼠标左键不放，在树叶的范围开始涂抹。将发现画笔会以树叶的形状散布，前景色与背景色搭配，在区域中填满。

复制"树叶"图层，再选取"树叶 副本"图层，单击"工具"面板中的"切换前景色和背景色"按钮，然后在图层同区内进行填色，最后在"图层"面板中将"混合模式"设置为"线性加深"，"不透明度"为47%。

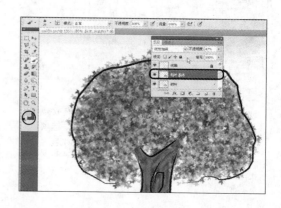

隐藏"线稿"图层，检查上色的效果，将
发现搭配了树叶后更像真实的树。

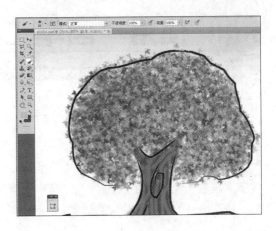

STEP 02　使用特殊画笔模拟草原

接着要使用较为特殊的画笔，在草原区域填入画笔效果。

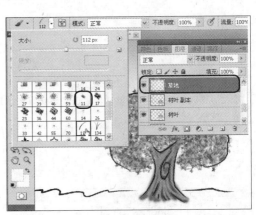

在"树叶 副本"图层上方新增一个"草地"图层，
接着按 X 键对换前景色与背景色，单击"工具"
面板中的"画笔工具"按钮，在选项栏选取"沙丘
草"画笔。

在选项栏中将"大小"设置为60px，在"草地"图层上按住鼠标左键不放依照地上的线条范围开始进行涂
抹。将发现画笔会以草的形状散布，前景色与背景色搭配，在区域中进行填满。

8-6 使用"画笔工具"模拟特殊材质

Photoshop的画笔不仅提供了许多高级的形状，而且可以设置填入不同的图案材质，让作品更为逼真。

STEP-01 设置模拟云朵的画笔

接下来要在天空背景上使用画笔来写字。为了表现出不同的效果，这里先设置模拟云朵的画笔，让写出来的字有云朵般的材质。

单击"工具"面板中的 ✎ "画笔工具"按钮，在选项栏中选取"柔边圆"画笔，再单击"切换画笔面板"按钮。

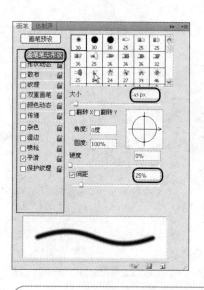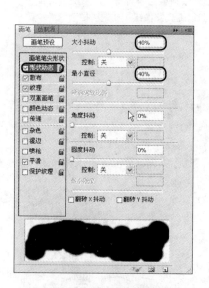

进入"画笔"面板，单击左侧的"画笔笔尖形状"选项，设置"大小"为45px，"间距"为25%。

接着单击左侧的"形状动态"选项，设置"大小抖动"为40%，"最小直径"为40%。

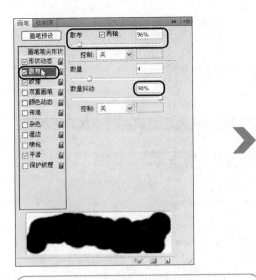

单击左侧的"散布"选项，勾选 "两轴"复选框，设置"散布"为96%，"数量抖动"为98%。

单击左侧的"纹理"选项，单击"图案"图片旁的下拉三角形按钮，进行图案的选择。

单击选项按钮，在弹出菜单中选择"填充纹理"选项，再在弹出的提示对话框中单击"确定"按钮，取代当前的图案。

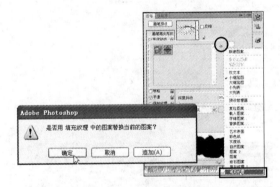

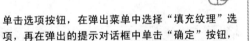
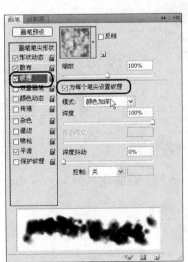

选择"云彩"图案后完成修改。

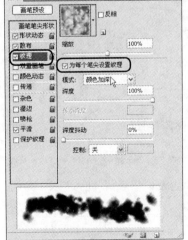

最后，勾选"为每个笔尖设置纹理"复选框，设置"模式"为"颜色加深"，完成画笔设置。

STEP 02 设置图层效果

将前景色和背景色分别设置为白色、黑色，在"草地"图层上方新增一个"云文字"图层，在这个图层上将使用设置好的画笔写上文字。

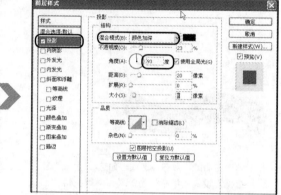

在"图层"面板中单击"添加图层样式"按钮，从弹出菜单选择"投影"命令。

选择"投影"样式后，将"混合模式"设置为"颜色加深"，"不透明度"设置为23%，"角度"设置为93，"距离"、"扩展"和"大小"的设置如图所示，最后单击"确定"按钮。

STEP 03 使用画笔在图层上写文字

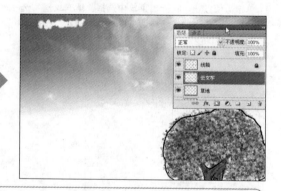

接着单击"工具"面板上的 "画笔工具"按钮，在"云文字"图层中使用鼠标拖曳写出"夏"字。因为已经设置好画笔与投影效果，因此在书写过程中就出现如云朵般的文字效果。

在"云文字"图层上方新增一个"文字"图层，再按 X 键将前景色与背景色调换。

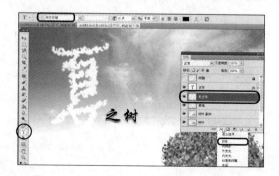

单击"工具"面板中的"文字工具"按钮，在选项栏中设置字体后，在适当的位置输入"之树"两个字。接着在"图层"面板中单击"添加图层样式"按钮，从弹出菜单中选择"投影"命令。

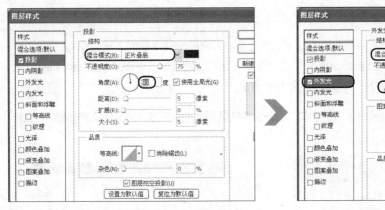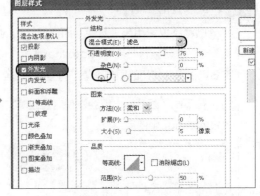

单击左侧的"投影"选项，将"混合模式"设置为"正片叠底"，"角度"为93度。

单击左侧的"外发光"选项，将"混合模式"设置为"滤色"，其他保持不变，然后单击"确定"按钮。

　　在完成 "夏之树"设计后，将该文件存储为<ex08A.psd>。通过完整的创作过程，读者对填色的方式和画笔的应用有了更深刻的印象。

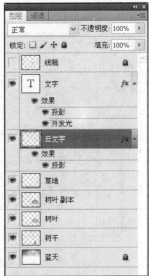

分享 载入外部画笔

　　画笔不仅使用起来方便，而且设计出的效果更是令人惊艳。在互联网上只要输入"画笔下载"、"画笔素材"或"Photoshop画笔"等关键字，就可以搜索到很多网站，这些网站提供了许多可供下载使用的原创画笔，有些画笔甚至是免费的。

　　在下载了画笔后，您会发现这些画笔文件的后缀名是.abr，用户可以按照下面的步骤将它载入Photoshop中使用。

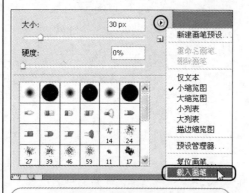

　　单击"工具"面板中的"画笔工具"按钮，在选项栏中打开画笔选取器，单击选项按钮，从弹出菜单中选择"载入画笔"命令。

　　选取要载入的画笔文件后单击"载入"按钮。

　　在选项栏中打开画笔选取器后即可发现出现了许多新的画笔。

　　载入之后即可在作品上使用新的画笔了。

　　下面推荐几个不错的画笔下载的网站，读者可以视需求到这些网站下载。

http://fbrushes.com/

http://qbrushes.net/

http://www.brusheezy.com/

http://www.photoshopfreebrushes.com/

http://abduzeedo.com/

http://mouritsada-stock.deviantart.com/

本章重点整理

（1）Photoshop可以使用 ⤴ "吸管工具"、"颜色"面板、"色板"面板或"拾色器"面板来指定新的前景色或背景色。默认的"前景色"是黑色，"背景色"则是白色。

（2）在"拾色器"面板中选取颜色后，它会同时显示HSB、RGB、Lab、CMYK及十六进制数值，这对用不同颜色模式查看软件如何描述颜色很有用。

（3） ▦ "渐变工具"默认的填色方式是搭配使用前景色与背景色。另外，还可以在多种颜色之间建立渐变混合以及快速套用各种特殊的渐变样式，例如，光谱、粉蜡笔、金属、彩虹等。

（4） ⬥ "油漆桶工具"是以前景色与图案作为填色的内容，将颜色填入图像中数值相邻像素或选取的范围。

（5） ✏ "铅笔工具"和 ✒ "画笔工具"功能很相似，它们两最大的差异在于对象边缘的柔化度，铅笔工具适用于建立硬调的手绘线条。

（6）画笔文件的后缀名为.abr，用户可以将它载入Photoshop中使用。

（7）本章中常用的快捷键如下。

- D 键：将前景色、背景色恢复为默认值。
- X 键：对换前景色与背景色的设置。
- 若想修改画笔的大小，那么可以根据需求逐次按] 键进行放大或按 [键进行缩小。
- 若想设置"不透明度"，那么可以直接按 1 键～ 0 键，对应的修改值为10%～100%。

Chapter

9

向量绘图增添趣味

向 量绘图是图像处理中不可或缺的一个环节，
Photoshop提供了丰富的工具，使用这些工具，用户
可以绘制向量路径和向量形状，创作出更多有趣的作品。

● **我的iPhone自己画**

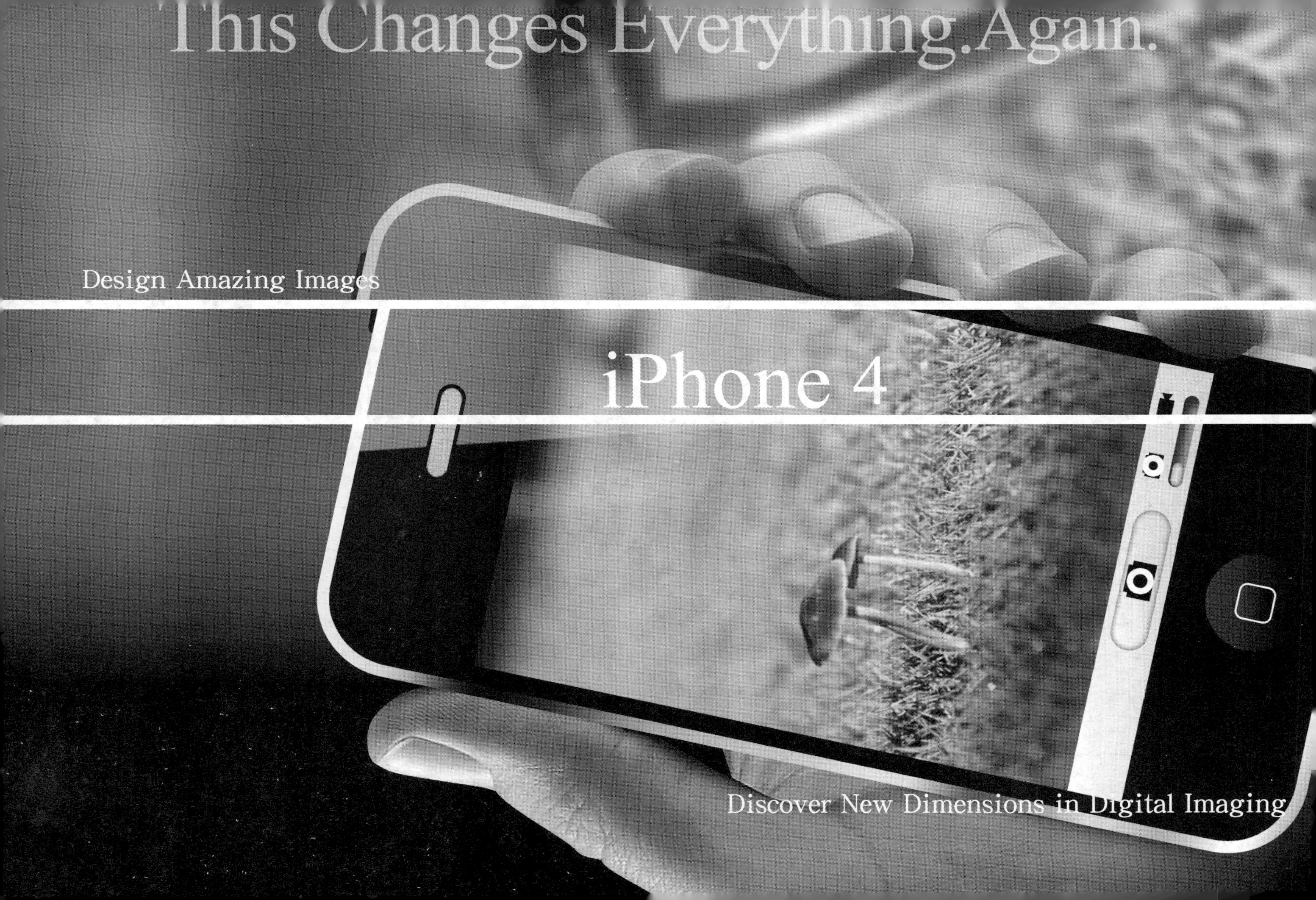

This Changes Everything. Again.

Design Amazing Images

iPhone 4

Discover New Dimensions in Digital Imaging

Design Idea

我的iPhone自己画

本章将先了解Photoshop向量绘图的原理，并熟悉使用的路径工具及形状工具，接着通过实际操作范例引导您绘制出逼真的电子产品。

▶ *Before*

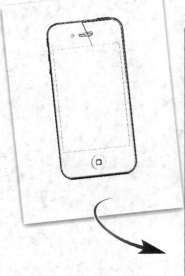

▶ *After*

学习难易： ★ ★ ★ ★ ☆

设计重点： 依参考图布置参考线，使用"路径工具"与"形状工具"绘制手机的外形，以及其他对象。并使用图层效果设置高级的渐变和效果，模拟出许多逼真的特效，完成作品。

作品分享： 随书光盘＜本书范例\ch09\完成文件\ex09A.psd＞

相关素材

　　\<ex09A.psd\>　　　　\<9-01.jpg\>

制作流程

❶ 加入参考线：
依参考图加入参考线

❷ 绘制手机外形和外框：
使用圆角矩形工具绘制手机外壳，并在加入
笔画效果时设置高级渐变填色，模拟出金属
外框

❸ 绘制屏幕及零件：
使用绘图工具绘制屏幕、手机按钮、镜头、
收音孔及刻痕，并依特性设置所属的图层
效果

❹ 使用智能对象作为屏幕底图：
置入智能对象作为屏幕底图，并使用剪贴蒙
版将其置入屏幕图层中

❺ 加入反射光线：
给手机机身加入镜面的反射光线

❻ 加入倒影及背景：
将图层合并成为新的图像，制作成手机对象
倒影，并加入渐变背景

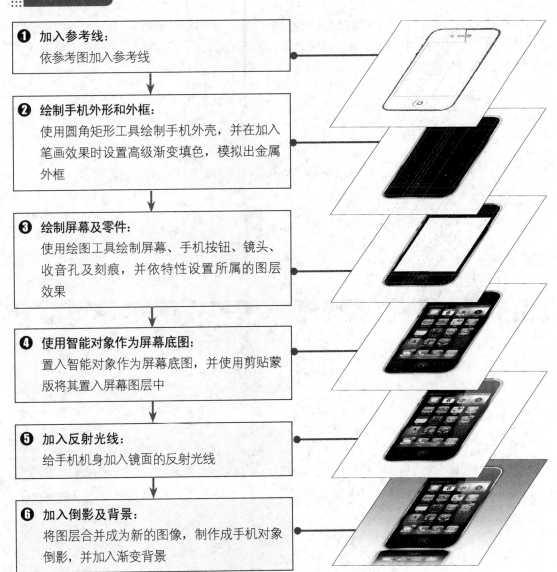

9-1 了解形状和路径

在进行向量绘图时，最重要的是建立形状和路径。因此，在开始绘图前先来了解什么是形状和路径。

认识形状和路径

在Photoshop中，所谓的形状就是使用"形状工具"或"钢笔工具"绘制的直线和曲线所构成的向量图。形状的大小和分辨率无关，所以在调整大小或改变比例时，形状的边缘也能保持清晰。

路径的功能是用来记录形状的外框，也就是说形状是由路径组成的，用户只要编辑了路径的锚点，就可以轻松地改变形状。路径的用途却不止如此，它可以转变为选区，或以颜色填满和绘制笔画的外框。

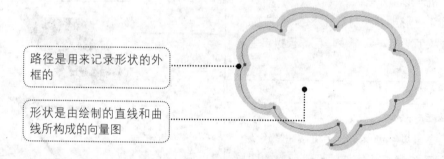

路径是用来记录形状的外框的

形状是由绘制的直线和曲线所构成的向量图

关于向量绘图的工具组

在Photoshop中进行向量绘图必须使用"工具"面板上的"形状工具"组或"钢笔工具"组。

1. "钢笔工具"组包含了"钢笔工具"、"自由钢笔工具"、"添加锚点工具"、"删除锚点工具"及"转换点工具"。"钢笔工具"组可以绘制各种曲线和直线路径，常用来精确描绘图像以产生去背的选区，是手绘图形工具。

2. "形状工具"组包含了"矩形工具"、"圆角矩形工具"、"椭圆工具"、"多边形工具"、"直线工具"和"自定形状工具"，使用这些工具可以快速拖曳出各种几何形状的路径。

3. "路径编辑工具"组包括"路径选择工具"和"直接选择工具"，使用这些工具可以调整绘制的向量路径。

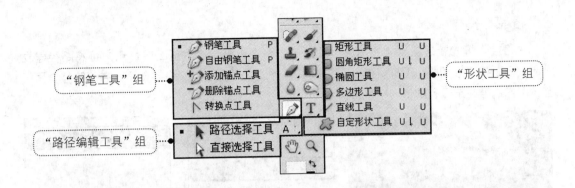

认识向量绘图选项栏

单击"工具"面板中的"钢笔工具"按钮，在选项栏中可看到如下所示的选项。

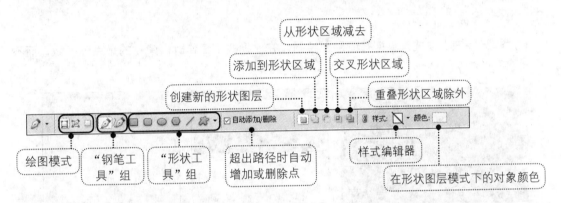

向量绘图的绘图模式

在使用"工具"面板上的"形状工具"组或"钢笔工具"组进行绘制时，可以以"形状图层"、"路径"或"填充像素"3种不同的模式来设计。

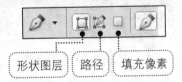

形状图层　路径　填充像素

1."形状图层"模式

在"形状图层"模式下绘制对象时，Photoshop会自动在"图层"面板中为每一个对象建立一个专属的形状图层，可以对这个模式下所设计出来的对象进行选取、移动、重新调整大小、更改颜色及对齐等操作，同时，Photoshop也会自动将绘制的路径显示在"路径"面板上。

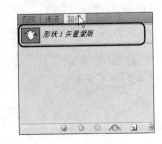

2. "路径" 模式

"路径" 模式就是在当前的图层上绘制工作路径而不会产生新图层，用户可将路径建立成选区，以建立成点阵化图样，进行填色或其他用途。这个绘制的路径会显示在 "路径" 面板上，工作路径在未保存的情形下是暂时的

  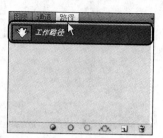

3. "填充像素" 模式

"填充像素" 模式是直接在图层上绘画。在此模式下工作时，建立的是点阵图像，而不是向量图形。

  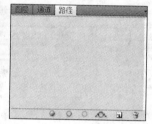

9-2 使用 "钢笔工具"

学会使用 "钢笔工具"，可以说是向量绘图的第一课。下面将练习使用 "钢笔工具" 绘制直线、曲线并进行编修操作。

显示标尺和网格

使用 "钢笔工具" 进行绘制要先从最简单的直线路径着手，只要建立两个锚点，即可完成一直线。先新建一个文件（"宽度" 和 "高度" 均为400像素，"分辨率" 为72像素/英寸，"背景内容" 为白色），如果是初次使用 "钢笔工具"，则建议在作业窗口显示标尺和网格，以便创建锚点。

1.选择 "编辑" | "首选项" | "参考线、网格和切片" 菜单命令，设置合适的网格选项

在对话框中设置网格线间隔和子网格，并在色块上单击鼠标左键，设置合适的网格颜色，最后单击"确定"按钮。

2.设置完毕后，窗口将显示网格

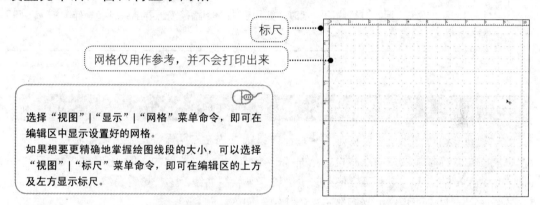

标尺

网格仅用作参考，并不会打印出来

选择"视图"|"显示"|"网格"菜单命令，即可在编辑区中显示设置好的网格。
如果想要更精确地掌握绘图线段的大小，可以选择"视图"|"标尺"菜单命令，即可在编辑区的上方及左方显示标尺。

使用"钢笔工具"绘制直线

连接两个锚点即成一条直线，若有三条或三条以上直线，即可画出一个区域。单击"工具"面板中的"钢笔工具"按钮，如下绘制直线。

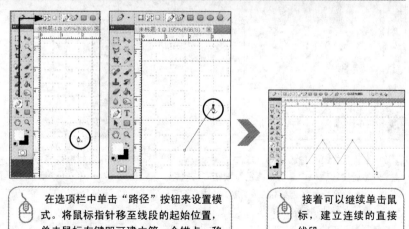

在选项栏中单击"路径"按钮来设置模式。将鼠标指针移至线段的起始位置，单击鼠标左键即可建立第一个锚点；移至第二个锚点位置单击鼠标左键即完成线段的建立。

接着可以继续单击鼠标，建立连续的直接线段。

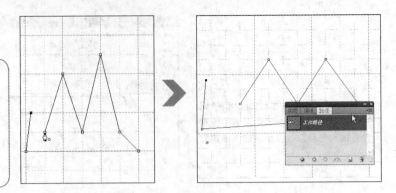

如果要封闭此路径，结束绘制，则将鼠标指针移至第一个锚点，当指针旁出现一个小圆圈时单击鼠标左键，即可封闭路径。绘制完成后，路径会自动显示在"路径"面板中。

提 示 ▶ 结束绘制操作

　　在使用"钢笔工具"进行线段绘制时，如果在未封闭路径前想要结束绘制操作，按 Esc 键即可结束绘制。

使用"钢笔工具"绘制曲线

　　绘制曲线时可根据变化方向加入锚点，曲线锚点的左右两端会产生弧度控制点，只要在加入锚点的同时拖移弧度控制点即可调整曲线的弧度。另外，不要为了绘制曲线弧度而在相邻的地方创建太多的锚点，应尽可能使用较少的锚点来绘制曲线，这样更容易编辑和控制。

　　单击"工具"面板中的"钢笔工具"按钮，如下绘制曲线。

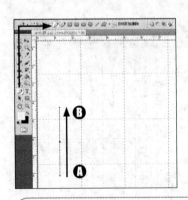

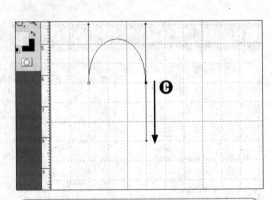

 单击"工具"面板中的"钢笔工具"按钮，然后在选项栏中单击"路径"按钮。将鼠标指针移至曲线的起始位置▲点，按住左键不放往上移动到❸点处再松开鼠标。

将鼠标移至❻点处，按住鼠标左键不放往下移动，调整出合适的曲线弧度后松开鼠标。

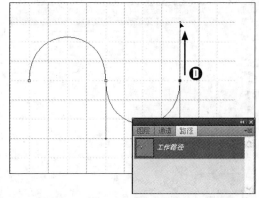

移至第三个锚点位置 **①**，按住鼠标左键不放往上拖曳，调整出合适的曲线弧度后放开。最后按 Esc 键即结束绘制。绘制后，路径会自动显示在"路径"面板中。

继续编辑已结束绘制的线段

　　使用钢笔工具绘制直线或曲线，在未封闭路径前可以按 Esc 键结束编辑。如果想要继续进行编辑，可以使用下述方法。

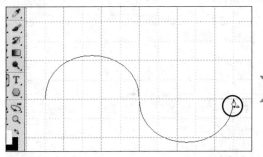

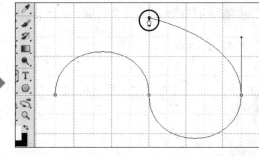

单击"工具"面板中的"钢笔工具"按钮，将鼠标指针移至已结束编辑的曲线结束锚点上，此时鼠标指针会显示一个连接符号。

在该锚点上单击鼠标左键，即可拖曳出线条继续进行编辑。

9-3 使用"形状工具"

　　"形状工具"与"钢笔工具"在选项设置及绘制编修上极为相似，它的方便之处是不需要使用直线、曲线去完成整个形状，而是直接可以拖曳出许多形状。

选用"形状工具"

　　当单击"工具"面板中"形状工具"组里的任一个按钮时，选项栏就会显示相关的设置。通过仔细观察可以发现，其实在选项栏中也可以切换到其他的形状工具，这些形状工具和"工具"面板中提供的形状工具一模一样。

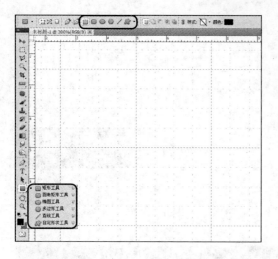

单击"工具"面板中的"矩形工具"按钮不放，即显示所有的形状工具，这里的工具与选项栏中的工具按钮是一样的，所以有时直接使用选项栏中的工具按钮来切换绘图工具会较为方便。

使用"形状工具"绘制路径

"形状工具"组中的工具所绘制的图形大多有固定形状，在设置选项上几乎都大同小异，所以学习时往往都可以触类旁通，下面新建一个文件以进行相关的练习。

1.矩形工具

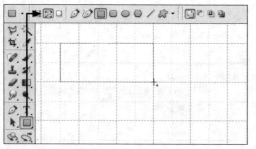

单击"工具"面板中的"矩形工具"按钮，在选项栏中单击"路径"按钮，即可使用鼠标在编辑区拖曳出一个矩形。

如果要绘制正方形的形状，则在拖曳时按住 Shift 键不放。

2.圆角矩形工具

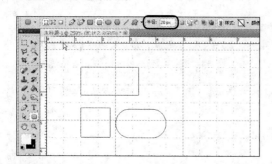

单击"工具"面板中的"圆角矩形工具"按钮，并在选项栏中设置半径，即可使用鼠标在编辑区拖曳出一个圆角矩形。

3.椭圆工具

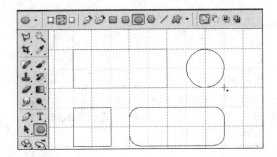

 单击"工具"面板中的"椭圆工具"按钮，即可使用鼠标在编辑区拖曳出一个椭圆。如果要绘制正圆形，则在拖曳时按住 Shift 键不放。

4.多边形工具

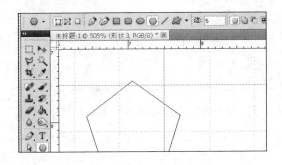

 单击"工具"面板中的"多边形工具"按钮，并在选项栏中设置边数后即可使用鼠标在编辑区拖曳出一个多边形。

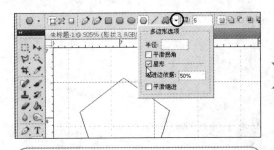

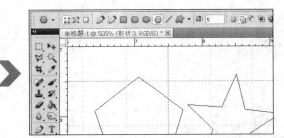

 除了能绘制出多边形，该工具还能绘制星形，在选项栏中单击"几何选项"按钮，再勾选"星形"复选框。

 设置完成后，在编辑区拖曳即可出现一个星形。

5.直线工具

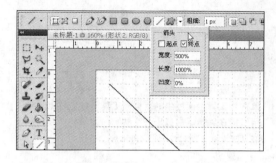

单击"工具"面板中的"直线工具"按钮，即可拖曳出直线。较特别的是，在选项栏中单击"几何选项"按钮，再勾选"起点"或"终点"复选框，就可以为直线添加箭头。

6.自定形状工具

"自定形状工具"可以用来拖曳出更为特殊的形状，例如，一般常用的箭头、边框等，这些都可以在预设的自定形状中找到。

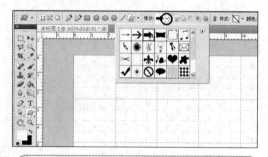

单击"工具"面板中的"自定形状工具"按钮，在选项栏中单击"几何选项"按钮，即可看到许多预设的自定形状，选取一个自定的箭头形状。

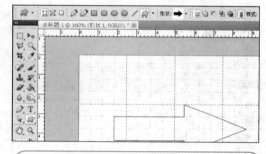

回到编辑区即可拖曳出箭头的自定形状。

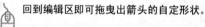

"自定形状工具"预设了许多分类，可以切换使用。

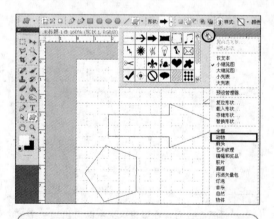

在选项栏中单击"形状"选项后的下拉三角形按钮后，再单击选项按钮，即可看到不同的分类，选取其中一项分类后，弹出一个提示对话框，单击"确定"按钮替换当前的形状。

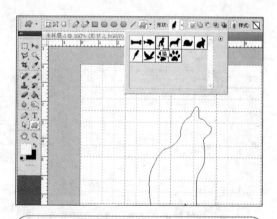

在选项栏中单击"形状"选项后的下拉三角形按钮后即可看到新的自定形状，选取其中一个自定形状，即可在编辑区拖曳出该自定形状。

9-4　使用路径编修工具

第一次绘制路径时，作品难免不尽如人意，可能弧度太大、锚点位置歪，或想将曲线路径改成直线路径等许多问题，下面一起来看看如何编修绘制后的路径。

移动路径

在绘制好形状后，在"路径"面板中选择绘制的工作路径后，该路径就会显示在编辑区。下面将讲解如何移动及放大/缩小路径。

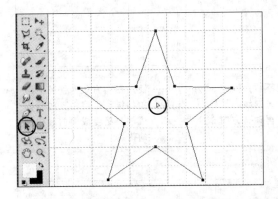

单击"工具"面板中的"路径选择工具"按钮，在路径或路径围成的区域上按住鼠标左键不放并移动，即可移动当前路径的位置。

放大缩小路径

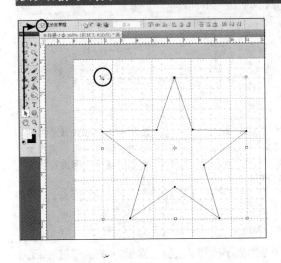

单击"工具"面板中的"路径选择工具"按钮，在选项栏中勾选"显示定界框"复选框，选取路径后其区域会显示定界框，此时即可拖曳方框的控制点来放大或缩小路径，最后按 Enter 键确认图形的放大或缩小。

> **提 示　以等比例放大或缩小路径**
>
> 若想要以等比例放大或缩小路径或形状，可以按住 Shift 键不放并拖曳方框上的控制点，即可等比例调整。

直线/曲线路径的转换

　　单击"工具"面板中的"转换点工具"按钮，接着在直线路径的锚点上按住并拖曳，直线路径会直接变成可调整弧度的曲线路径。同样，如果要将曲线路径转换成直线路径，再在曲线路径的锚点上按住并拖曳即可。

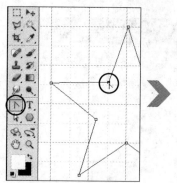
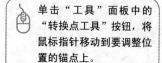
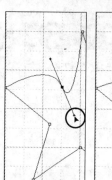
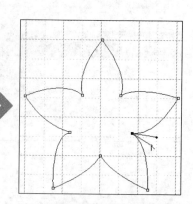

单击"工具"面板中的"转换点工具"按钮，将鼠标指针移动到要调整位置的锚点上。

按住鼠标左键不放，拖曳时会出现两条方向线，松开鼠标后可以再调整方向线的方向。

使用相同方式调整其他相关的锚点，将由直线所构成的星星变成由曲线构成的花朵。

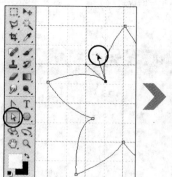
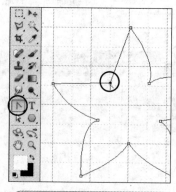
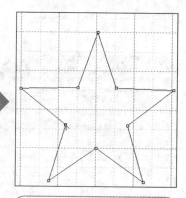

如果要调整已经更改的曲线锚点，则单击"工具"面板中的"直接选取工具"按钮，再进行操作。

如果要将曲线的锚点变回直线，则单击"工具"面板中的"转换点工具"按钮，再单击该锚点即转换完毕。

使用相同的方式调整其他相关的锚点，将由曲线所构成的花朵变回由直线构成的星星。

提 示　改变线段的绘制方式

　　在使用"钢笔工具"进行线段绘制的过程中，如果不想到"工具"面板中单击"转换点工具"按钮再进行锚点转换操作时，可以直接按住 Alt 键不放，再将鼠标指针移至锚点上，会发现所选工具已快速切换为"转换点工具"，这时就可以改变线段的绘制方法。

新增或删除锚点及调整路径

　　在编辑完路径后，最常进行的操作就是新增或删除锚点，从而进行路径的调整。如果在使用"钢笔工具"时，在选项栏中勾选"自动添加/删除"复选框，那么可以直接使用"钢笔工具"添加或删除锚点，而不一定要使用"工具"面板上的"添加锚点工具"和"删除锚点工具"按钮。

　　先单击"工具"面板中的"直接选择工具"按钮，然后在路径对象上单击，选取路径后再按照以下步骤进行练习。

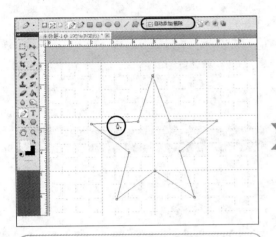

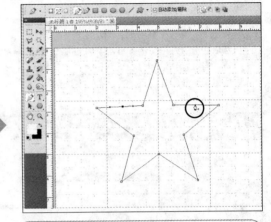

单击"工具"面板中的"钢笔工具"按钮，然后在选项栏中勾选"自动添加/删除"复选框，当鼠标移动到空白的路径上时，指针旁会出现一个加号。

单击鼠标左键即会新增一个锚点，使用相同的方法在另一边也新增一个锚点。

　　若要移动已有的锚点或调整弧度，可以单击"工具"面板中的"直接选择工具"按钮，然后直接选择要修改的锚点移动，或按住锚点两端的方向拖曳也可调整曲线的弧度。

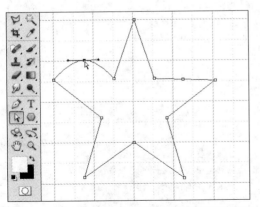

单击"工具"面板上的"直接选择工具"按钮后，即可以使用鼠标直接拖曳要调整的锚点。

拖曳锚点两端的方向线也可调整弧度，使用相同的方法移动另一边的锚点位置。

在选项栏中勾选"自动添加/删除"复选框后，可以直接使用"钢笔工具"进行锚点的删除操作，而不一定要使用"工具"面板中的"删除锚点工具"按钮。

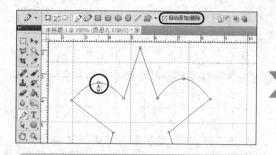 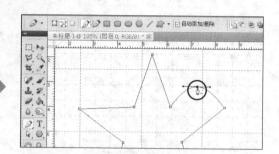

 单击"工具"面板中的"钢笔工具"按钮，然后在选项栏中勾选"自动添加/删除"复选框，当鼠标移动到空白的路径上时，指针旁会出现一个减号。

单击鼠标左键即会删除该锚点，使用相同的方法删除另一边的锚点。

组合路径或形状

在许多情形下需要将多个路径或形状进行并集、交集来组合使用，这样才能达到所需的效果，下面就来讲解这些操作的使用方法。

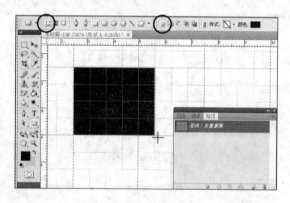

单击"工具"面板中的"矩形工具"按钮，在选项栏中单击"形状图层"模式按钮，并单击"创建新的形状图层"按钮，然后在编辑区拖曳出一个矩形方块。

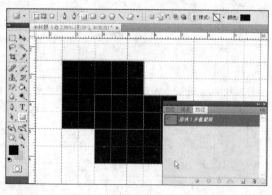

在选项栏中单击"添加到形状区域"按钮，在编辑区拖曳出另一个矩形方块，此时该方块会与刚才绘制的矩形方块合二为一。在"路径"面板中可明显看到形状路径的改变。

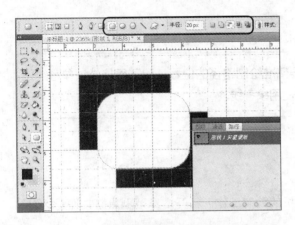

在选项栏中单击"圆角矩形工具"按钮,将"半径"设置为20px,再单击"从形状区域减去"按钮,在刚才绘制的路径上拖曳出一个新的圆角矩形,此时显示的路径为原形状区域减去与新圆角矩形交叠的区域。

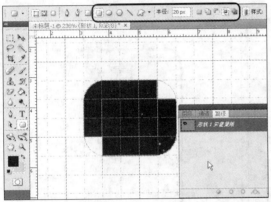

按 Ctrl + Z 组合键返回到上一步,在选项栏中单击"交叉形状区域"按钮,在原路径上拖曳出另一个新的圆角矩形,此时会留下原形状区域与新圆角矩形交叠的区域。

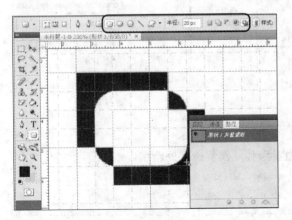

按 Ctrl + Z 组合键返回到上一步,在选项栏中单击"重叠形状区域除外"按钮,在原路径上拖曳出另一个新的圆角矩形,此时会留下原形状区域与新圆角矩形不相交叠的区域。

提示▶ 显示/隐藏网格和参考线

如果要快速隐藏网格,可以按 Ctrl + ' 组合键;要显示网络,只要再按一次即可。

如果要快速隐藏参考线,可以按 Ctrl + ; 组合键;要显示参考线,只要再按一次即可。

9-5 使用参考线

在绘制向量形状时，很多时候需要精准绘制路径的位置。除了网格外，参考线是最常使用的辅助工具，下面将讲解如何使用参考线。

STEP 01 显示标尺

这个范例将先布置参考线，然后开始进行手机的绘制工作。打开本章范例原始文件<ex09A. psd>练习，首先要显示标尺，新增参考线。

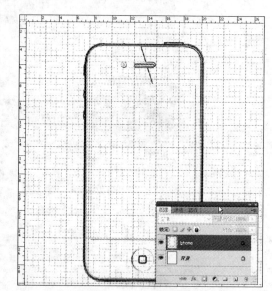

该文件有两个图层，除了默认的"背景"图层外，另一个是手机的线稿图，现在按照此线稿图在编辑区加上参考线，这样绘制时可以更加精准。

在使用参考线时必须显示标尺，选择"视图"|"标尺"菜单命令，即可在编辑区的上方及左方显示标尺。

STEP 02 拖曳参考线

参考线有垂直参考线和水平参考线两种，垂直参考线从左侧标尺处新增，水平参考线从上方标尺处新增。

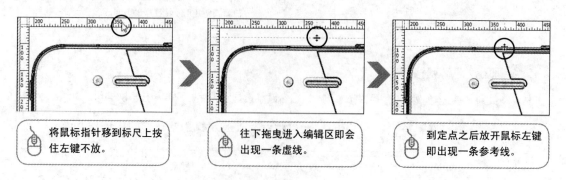

将鼠标指针移到标尺上按住左键不放。

往下拖曳进入编辑区即会出现一条虚线。

到定点之后放开鼠标左键即出现一条参考线。

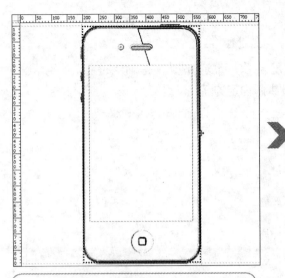

拖曳两条水平参考线和两条垂直参考线以便对齐整个手机外形。

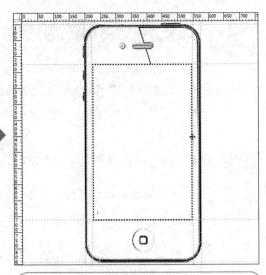

再拖曳两条水平参考线和两条垂直参考线以便对齐手机的屏幕区域。

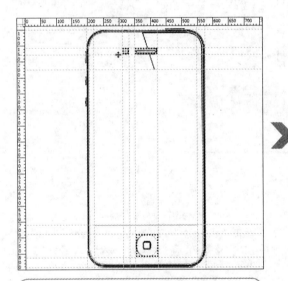

继续拖曳参考线将上方的镜头、音孔以及下方的Home按钮框起来。

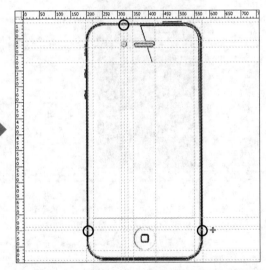

因为这个手机的上方和下方都有特殊的刻痕，所以再拖曳参考线对准这些刻痕处。

提 示 ▶ 参考线的移动或删除

若要移动参考线，只要将鼠标指针移动到该参考线上，鼠标指针呈⊹状即可按住鼠标左键不放进行拖曳。

如果要删除参考线，只要将该参考线拖曳到所属的标尺处再松开鼠标左键即可。

9-6 设置高级渐变

在Photoshop的填色方式中，渐变是经常使用的方法。一般填色时都是使用两种颜色或预设的配色进行颜色渐变，这里要讲解自定的渐变设置。

STEP 01 绘制手机外形并设置渐变外框

先在"工具"面板中将"前景色"设置为"黑"，"背景色"为"白"，再使用"形状工具"组绘制手机的外形，并设置效果以进行外框的绘制。

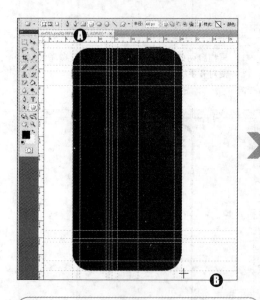

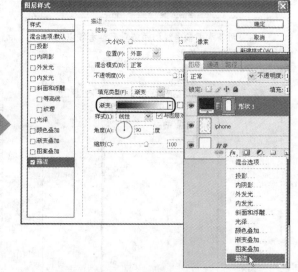

单击"工具"面板中的"圆角矩形工具"按钮，在选项栏中单击"形状图层"按钮，"半径"设置为60px，依参考线由 **A** 至 **B** 绘制手机外形。

在"图层"面板中选取刚新增的图层，然后在下方单击"添加图层样式"按钮，从弹出菜单中选择"描边"命令，将"填充类型"设置为"渐变"，单击"渐变"选项的色块，进入颜色设置。

在"色标"上双击鼠标左键，弹出"选择色标颜色："对话框，在此设置新增的颜色。

在"选择色标颜色："对话框中，除了可以在左方的色块中选择合适的颜色外，还可以在右方以输入数值的方式来设置。这里使用十六进制数值，输入ffffff后，再单击"确定"按钮。

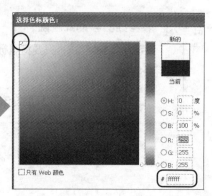

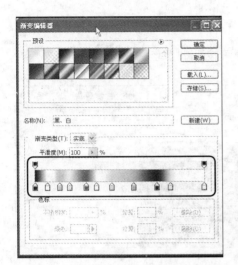

这里以相同的方式加入其他的颜色，最后单击"确定"按钮完成设置，如左图所示。这里提供从左到右的11种颜色的十六进制色码供读者参考：

#000000-#ffffff-#bdb9b9-#e7e0e0-#595858-#eee8e8-#d6d2d2-#aaa6a6-#121212-#e1dede-#ffffff。

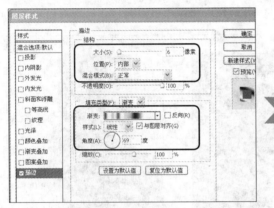

回到"图层样式"对话框，如上图所示，完成"结构"选项组和"填充类型"选项组的设置。

单击左侧的"投影"选项，如上图所示，完成"结构"选项组的设置后单击"确定"按钮。

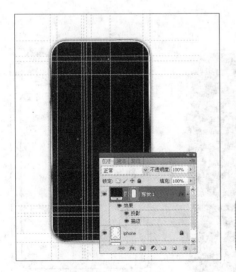

回到编辑区后，可发现添加的两个图层样式效果为整个手机加上了银色的外框以及阴影，手机更加逼真了。

STEP 02 绘制手机按钮及刻痕

同样，使用"形状工具"组绘制手机的按钮及刻痕。（可按 Ctrl + ; 组合键显示或隐藏参考线以便绘制按钮）

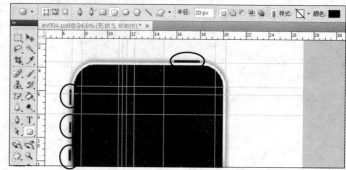

单击"工具"面板中的"圆角矩形工具"按钮，在选项栏中单击"形状图层"按钮，设置"半径"为20px，"样式"为"默认样式（无）"，"颜色"为"黑色"，先后绘制4个手机按钮。

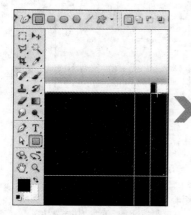

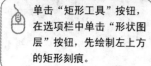

单击"矩形工具"按钮，在选项栏中单击"形状图层"按钮，先绘制左上方的矩形刻痕。

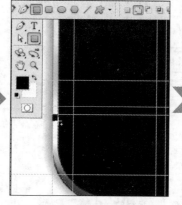

再绘制左下方的矩形刻痕。

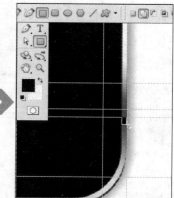

再绘制右下方的矩形刻痕。

完成所有的绘制后，如右图所示，调整图层的名称及顺序，以方便管理。

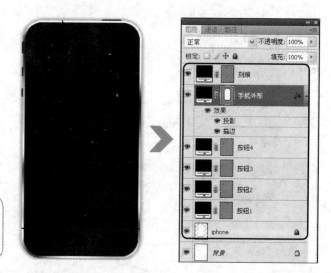

9-7 设置高级图层样式

以形状图层进行绘制，可以搭配图层样式，这样绘制出来的作品更加逼真。除了刚才使用的描边样式外，还有许多其他样式可供使用。

STEP 01 绘制手机屏幕及Home按钮

使用"形状工具"组绘制手机的屏幕和按钮。

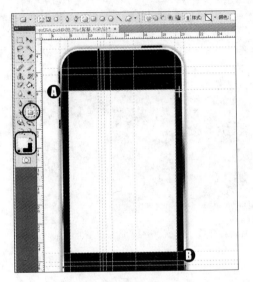

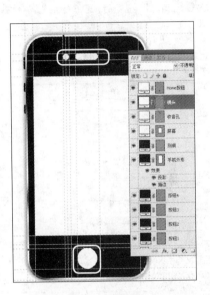

单击"工具"面板中的"矩形工具"按钮，将"前景色"设置为"白色"，由 **A** 点拖曳至 **B** 点，绘制手机的屏幕。

使用"工具"面板中的"椭圆工具"按钮和"圆角矩形工具"按钮分别绘制手机的收音孔、镜头和Home按钮。

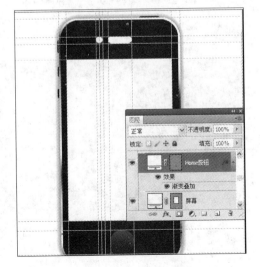

在"图层"面板中选择"Home按钮"图层，添加"渐变叠加"图层样式，将渐变的颜色设置为#000000～#3d3c3c，"样式"设置为"线性"，"角度"为90度，最后单击"确定"按钮。

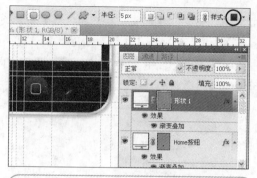

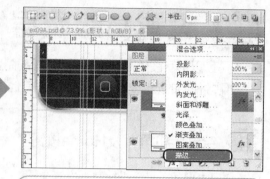

单击"工具"面板中的"圆角矩形工具"按钮，在选项栏中单击"形状图层"按钮，"半径"设置为5px，保持刚才设置的"渐变叠加"图层样式，在Home按钮中间的位置绘制一个圆角矩形。

在"图层"面板中选择刚才绘制的圆角矩形图层，再添加"描边"效果。

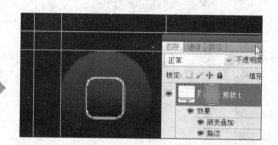

在"图层样式"对话框中，如上图所示设置描边的大小、位置，并设置"颜色"为"白色"，最后单击"确定"按钮。

如此即完成Home按钮中的圆角矩形的绘制。

注 意 ▶ 样式沿用的问题

在使用"形状工具"组进行绘制时，常要在图层上设置效果，但是设置完后，该效果会被记录起来，在绘制不同的形状时会被沿用，所以如果不想沿用，那么要记得在选项栏中除去样式。

STEP 02 设置镜头的效果

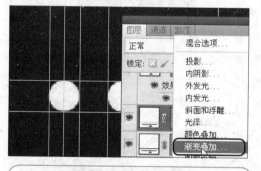

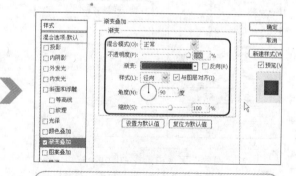

在"图层"面板中选择"镜头"图层，先添加"渐变叠加"图层样式。

将渐变的颜色设置为#3d3c3c～#000000，"样式"设置为"径向"，"角度"为90度。

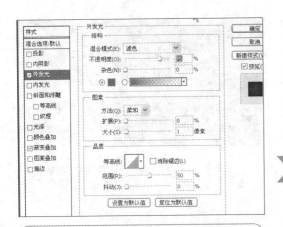

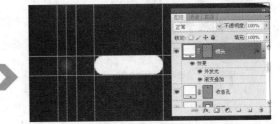

单击左侧的"外发光"选项，然后设置"混合模式"为"滤色"，"不透明度"为75%，"颜色"为#55646c，"大小"为1像素，最后单击"确定"按钮。

如此即完成镜头外发光的效果设置。

STEP 03　设置收音孔的效果

收音孔除了绘制外框外，内部还要填入材质，这样看起来才更逼真。

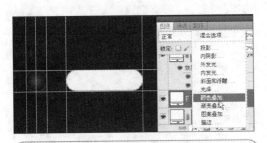

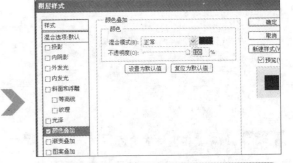

选择"收音孔"图层，添加"颜色叠加"样式。

将"混合模式"设置为"正常"，"颜色"为"黑色"，单击"确定"按钮。

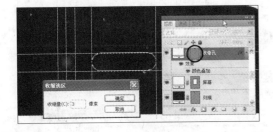

接着要为收音孔填入材质，不过，这里并不是要完全填满，而是要将填入的范围往里缩，这样收音孔范围与填入的材质间才会有框线的感觉。

按住 Ctrl 键不放，单击"收音孔"图层中的蒙版，选区就会显示出来，接着选择"选择"|"修改"|"收缩"菜单命令，弹出"收缩选区"对话框，将"收缩量"设置为3像素，单击"确定"按钮。

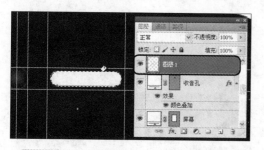

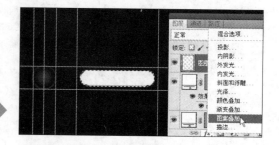

先新建一个图层，再单击"工具"面板中的
"油漆桶工具"按钮，在选区中填入前景色。

选取新增的图层，添加"图案叠加"样式。

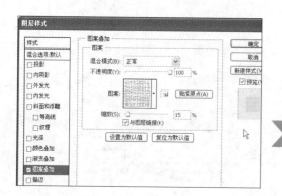

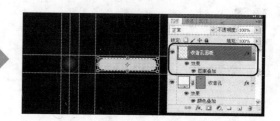

在对话框中设置"图案"为"网纱"，"缩
放"为15%，然后单击"确定"按钮。

回到画面后即完成收音孔的绘制，修改新图
层名称以方便管理。

注 意 取得更多图样的方法

在设置图案时，如果找不到合适的
选项，可以在列表中单击选项按钮，从弹
出菜单中寻找合适的类别来使用。例如，
当前范例要使用的"纱布"图案为艺术表
面类，从弹出菜单中选择完毕后单击"确
定"按钮替换当前的图案，即可找到适合
使用的图案。

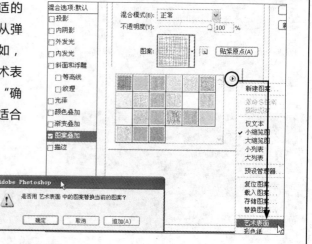

9-8 置入外部图片并设置剪贴蒙版

在绘制形状的过程中，由外部插入图片，并整合到形状中，这些操作在图像设计时是经常要用到的。这里将介绍如何置入外部图片，以及如何在作品设计过程中使用裁贴蒙版。

STEP 01 置入外部图片

选择"屏幕"图层，然后选择"文件"|"置入"菜单命令，在弹出的"置入"对话框中选择<9-01.jpg>，将其插入到作品中。

调整图片大小（图片要比白色屏幕区域大些，不能比其小）及位置后，按 Enter 键完成置入，此时该图片会自动成为一个图层内的智能对象。

STEP 02 设置剪切

将鼠标移至智能对象与"屏幕"图层中间的边线上按住 Alt 键不放，会呈现两个重叠的圆形。

单击鼠标左键，即可建立剪贴蒙版，将置入的外部图片放入屏幕形状文件中。

9-9 模拟镜面折射光线

这里将先在选区内填入渐变颜色，然后再在删除部分区域后设置图层的透明度，这样就能制作出镜面折射光线的效果。

STEP 01 设置选区并填入渐变颜色

按住 Ctrl 键不放，单击"手机外形"图层中的蒙版，这样在编辑区就能显示选区。再选择"选择"|"修改"|"收缩"菜单命令，将"收缩量"设置为5像素，单击"确定"按钮。

新建一个图层，并命名为"反射光线"，将"前景色"设置为"白色"，单击"工具"面板中的"渐变工具"按钮，在选项栏中将渐变颜色设置为"前景色到透明渐变"，其他选项如图设置，接着在选区中填入渐变颜色。

STEP 02 设置反射光线区域

单击"工具"面板中的"多边形套索工具"按钮，如上图所示，绘制一个多边形选区，按 Delete 键删除后，按 Ctrl + D 组合键取消选区的选择。将"反射光线"图层的"不透明度"设置为50%，让人产生有光线透过的感觉。

将"收音孔面板"和"收音孔"图层移到最上层，因为这两个图层中的对象是不会反光的。

9-10 模拟对象反射倒影

在用Photoshop进行作品制作的过程中常会使用相当多的图层，此时可以使用组文件夹来管理，也可以将图层合并为单一图像来使用，反射倒影就是其中一种。

STEP 01 将图层合并为单一图像

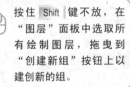

按住 Shift 键不放，在"图层"面板中选取所有绘制图层，拖曳到"创建新组"按钮上以建创新的组。

在"图层"面板中选择新建的组后，按 Ctrl + Alt + E 组合键即可将该组中的图层合并成单一图像，新图像放置在一个新图层中，原组图层保持不变。

将该图层移至"iPhone管理"组图层之下后重命名。

STEP 02 制作物件的反射倒影

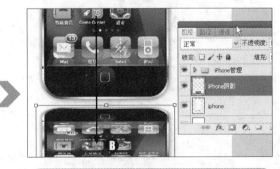

单击"工具"面板中的"移动工具"按钮，在选项栏中勾选"自动选择"和"显示变换控件"复选框，选择"图层"选项，然后单击"iPhone阴影"图层。

按住上方中间的变形控制点，从Ⓐ点往下拖曳至编辑区外的Ⓑ点，形成有点压扁的倒影影像，最后按 Enter 键确认变形。

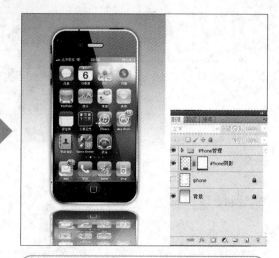

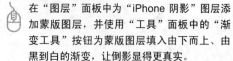

在"图层"面板中为"iPhone 阴影"图层添加蒙版图层，并使用"工具"面板中的"渐变工具"按钮为蒙版图层填入由下而上、由黑到白的渐变，让倒影显得更真实。

最后使用"工具"面板中的"渐变工具"按钮为"背景"图层填入由上而下、由深灰（#8e8e8e）到浅灰（#eeeeee）的渐变，即完成整个作品。

完成了整份"我的iPhone自己画"设计后将文件存储为<ex09A.psd>。通过本范例的介绍，相信读者对向量绘图的应用已经有很深的印象。

本章重点整理

（1）Photoshop中所谓的形状就是使用"形状工具"或"钢笔工具"绘制的直线和曲线所构成的向量图。形状的大小与分辨率无关，所以在调整大小或改变比例时，形状的边缘也都能够保持清晰。

（2）路径的功能是记录形状的外框，也就是说，形状是由路径所组成的，用户只要编辑路径的锚点，就可以轻松地变更形状。

（3）"钢笔工具"组包括"钢笔工具"、"自由钢笔工具"、"添加锚点工具"、"删除锚点工具"及"转换点工具"。钢笔工具组可以绘制各种曲线和直线的路径，常用来精确描绘图像以产生去背的选取区。

（4）"形状工具"组包括"矩形工具"、"圆角矩形工具"、"椭圆工具"、"多边形工具"、"直线工具"、"自定形状工具"，使用这些工具可以快速拖曳出各种几何形状的路径。

（5）"路径编辑工具"组包括"路径选择工具"及"直接选择工具"，这两个工具可以调整绘制的向量路径。

（6）向量绘图时，有"形状图层"、"路径"、"填充像素"3种不同模式。

（7）连接两个锚点即成一条直线，若有3条或3条以上直线即可画出一个区域。

（8）绘制曲线时可根据变化方向加入锚点，曲线锚点的左右两端会产生弧度控制点，只要在加入锚点的同时拖曳弧度控制点即可调整曲线的弧度。

（9）使用参考线时必须显示标尺，选择"视图"|"标尺"菜单命令，即可在编辑区的上方及左方显示标尺。参考线分为垂直与水平两种，垂直参考线从左侧标尺处新增，水平参考线从上方的标尺处新增。

（10）本章中常用的快捷键如下。

- Ctrl + ' 组合键：显示或隐藏网格。
- Ctrl + ; 组合键：显示或隐藏参考线。
- Ctrl + Shift + E 组合键：合并可见图层。
- Ctrl + Alt + E 组合键：将选取的图层合并成单一图像，并放置在一个新图层中，原图层保持不变。

Chapter 10

用滤镜创造不同特效

Photoshop的滤镜是图像处理的百宝箱，用户只要通过简单的设置，即可迅速增强图像的效果，模拟出各种各样的风格与画笔描边。

● **素描心中的梦想庄园**

Design Idea

素描心中的梦想庄园

本范例将使用多种不同的滤镜，并应用多个图层混合模式，让一般的风景图片变为真实画笔描边的素描。

▶ *After*

学习难易：★ ★ ★ ★ ☆

设计重点：搭配使用多个滤镜特效将图片先转换为彩色铅笔画，再使用滤镜特效和填色工具制作出有皱折的画纸，最后再使用图层混合模式来整合所有内容，完成作品设计。

作品分享：随书光盘＜本书范例\ch10\完成文件\ex10A.psd＞

相关素材

<10-01.jpg>　　　<10-02.jpg>

制作流程

❶ **制作素描线条效果：**
将背景复制两个新图层，最上层图层强调出线条，使用叠加混合模式与下图层合并出彩色铅笔画的效果

❷ **模拟纸张质感及艺术笔触：**
第二个图层套用"颗粒"滤镜，再使用智能滤镜套用"动感模糊"及"成角的线条"滤镜，增加艺术笔触的感觉

❸ **制作底图纸张：**
在底图上使用快速蒙版模式建立选区，并填入纸张颜色。使用图层特效添加投影并分离为投影，使其呈现立体感

❹ **加入纸张皱折：**
新增图层，使用"渐变工具"填入颜色后再设置"叠加混合"模式来制造皱折

❺ **结合图层，完成作品：**
将之前设计完成的彩色铅笔画与当前的图片结合，设置为纸张图层的剪贴蒙版。添加图层蒙版，将周围融入作品中，最后添加文字即完成整个作品

10-1 关于滤镜

Photoshop的滤镜是图像处理的百宝箱，用户只要通过简单的设置，即可为图像加上特效，呈现出不同的风格。

认识滤镜

无论是摄影后成品的暗房后制，还是对图像的效果加强，对高手或初学者来说都是一项麻烦且艰巨的工作。在实际的操作过程中，往往因为对功能不熟悉，使用户产生挫折感。有没有什么功能只需要进行简单的设置，就能马上预览结果，还能够套用多个不同的效果呢？

Photoshop最吸引人的一个特色就是各种各样的滤镜特效，只要通过一两个步骤的设置就可以轻松增强图像效果，模拟出各种各样的艺术、纹理、画笔描边以及扭曲变形等特效，使图像产生不同的气氛。

原始图

滤镜的设置

完成图

▲ Photoshop可以套用简单的滤镜为图像添加不同的效果。

滤镜功能表的使用

选择"滤镜"菜单命令，从弹出菜单中可以看到Photoshop所提供的各种滤镜。

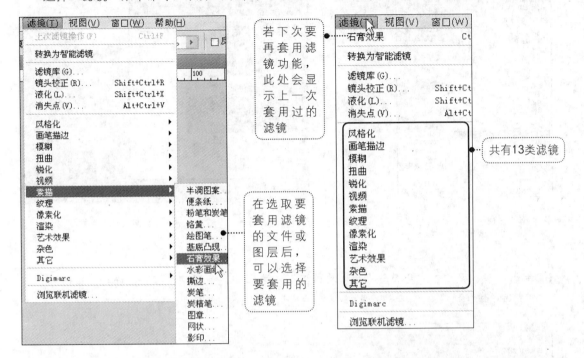

滤镜套用的方式

在Photoshop中套用滤镜时会有3种不同的设置过程，具体讲解如下。

❶ 单击某些滤镜功能时，该滤镜效果就立即套用到图像当中。

▲ 选择"滤镜"|"风格化"|"曝光过度"菜单命令，可将滤镜效果直接套用到图像上。

❷ 单击某些滤镜功能后会打开所属的对话框，在其中设置属性后就可以将该滤镜效果套用到图像中。

 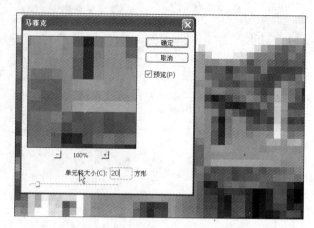

▲ 选择"滤镜"|"像素化"|"马赛克"菜单命令，在弹出的"马赛克"对话框中进行设置，单击"确定"按钮后，特效即被套用到图像上。

❸ 单击某些滤镜功能后会弹出"滤镜收藏馆"对话框，在此用户可以进行详细设置或添加多个不同的滤镜效果，并且进行预览，最后再套用到图像当中。

 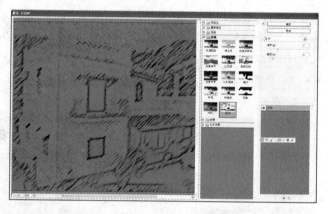

▲ 选择"滤镜"|"素描"|"影印"菜单命令，会弹出"滤镜收藏馆"对话框供用户设置，然后再套用到图像上。

　　虽然Photoshop提供了相当的多的滤镜功能，但是许多滤镜单独套用到图像时的效果并不是十分的理想，甚至会因为原始图内容的不同而得到反效果。所以一般在套用滤镜时会使用多个滤镜加以搭配，这样常会有意想不到的结果。如果要使用多个滤镜，能针对局部调整，又希望能够预览结果，建议用户多使用"滤镜收藏馆"来进行设置。

10-2　滤镜的套用

将一般的图片转变为画作是Photoshop滤镜特效的强项。在接下来的作品设计中将使用多个滤镜效果将图片变为彩色铅笔画。

STEP 01　复制"背景"图层

在本范例中，先复制两个图层，然后在各自的图层中设置不同的滤镜效果，再设置图层的混合模式，这就完成了作品设计。打开本章范例原始文件<10-01.jpg>，首先要将"背景"图层的图像复制两次成为两个新图层。

在"图层"面板中按住"背景"图层不放，拖曳至下方的 ▣ "创建新图层"按钮上再松开鼠标左键。

如此即在"背景"图层上方产生一个内容一样的新图层。
请使用相同的方法，再新建一个图层。

STEP 02 添加"查找边缘"滤镜

首先设置最上方的"背景 副本2"图层，使用"查找边缘"滤镜突出显示图像中的边缘，以模仿铅笔的画笔描边。

选择"背景 副本2"图层后，再选择"滤镜" | "风格化" | "查找边缘"菜单命令。

这个滤镜效果将直接套用在图像上，如右图所示：图片中的边缘因为滤镜的使用而加上了线条，非边缘处的颜色都淡了。

在"图层"面板中设置"混合模式"为"叠加"，此时该图层与下方的原图像图层叠加，不仅显示边缘的线段，而且图片中的对象也会显示原来的颜色。

STEP 03 加入"颗粒"滤镜

接着设置"背景 副本"图层，使用"颗粒"滤镜给图像添加纸张的质感。

先隐藏"背景 副本2"图层，然后选择"背景 副本"图层，选择"滤镜" | "纹理" | "颗粒"菜单命令。

滤镜分类选项

预览窗口

滤镜设置

使用滤镜列表

调整预览比例

新增/删除滤镜

在弹出的"滤镜收藏馆"对话框中进行设置，如上图所示，在设置好"强度"、"对比度"和"颗粒类型"后单击"确定"按钮进行套用。

完成滤镜套用后，整张图像上就有了颗粒的效果。

10-3 智能滤镜

智能滤镜可以保留原始图层的内容，并保存滤镜的设置值。对于经常要套用不同滤镜并进行调整的用户来说，这个是十分方便的功能。

若在图层上套用滤镜后关闭文件，那么下次打开该文件时是无法恢复图像的原始像素或查看滤镜的设置值的。智能滤镜可以在图层套用滤镜时保留每个滤镜的设置值，还不会破坏原始图像。用户可以在使用滤镜后，重新调整滤镜的设置，甚至删除某个滤镜。

STEP 01 添加智能滤镜

接着在"背景 副本"图层中再添加另外两个滤镜，为了以后能继续进行调整，首先要将这个图层转换成智能滤镜。

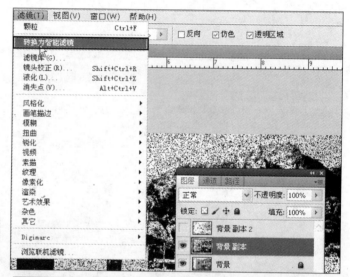

选择"背景 副本"图层后，再选择"滤镜"|"转换为智能滤镜"菜单命令。

会弹出一个提示对话框，单击"确定"按钮完成转换。

被选取图层的右下方会增加"智能滤镜"图标，此时添加滤镜时就会存储其设置值。

STEP 02 添加"动感模糊"和"成角的线条"滤镜

先选择"背景 副本"图层，然后依下述步骤进行操作。

选择"滤镜"|"模糊"|"动感模糊"菜单命令。

在弹出的"动感模糊"对话框中设置"角度"、"距离"，然后单击"确定"按钮。

在"背景 副本"图层下方会显示"智能滤镜"图层，套用的滤镜名称也会显示在下方。

继续选择"背景 副本"图层，再选择"滤镜"|"画笔描边"|"成角的线条"菜单命令。

313

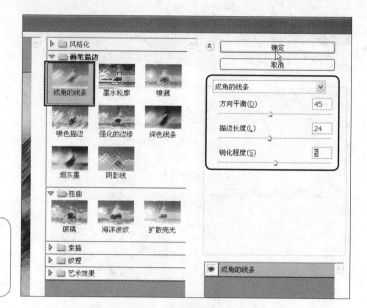

按右图设置"方向平衡"、"描边长度"和"锐化程度"，最后单击"确定"按钮进行套用。

第二个套用的滤镜名称也会显示在"智能滤镜"图层下方。

STEP 03 显示隐藏的图层并保存文件

显示隐藏的图层后保存文件。

单击"背景 副本2"图层前方的"指示图层可见性"图标，显示该图层内容，即完成这个作品，最后将文件另存为<10-01.psd>。

注意 **智能滤镜的调整**

智能滤镜的可贵之处在于添加的滤镜可以隐藏、调整，甚至可以删除。下面将通过实例来说明如何进行上述操作。

1. 显示/隐藏滤镜

单击"成角的线条"图层前的 👁 图示，可以显示或隐藏滤镜，设置的结果可直接在作品中显示出来。

2. 调整滤镜的设置

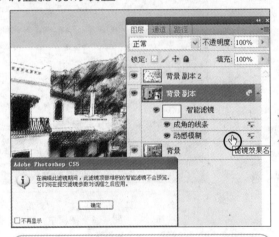

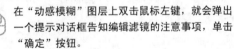

在"动感模糊"图层上双击鼠标左键，就会弹出一个提示对话框告知编辑滤镜的注意事项，单击"确定"按钮。

在弹出的"动感模糊"对话框中即可进行修改，完成修改后单击"确定"按钮。

3. 删除滤镜的设置

拖曳图层后面的 ⨍ "指示滤镜效果"图标到 🗑 "删除图层"按钮上松开鼠标，即可删除所有滤镜。
拖曳滤镜名称后面的 ⨍ 图标到 🗑 "删除图层"按钮上松开即可删除该滤镜的设置。

10-4 混合应用图层与滤镜

通过对图像进行滤镜特效和混合模式等设计，往往可以创造出许多令人惊喜的作品。

在Photoshop中制作合成作品或修复图片时，最常应用的功能就是图层和滤镜，下面就使用这两个功能来完成最后的作品，打开本章范例原始文件<10-02.jpg>练习。

STEP 01 绘制不规则边缘的纸张

按照下述步骤让纸张呈现出不规则边缘的效果。

在"图层"面板中单击"创建新图层"按钮，新建一个图层。

单击"工具"面板中的 ▣ "矩形选框工具"按钮，在"图层 1"图层中，由左上往右下拖曳出一个矩形选区。

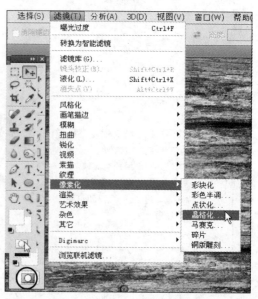

单击"工具"面板中的"以快速蒙版模式编辑"按钮，进入快速蒙版模式，选择"滤镜"|"像素化"|"晶格化"菜单命令。

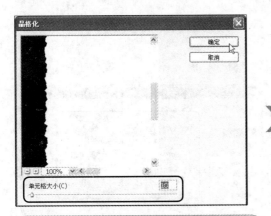

 在"晶格化"对话框中设置"单位格大小"选项后即可在预览窗口中看到边缘呈现不规则形状，然后单击"确定"按钮。

 回到图像中可以看到，快速蒙版的边缘呈现不规则形状。

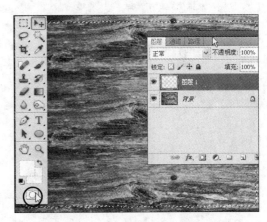

 选择"图层 1"图层，然后单击"工具"面板中的"以快速蒙版模式编辑"按钮退出快速蒙版模式，此时会发现选区边缘已经呈现不规则形状。

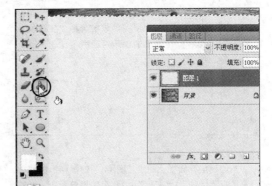

 在"工具"面板中将"前景色"设置为"浅灰色"，然后再单击"油漆桶工具"按钮，然后在选区中单击鼠标左键填入颜色。

STEP 02 制作纸张的立体投影

下面通过图层样式中的"投影"的设置，使纸张呈现立体感。

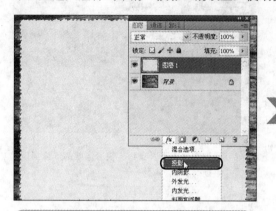

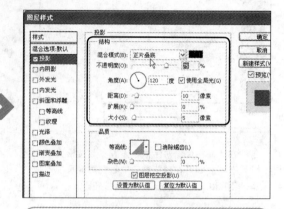

在"图层"面板中单击"添加图层样式"按钮，从弹出菜单中选择"投影"命令。

在"图层样式"对话框中勾选左侧的"投影"选项，如上图所示进行设置，最后单击"确定"按钮。

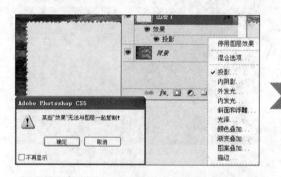

接着要将产生的效果分离，新建一个图层，在"图层 1"图层的"效果/投影"上单击鼠标右键，从弹出的快捷菜单中选择"创建图层"命令，在弹出的提示对话框中单击"确定"按钮。

在原图层下方新增一个以效果命名的图层。

单击"图层"面板上的"'图层1'的投影"图层后再选择"编辑"|"变换"|"变形"菜单命令，调整8个控制点，让整个投影的4个角落往外弯曲，如右图所示，最后在选项栏中单击最右侧的 ✓ "进行变换"按钮，让纸张呈现出浮凸的样子。

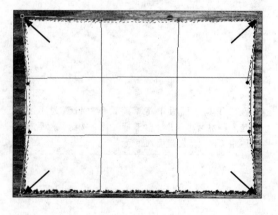

STEP 03　制作纸张的皱折

在"图层 1"图层上方新建一个图层。

 单击"工具"面板中的"渐变工具"按钮，将"前景色"设置为"黑色"，"背景色"设置为"白色"。在选项栏中单击"线性渐变"按钮，"模式"为"差值"，"不透明度"为100%。

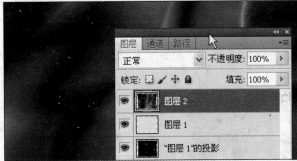

 如右图所示，在图像上使用鼠标拖曳多次，给图层填上波浪状的色彩。

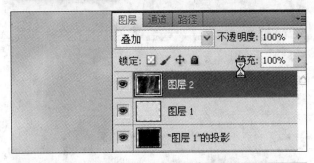

 选择"图层 2"图层后，将"混合模式"设置为"叠加"。

　　完成设置后，画面中原来灰色的纸张上仿佛有一些自然的皱折，这让纸张的呈现更加真实。

STEP 04 将图层复制至另一个作品中

打开上一节制作的 <10-01.psd>，按住 Ctrl
键不放，连续选取"背景 副本"和"背景 副
本2"图层，单击鼠标右键，从弹出的快捷菜
单中选择"合并图层"命令。

最后将合并的图层重新命名为"房屋彩色素
描"。

在"房屋彩色素描"图层上单击鼠标右键，从
弹出的快捷菜单中选择"复制图层"命令。

在"复制图层"对话框中设置复制的目标文
件为10-02.psd。

切换回<10-02.jpg>，按 Ctrl + D 键取消
选取状态，将"房屋彩色素描"图层移至
"图层 2"图层下，将"混合模式"设置为
"明度"。

单击"工具"面板中的"移动工具"按钮，
在选项栏中勾选"显示变换控件"复选框，
将"房屋彩色素描"图层中的图像调整到纸
张范围内。

STEP 05　增加向量图蒙版

对"房屋彩色素描"图层进行复制和调整相关设置之后，接下来要为此图层增加一个向量图蒙版。

 单击"添加图层蒙版"按钮，再选取图层中新增的空白蒙版。

将"前景色"设置为"黑色"，再单击"工具"面板中的"画笔工具"按钮，在选项栏中设置"大小"为100px。

按住鼠标左键不放涂抹"房屋彩色素描"图层蒙版的图像四周，达到合成的效果。再设置画笔的"不透明度"为50%，再将图片右下角刷淡一点，以便放置文字。

STEP 06　建立剪贴蒙版

接着要将"房屋彩色素描"和"图层 2"图层建立为"图层 1"图层的剪贴蒙版，让彩色铅笔画与皱折融入纸张图层中。

 将鼠标指针移至"图层1"和"房屋彩色素描"两个图层中间的边线上按住 Alt 键不放，鼠标指标呈 状，单击鼠标左键建立剪贴蒙版。

按照相同的方法将"图层 2"和"房屋彩色素描"两个图层也建立剪贴蒙版。

STEP 07 添加文字图层

最后要在作品右下方添加一行水平文字，并加上投影的效果，先单击"工具"面板中的"横排文字工具"按钮，再按照以下步骤进行操作。

在选项栏中设置合适的字体和字号后，在右下方输入文字Dream Village，最后单击"添加图层样式"按钮，从弹出菜单中选择"投影"样式。

完成了"素描梦中的庄园"设计后，将其存储为<ex10A.psd>，在制作的过程中，您一定感受到了滤镜强大的特效，搭配上图层的应用，让完成的作品更加让人惊艳。

本章重点整理

（1）滤镜是图像处理的百宝箱，用户只要通过简单的设置，即可为图像加上特效。

（2）在Photoshop中套用滤镜时有3种不同的设置过程。

- 选择了滤镜功能后，产生的效果就立即套用到图像当中。
- 选择了滤镜功能后，打开所属的对话框，在进行属性设置后就可以套用。
- 选择了滤镜功能后，弹出"滤镜收藏馆"对话框，可以进行局部设置或添加多个不同的滤镜效果，并且进行预览，最后再套用到图像当中。

（3）Photoshop所提供的滤镜功能相当多，不过，单独套用到图像时的效果并非全然理想，所以一般在套用滤镜时会搭配使用多个滤镜，这样常会有意想不到的效果。

（4）"滤镜收藏馆"不仅可以用来套用多个滤镜，而且可以针对局部进行调整，又能立即预览结果。

（5）智能滤镜可以在图层套用滤镜时，保留每个滤镜的设置值，且不破坏原始图像。用户可以在使用滤镜后，重新调整滤镜的设置，甚至删除某个滤镜。

（6）本章中常用的快捷键如下。

- Shift + Ctrl + N 组合键：新建图层。
- Shift + Alt + Ctrl + N 组合键：以默认值新建图层。
- Ctrl + J 组合键：复制图层。
- Ctrl + F 组合键：上一次的滤镜效果。
- 在第一个图层上单击鼠标左键，按住 Shift 键不放，再在最后一个图层上单击鼠标左键即可选取多个连续的图层。
- 按住 Ctrl 键不放，在想要选取的图层上单击鼠标左键即可选取多个不连续的图层。

11

快速自动化图像处理

Photoshop提供了多项自动化功能，例如，简化繁琐的图像处理步骤，设置快速指令；通过批处理功能，对大量图片使用相同的操作；通过Photomerge的接图功能，组合成水平或垂直全景；或进行HDR动态合成，产生层次分明的最佳图像等，让图像编修更省时省力。

SCRIPTS

PHOTOMERGE & HDR

Discover New Dimensions in Digital Imaging

11-1 快速指令的套用与设置

Photoshop提供了许多快速指令，通过这些指令可以将繁琐的图像处理步骤整合在一个指令中。只要对指令进行设置，就能轻松完成图像处理动作。

11-1-1 套用动作

所谓"动作"就是指在单一或整个文件夹上执行的一连串工作，以变更图像大小、套用效果等。而套用的方法很简单，只要在作业图像上执行预设或自定义的动作记录指令，即可实现自动处理，在短时间内完成图像的美工设计。

▶ *Before*

▶ *After*

学习难易：★ ★ ☆ ☆ ☆

作品分享：随书光盘＜本书范例\ch11\完成文件\ex11A.psd＞

速学流程：

❶ 打开需要套用快速指令的图像。

❷ 选择"窗口"｜"动作"菜单命令。

❸ 选择预设或自定义的动作。

❹ 单击"播放选定的动作"按钮。

关于“动作”面板

　　选择“窗口”|“动作”菜单命令，可以打开“动作”面板，进行记录、播放、编辑及删除个别动作，也可以存储或载入动作文件。

❶ 默认动作集

❷ 动作

❸ 记录的指令

❹ 包含的指令，若取消勾选某项即取消执行该操作

❺ 模组控制（切换对话开/关）

❻ “停止播放/记录”

❼ “开始记录”

❽ “播放选定的动作”

❾ “创建新组”

❿ “创建新动作”

⓫ “删除”

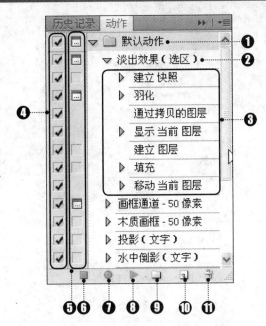

　　打开本章范例原始文件＜11-01.jpg＞，并在右侧打开“动作”面板，按照以下步骤快速套用动作指令。

 在“默认动作”动作集中选择“棕褐色调（图层）”，单击“播放选定的动作”按钮。

 即可看到图像快速套用动作指令中的设置。

11-1-2　录制指令

　　当多个文件需要使用相同的动作进行调整时，可以将这些重复性的工作“录”下来。这里以下方的图像为例，将整个铅笔线稿的操作流程录制下来。

▶ *Before*

▶ *After*

学习难易： ★ ★ ☆ ☆ ☆

作品分享： 随书光盘＜本书范例\ch11\完成文件\ex11B.psd＞

速学流程：

❶ 在"动作"面板中单击"创建新组"按钮，输入新组名称。

❷ 在"动作"面板中单击"创建新动作"按钮，输入新动作名称。

❸ 执行欲套用的图像效果。

❹ 在"动作"面板中单击"停止播放/记录"按钮。

STEP 01 创建新组

打开本章范例原始文件＜11-02.jpg＞，并在右侧打开"动作"面板，按照如下步骤创建新组。

单击"创建新组"按钮。

在"新建组"对话框中输入组的名称，再单击"确定"按钮。

STEP 02 新增动作

接着在新增的组中，按照如下步骤创建新动作。

单击"创建新动作"按钮。

在"新建动作"对话框中输入录制的动作名称，并确认放置在刚才新增的组中，然后单击"记录"按钮。

STEP 03 为图像添加处理效果

此时已经开始录制了，下面就以制作铅笔线稿的效果来作为录制的范例。

打开"图层"面板，然后按 Ctrl + J 组合键复制当前图层，产生一个内容一样的图层。

选择"图像" | "调整" | "去色"菜单命令，将照片变成黑白效果。

再次按 Ctrl + J 组合键复制当前图层，产生一个内容一样的黑白图层。

选择"图像" | "调整" | "反向"菜单命令，将原本的黑白照片变成负片图像。

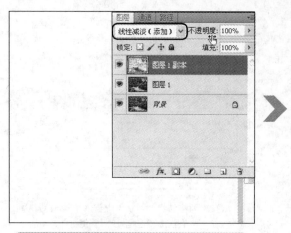

 在"图层"面板中设置该负片图层的"混合模式"为"线性减淡（添加）"，让图像成为一片空白。

选择"滤镜"｜"其他"｜"最小值"菜单命令，设置"半径"后，单击"确定"按钮。

STEP 04 停止录制

在录制的过程中会发现，刚才的动作已经一一加入组，待录制步骤完成后，在"动作"面板中单击"停止播放/记录"按钮，即完成录制。

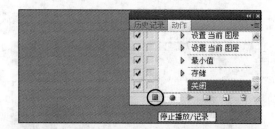

11-1-3　编修指令

已录制好的图像，可随时进行指令增减或指令顺序的调整。

1.微调动作指令

❶ 如果想对动作的某个指令加以修改，则在"动作"面板中进行以下操作。

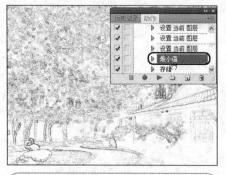

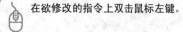 在欲修改的指令上双击鼠标左键。

 即可打开其所属的对话框并进行调整。

❷ 若想要跳过某个指令，只要在"动作"面板上该指令前方的 ☑ "切换项目开/关"图标上单击鼠标左键，使该图标变为 ☐ 时即可。

2.增/减快速指令

当录制的指令不完善时，该怎么处理呢？下面将介绍调整此指令的方法。

单击"开始记录"按钮，这时就能在所选指令的下方再插入其他指令。

单击"删除"按钮即可删除所选指令。

11-1-4　存储及载入快速指令

录制好的指令不仅方便了自己在图像上的操作，而且能方便别人。如果想要将"好东西"分享给他人使用，那么可以将指令存储为格式为*.atn的文件，这样需要的人将其载入至自己的计算机中就可以套用。

1.存储快速指令

打开"动作"面板，按照以下步骤存储第11-1-2节创建的铅笔线稿快速指令。

单击"动作"面板右上角的 ≡ 按钮，从弹出菜单中选择"存储动作"命令。

在"存储"对话框中设置文件的存储路径和文件名，再单击"保存"按钮。

提 示　为何菜单中没有存储动作的选项呢?

快速指令无法存储单一动作，只有以组文件夹的方式才可以设置。

2.载入外部快速指令

同样，在"动作"面板的环境中，按照以下步骤载入外部的快速指令文件。

单击"动作"面板右上角的 ≡ 按钮，从弹出菜单中选择"载入动作"命令。

在"载入"对话框中选择本章范例原始文件"图片转CMYK格式.atn"，单击"载入"按钮。

回到"动作"面板，即可看到之前载入的"图片转CMYK格式.atn"快速指令。

11-2 图像批处理

> 当大量的图像文件需要进行相同的处理操作时，最好的方法就是使用批处理功能。这样能一次性处理文件夹中的所有文件。

　　在图像编修过程中，我们常会遇到多张图像需要进行相同调整或套用同一种效果的情况。此时，如果还"呆呆地"一张张处理，那么就很不符合经济效益。下面将使用第11-1-2节录制的铅笔线稿动作指令，学习如何套用在多张图像上。选择"文件"｜"自动"｜"批处理"菜单命令，进行如下所示操作。

❶ 播放：选择欲套用的快速指令。

❷ "源"：提供"文件夹"、"导入"、"打开的文件"和Bridge4个选项，当选择"文件夹"时，可以单击下方的"选择"按钮选取文件夹。

❸ "目标"：提供"无"、"存储并关闭"和"文件夹"3个选项，当选择"文件夹"时，可以单击下方的"选择"按钮选取文件夹。

❹ 当要存储和关闭动作中的命令时，可以勾选此复选框，以录制的动作为主。

❺ "文件命名"：设置文件重新命名的规则。

❻ 错误："由于错误而停止"，若套用动作时发生错误，即显示信息。

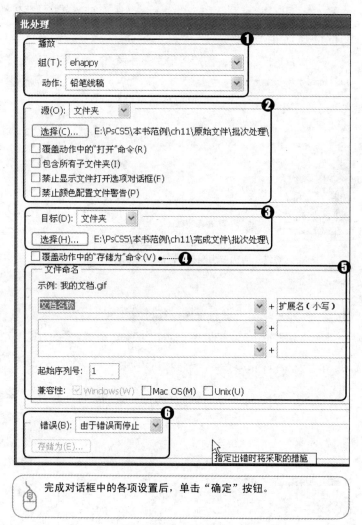

> 完成对话框中的各项设置后，单击"确定"按钮。

　　Photoshop会直接打开指定的文件执行批处理。在处理过程中，除了进行图像编修外，还会打开"存储为"对话框，将完成的文件存储至指定的路径，并执行关闭文件的动作。

11-3 智能合成全景图像

> Photomerge的自动化接图功能可以轻松地将一系列的图像转成全景或广角。该功能不但可以组合水平图像，也能组合垂直图像，从而快速地制作出美观的作品。

▶ *Before*

▶ *After*

学习难易：★ ★ ☆ ☆ ☆

作品分享：随书光盘＜本书范例\ch11\完成文件\ex11C.psd＞

速学流程：

❶ 选择"文件"｜"自动"｜Photomerge菜单命令。

❷ 设置版面和源文件。

❸ 在"图层"面板中进行图层的合并操作。

❹ 选取欲填满修补的区域。

❺ 选择"编辑"｜"填充"菜单命令，使用"内容识别"功能填满所选区域。

关于Photomerge中的来源图像

为了让全景图像的效果可以完整呈现，来源图像的拍摄状态在全景构图中就显得极为重要，下面提供了一些拍摄准则以供参考。

❶ 每张图像需要具有重叠部分：如果每张来源图像的重叠部分过多或不足，那么都无法自动组合成全景图像，所以在拍摄时，要拿捏好每张图像的范围，让每张图像的重叠部分大约占40%。

❷ 拍摄的焦距须保持一致性：不要在拍摄时，任意变换焦距。

❸ 让相机在拍摄时，保持一定的水平位置：在拍摄时勿让相机摆动角度过大，避免拍摄的图像出现倾斜问题。如果图像倾斜了，那么在组合图像时就会产生错误。

❹ 保持固定的拍摄位置：在拍摄连续图像时，应尽量在相同的拍摄点进行。千万不要这里拍拍，那里拍拍，任意移动位置。

❺ 避免在拍摄时使用扭曲镜头：扭曲镜头所拍摄出来的图像较容易产生变形或扭曲，这些图像在执行Photomerge命令时会受到某种程度的影响。

❻ 每张图像的曝光度都要相同：虽然Photomerge可以融合不同曝光程度的图像，但是如果相差太多，在执行时也会影响全景图像合成的效果。因此，在拍摄时，应尽量统一每张图像的曝光程度。

关于Photomerge中的版面选项

除了来源图像是全景构图的重点外，Photomerge还提供了6种输出版面供用户套用，相关版面选项的说明如下。

❶ "自动"：自动分析来源图像，以最佳的全景构图结果来进行呈现。

❷ "透视"：默认参考中间的来源图像，而系统则会对其他图像进行适当的定位、延伸或倾斜等工作，让整幅全景构图保持一致性。

❸ "圆柱"：此版面最适合制作广角全景图像。它会将参考图像置于中间，并将各个图像显示在平面而展开的圆筒上，减少因为透视构图而可能产生的"蝴蝶结"扭曲现象。

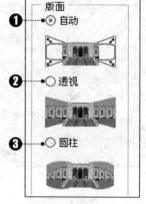

❹ "球面"：当选中此项时，拼接图像时会以球面为基准，产生一组环绕360°的全景图。

❺ "拼贴"：对齐图层并将重叠的图像内容进行堆迭，然后对来源图层进行旋转或缩放的变形操作。

❻ "调整位置"：将图层进行对齐并将重叠的图像内容进行堆叠，但不会对来源图层做延伸或倾斜的变形操作。

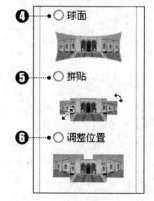

打开Photomerge进行设置

STEP 01

选择"文件"|"自动"|Photomerge菜单命令，在弹出的Photoshop对话框中进行源文件的读取和版面设置。

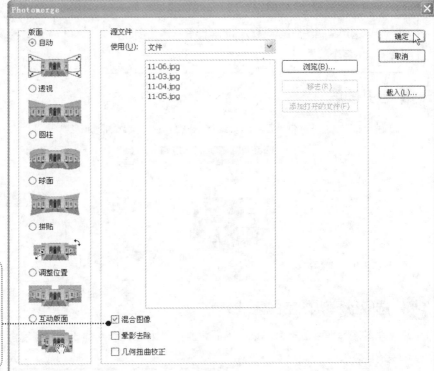

勾选此项，这样软件会自动寻找图像间的最佳边界，并根据这些边界建立接缝

在该对话框中选中"版面"选项组中的"自动"选项，将"使用"选项设置为"文件"，单击"浏览"按钮，打开本章范例原始文件夹下的<11-03.jpg>～<11-06.jpg>共4张图像，然后单击"确定"按钮。

提 示 感受不同版面的全景图像

可以尝试其他Photomerge的版面选项，感受不同的全景效果。

在执行Photomerge命令后，会产生下面这张全景图像。

打开"图层"面板，可以发现建立了4个图层图像，并根据各
自的情况分别加上了图层蒙版，以便让图像间的重叠部分达
到最理想的状态。

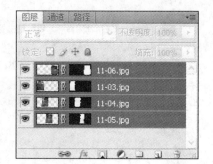

> **提 示 微调全景图像各个部分**
>
> 可以通过编辑图层蒙版或创建调整图层，进一步微调
> 全景图像的各个部分。

STEP 02 合并图层

选取"图层"面板上的所有图层，单击鼠标右键，从弹出的快捷菜单中选择"合并图层"命令。

STEP 03 选取欲填满的空白区域

为了填满全景图像周围的空白区域，下面将通过"内容识别"功能来填满图像，按照以下步骤选
取欲填满的区域。

单击"工具"面板中的"魔棒工
具"按钮，在选项栏中进行如右图
所示的设置。

待鼠标指标呈 状，将鼠标移至
图像空白区域，单击鼠标左键，选
取所有空白区域。

STEP 04 使用内容识别取代图像空白边界

选择"编辑"|"填充"菜单命令,弹出"填充"对话框,按照以下步骤进行图像内容填充选区的操作。

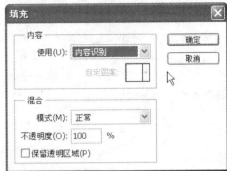

在"内容"选项组中将"使用"选项设置为"内容识别",在"混合"选项组中将"模式"设置为"正常","不透明度"为100%,单击"确定"按钮。

这时会发现周围的空白区域被内容识别填色完全取代,接着按 Ctrl + D 组合键取消选取。

STEP 05 进行全景图像小范围的修补

如果在经过内容识别进行全景图像周围空白边界的填满后,还是有些许地方修补不完全时,可以再单击"工具"面板中的 ◯"套索工具"按钮,先进行小范围圈选,再选择"编辑"|"填充"菜单命令,再次使用内容识别进行填满。

11-4 出色的HDR动态合成

> HDR （High Dynamic Range，高动态范围），不同于单次曝光的图像，主要是将多张相同拍摄场景，但曝光度不同的图像进行结合，撷取完整的HDR图像。

在拍摄高亮度和阴影差距大的图像时经常会遇到曝光问题，而HDR功能主要是运用于使用脚架拍摄（最好有使用），但进光量不同，而且是相同场景的多张图像，进行自动合成产生最佳明暗层次效果。

▶ *Before*

▶ *After*

学习难易：★ ★ ☆ ☆ ☆

作品分享：随书光盘<本书范例\ch11\完成文件\ex11D.psd>

速学流程：

❶ 选择"文件"|"自动"|"合并到HDR Pro"菜单命令，在弹出的对话框中进行源文件的读取，单击"确定"按钮。

❷ 在"合并到HDR Pro"对话框中将图像自动进行合并，转换出最佳图像。

STEP 01 读入源文件

为了产生完整的动态范围，源图像至少需要
3~7张。选择"文件"|"自动"|"合并到
HDR Pro"菜单命令，在弹出的对话框中进
行源文件的读取。

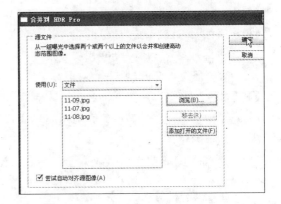

单击"浏览"按钮，从弹出的对话框中打开本章范
例原始文件<11-07.jpg>~<11-09.jpg>共3张图像，
然后单击"确定"按钮。

提示 使用HDR的源图像需要注意的拍摄重点

　　HDR的源图像，除了需要足够多外，每张图像都必须通过快门速度来产生不同的曝光度，而
曝光值差异须在1~2EV之间，最后要留意不要任意变动光源。

STEP 02 将图像合并到HDR

在读取完源图像后，会弹出"合并到HDR
Pro"对话框，将图像自动进行合并，转换
出最佳图像。
下面将介绍该对话框中的各个选项。

预览合并的图像 ⋯⋯⋯

源图像

在该对话框的左侧，上方的预览图像为合并的结
果，下方则为先前载入的源图像，每张图像下方除
了列出该张图像的曝光度，还可以决定是否选择该
图像，从而改变合并图像的结果。

❶ "模式"：将图像输出为三十二进制、十六进制或八进制，而三十二进制的文件可以存储所有HDR图像数据。

❷ 调整色调方法：有"局部适应"、"色调均化直方图"、"曝光度和灰度系数"、"高光压缩"4种选项。

❸ 在模式为十六进制或八进制、局部适应状态下的边缘光：主要调整局部亮部区域的半径范围和强度。

❹ "色调和细节"：提供"灰度系数"、"曝光度"、"细节"、"阴影"、"高光"选项的细节调整。

❺ "颜色"：分为"自然饱和度"和"饱和度"，主要是调整图像的明亮度和饱和度。

❻ "曲线"：在色阶分布图上显示可调整的曲线，水平轴上的红色刻度是以一个EV（大约一个光圈值）为增量。

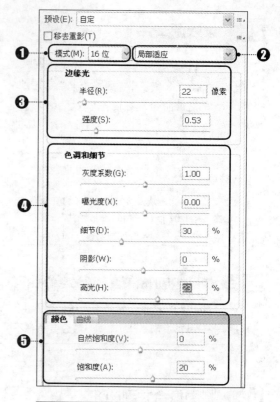

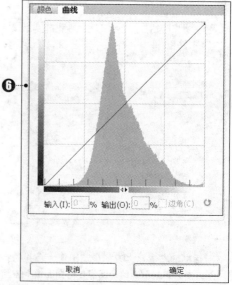

在确认要合并图像后，单击"确定"按钮完成设置。

提 示 存储或载入色调设置值

如果想要存储HDR合并所产生的色调设置值，以便日后套用在其他图像上，那么可以单击"预设"下拉列表框右侧的 ≡◢ "预设选项"按钮，在菜单中选择"存储预设"或"载入预设"命令，达到存储与载入的目的。

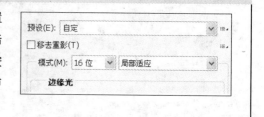

本章重点整理

（1）所谓"动作"，就是在单一或整个文件夹上执行的一连串工作，以变更图像大小、套用效果等。

（2）微调动作指令：在"动作"面板中欲修改的指令上双击鼠标左键。→打开所属的对话框进行调整。

略过某项指令不执行：单击"动作"面板中该指令前的✔图标。→使图标变为 。

（3）快速指令无法单就动作进行存储，而是要以组合文件夹的方式进行设置。

（4）存储快速指令（*.atn）：单击"动作"面板右上角的 按钮。→在菜单中选择"存储动作"命令。

载入快速指令：单击"动作"面板右上角的 按钮。→在菜单中选择"载入动作"命令。

（5）批处理：当大量图文件需要进行相同的动作时，选择"文件"｜"自动"｜"批处理"菜单命令。

（6）Photomerge自动化接图功能，可以轻松地将一系列的图像转成全景或广角。不但可以组合水平图像，而且能组合垂直图像，从而快速制作出美观的作品。

（7）Photomerge 源图像的六大拍摄准则。

- 每张图像都需要具有重叠部分。
- 拍摄的焦距须保持一致性。
- 相机在拍摄时须保持一定的水平位置。
- 保持在固定的拍摄位置。
- 避免在拍摄时使用扭曲镜头。
- 每张图像的曝光度皆相同。

（8）HDR（High Dynamic Range，高动态范围），不同于单次曝光的图像，主要是将多张相同拍摄场景，但曝光度不同的图像进行结合，撷取完整的HDR图像。

（9）HDR的源图像，除了需要足够多外，每张图像都必须通过快门速度来产生不同的曝光度，而曝光值差异在1~2EV之间，最后要留意不要任意变动光源。

（10）如果想要存储HDR合并所产生的色调设置值，以便日后套用在其他图像上，那么可以单击"预设"下拉列表框右侧的 "预设选项"按钮，在菜单中选择"存储预设"或"载入预设"命令，达到存储与载入的目的。

（11）本章中常用的快捷键如下。

Ctrl＋J 组合键：复制当前图层，产生一个内容一样的图层。

大玩图像颜色与后制

想 要更专业地移除图像色偏、调整偏红人像图片、将彩色图片设计成黑白或套色、将A图像的光线与色调套用到B图像等吗？通过使用本章整理出的图像颜色修正与设计的相关技法，可以让简单的画面也很质感。

Discover New Dimensions in Digital Imaging

GREY & COLOR

12-1 编修RAW图像文件

通过Photoshop Camera RAW可打开RAW格式的文件，此格式的图像文件提供了更多的控制选项，并以非破坏性的方式对图像进行编修。

▸ *Before*

▸ *After*

学习难易：★ ★ ★ ☆ ☆

作品分享：随书光盘＜本书范例\ch12\完成文件\ex12A.psd＞

速学流程：

❶ 使用Photoshop打开RAW文件，在Camera RAW中进行编辑。

❷ 调整白平衡、曝光、细节饱和度等基本选项。

❸ 使用上方的工具按钮设计渐变滤镜、画笔局部修片等效果。

什么是RAW

　　拍摄的照片采用RAW格式是为了取得更好的输出画质，RAW格式是单反数码相机图像感应器所撷取到的未压缩和未经处理过的数据文件，它就相当于传统底片拍摄中的底片（Negative）。

　　相机内的JPEG格式文件已被相机预设功能调整过，因格式需求进行了部分的压缩，这就导致图像信息不完整。而且，直接存储为JPEG格式文件是破坏性的修图方式，所以建议专业用户在拍摄时先存储为RAW格式文件。然后在相关调整后再输出为JPEG格式文件，这样的图像画质会比直接在JPEG格式文件上进行调整好。

STEP 01 打开RAW文件

在摄影完毕后将RAW文件导入计算机，这时可以对这些图像进行调整（例如，色温、色调、曝光、填充亮光、亮度、对比度、振动、饱和度等），但无法像一般图像文件那样打开RAW格式文件进行编辑。在此将使用与Photoshop 搭配的Camera RAW进行说明。在Photoshop中选择"文件"|"打开"菜单命令，打开本章范例原始文件<12-01.NEF>。

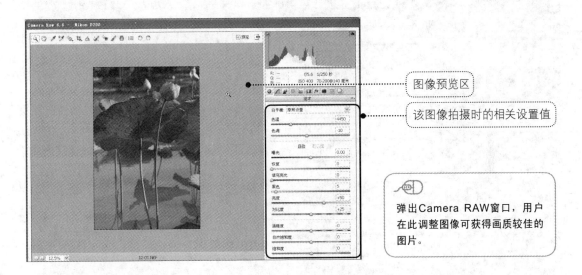

图像预览区

该图像拍摄时的相关设置值

弹出Camera RAW窗口，用户在此调整图像可获得画质较佳的图片。

提示 关于RAW和NEF

　　每个品牌的相机的文件都有符合RAW模式的规格，然而规格不尽相同，Nikon为NEF，Canon为CRW CR2，Olympus为ORF，Fujifilm和Kodak为DCR，Sony为SRF。不同品牌的RAW因为原厂资料授权等因素，将无法相容或交换。

STEP 02 编修白平衡、饱和度等基本选项

RAW格式文件包含摄影时的许多数值，如果要让作品呈现出低色温的偏蓝色调，在"基本"标签中对"色温"、"色调"、"锐化程度"、"饱和度"进行调整。

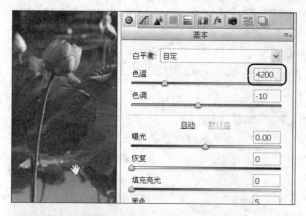

将"色温"设置为4200，可发现图像颜色稍微偏蓝。

在色调控制区单击"自动"按钮，让软件自动调整图像的整体色调表现。（下方的"曝光"、"恢复"、"填充亮光"、"黑色"、"亮度"和"对比度"选项的数值会自动调整。）

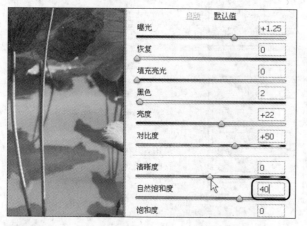

将"自然饱和度"设置为40，可发现图像中颜色细节更为精致。

STEP 03 添加渐变滤镜增色图像

使用工具栏中的选项按钮可以针对图像的局部进行调整，该作品将为图像的上、下两部分套用深蓝色渐变颜色，以增色图像的方式强调明暗对比。

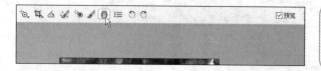

在工具栏中单击"渐变滤镜"按钮，并勾选右侧的"预览"复选框。

下面将对"渐变滤镜"工具的调整选项进行简单说明，并为图像套用合适的渐变颜色效果。

- "曝光"：调整图像的整体亮度，其值越高，图像越亮。
- "亮度"：调整图像的亮度，其值越高，图像越亮。
- "对比度"：调整图像的对比度，其值越高，对比效果越明显。
- "饱和度"：变更颜色的鲜明度或纯度。
- "清晰度"：通过提高数值，可增加图像的深度。
- "锐化程度"：增强边缘的清晰度以突显细节，其值越高，细节越锐利；反之可使细节模糊化。
- "颜色"：对选区套用指定的颜色。

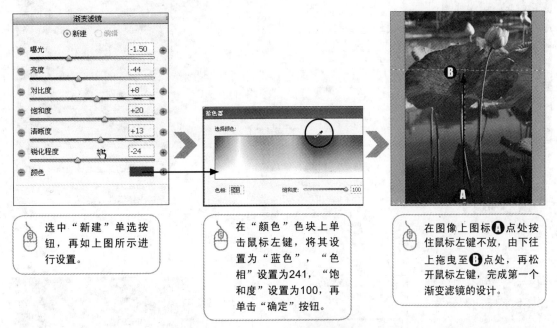

选中"新建"单选按钮，再如上图所示进行设置。

在"颜色"色块上单击鼠标左键，将其设置为"蓝色"，"色相"设置为241，"饱和度"设置为100，再单击"确定"按钮。

在图像上图标 Ⓐ 点处按住鼠标左键不放，由下往上拖曳至 Ⓑ 点处，再松开鼠标左键，完成第一个渐变滤镜的设计。

同样，在图像的上方加入蓝色渐变滤镜，让此处的图像呈现出更深沉的视觉效果，以突显中间的荷花和荷叶部分。

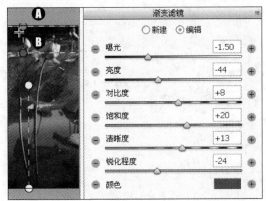

在图像上图标 Ⓐ 点处按住鼠标左键不放，由上往下拖曳至 Ⓑ 点处，再松开鼠标左键，完成第二个渐变滤镜的设计。

 STEP 04 使用画笔调整局部图像的亮度和对比度

"调整画笔"功能可使用大大小小的画笔，再搭配画笔设置值，对局部图像进行调整，刷出合适的亮度和对比效果。

  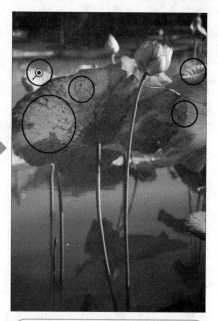

在工具栏中单击"调整画笔"按钮，并确定已勾选右侧的"预览"复选框。

单击"新建"单选按钮，再如上图所示调整各个选项的值，并勾选"自动蒙版"和"显示笔尖"复选框。

在荷叶较亮的部位涂抹或点按（如图上的圈选处），可以立即发现该处呈现出较亮的效果。

同样，使用画笔强调出图像较暗的部分。

 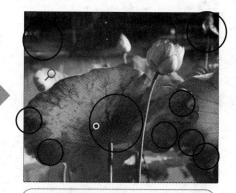

选中"新建"单选按钮，再如上图所示调整各个选项的值，并勾选"自动蒙版"和"显示笔尖"复选框。

在荷叶较暗的部分涂抹或点按（如图上的圈选处），可以立即发现该处呈现出较暗的效果。

提示 清除多余的画笔涂抹效果

使用画笔调整局部图像的亮度或对比度时，常会因过多的涂抹动作而使得图像太亮或太暗，这时可在右侧的"调整画笔"面板中选中"清除"单选按钮，再在涂抹过头的部分进行擦除即可。

STEP 05 完成调整后另存为新文件或在Photoshop中打开

在调整设计完成后，可直接单击左下角的"存储图像"按钮，选择需要另存的图像格式，保存文件。

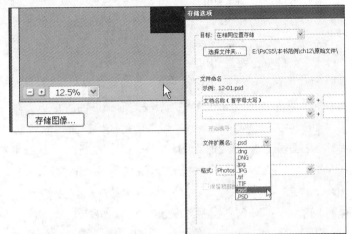

或单击右下角的"打开图像"按钮，在Photoshop工作区中打开，再进行其他的美工设计。

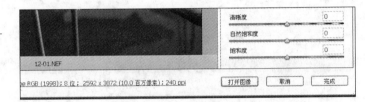

12-2 以黑场、灰场、白场调整色偏

专业摄影师在拍照时，常请模特手持黑灰白三色校色卡，在拍摄后根据图像中这个三色卡的RGB值是否维持原样来了解图像的色偏程度，并作为图像的调色依据。

12-2-1 曲线

选择"图像"|"调整"|"曲线"菜单命令和"图像"|"调整"|"色阶"菜单命令的效果类似，唯一不同的是曲线调整是以X轴和Y轴为标准，可以轻松利用控制点拖曳调整图像的色调和颜色（黑场到白场），也可依红、绿、蓝3个通道进行准确的色调调整。

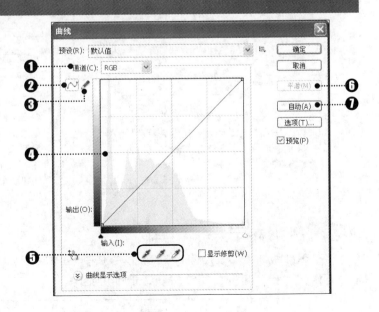

❶ "通道"：默认为RGB通道，另外还有红、绿、蓝3个单一通道，可以针对RGB或CMYK单一通道进行曲线调整。

❷ "编辑点以修改曲线"：以拖曳控制点的方式，调整图像的色调和颜色。曲线往上，图像会变亮，反之，图像会变暗。（曲线上最多可有14个控制点，如果要移除控制点，只要将控制点拖曳出图表即可。）

❸ "通过绘制来修改曲线"：可任意绘制曲线。

❹ 曲线调整区域：左下角控制图像的暗部，曲线往下会加深暗部；曲线右上角控制图像的亮部，曲线往上则增加亮部，如果使用鼠标在曲线中拖曳，即可调整图像的中间色调部分。

❺ "在图像中取样以设置黑场"（灰场、白场）：从左至右依次为设置黑场、设置灰场、设置白场，此三项功能与色阶功能中的吸管工具相同。

❻ "平滑"：使用"通过绘制来修改曲线"时，可单击"平滑"按钮来修饰曲线。

❼ "自动"：可自动调整图像效果，其功能与"图像"|"调整"|"色阶"菜单命令的功能相同。

在"曲线"对话框单击"曲线显示选项"前的图示，可对曲线各项显示进行设置。

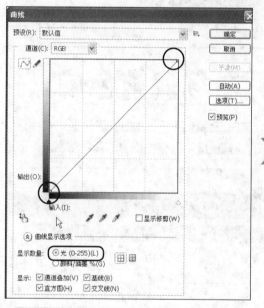
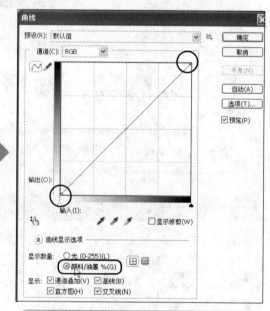

单击"显示数量"选项后的"光"单选按钮时为RGB图像，曲线调整区域会显示从0～255的强度值，左下角为最暗点0，右上角为最亮点255。

单击"显示数量"选项后的"颜料/油墨%"单选按钮时为CMYK图像，曲线调整区域会显示从0～100百分比的强度值，左下角为最亮点0%，右上角为最暗点100%。此项适用于印刷业。

提示 增加网格以便调整曲线位置

想要增加网格以便拖曳曲线位置时，按住 Alt 键不放，在曲线调整区单击鼠标左键即可增加网格；按住 Alt 键不放，再单击鼠标左键即切换回来。

12-2-2 自动校正图像的色偏

　　人们所看到的事物颜色都是由红、绿、蓝三种光组合而成，当这三种颜色的值相等时，看到的是白色。当光线很弱，看起来很暗时，较弱的白光则称为灰色。本节先示范通过曲线功能中的自动颜色校正来为图像快速调整色偏的问题。

　　自动颜色校正会使用当前的默认值，套用在图像上并进行校正。若要变更默认值，可调整"曲线"对话框中的选项。

▸ *Before*

▸ *After*

学习难易：★ ★ ★ ☆ ☆

作品分享：随书光盘＜本书范例\ch12\完成文件\ex12B.psd＞

速学流程：

❶ 打开需要调整色偏的图像。

❷ 选择"图像"|"调整"|"曲线"菜单命令。

❸ 单击"选项"按钮，对自动颜色校正的运算规则进行设置。

❹ 回到"曲线"对话框，单击"确定"按钮。

STEP 01　设置自动颜色校正选项

打开本章范例原始文件＜12-02.jpg＞，选择"图像"|"调整"|"曲线"菜单命令，通过自动校正快速完成图像色偏的颜色校正。

可直接单击"自动"按钮，使用当前的默认值进行自动颜色校正。若要变更默认值，可按照以下说明对自动颜色校正进行设置。

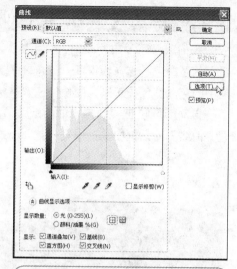

勾选"预览"复选框，再单击"选项"按钮，弹出"自动颜色校正选项"对话框。

下面先对"自动颜色校正选项"对话框中的4种运算规则选项进行简单说明，并为图像套用上合适的校正运算方式。

- "增强单色对比度"：以相同方式剪裁色板以增加对比度，并保留整体的颜色，让亮部更亮，阴影更暗。

- "增强每通道的对比度"：分别剪裁色板以增加对比度并更改颜色投射。

- "查找深色与浅色"：找出图像中的深色和浅色，并用这些颜色精准地找出最亮与最暗的像素。

- "对齐中性中间调"：勾选此项，可使指定的中间调颜色和图像中间调颜色相符。

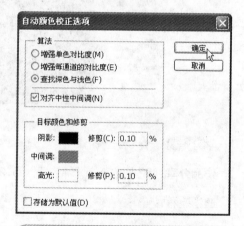

在"算法"选项组中选择合适的规则选项（图像会即时呈现套用的效果），再单击"确定"按钮。

STEP 02 套用自动颜色校正

回到"曲线"对话框，单击"确定"按钮，即可自动校正有色偏的图像。

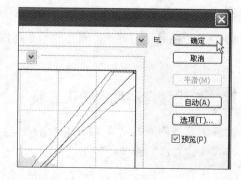

12-2-3　使用黑场和白场调整图像的色偏

同样的物品或风景，在晴天所看到的，和在灯泡下或日光灯下所看到的色泽是绝对不一样的。在白天和在夕阳下看到的白色墙壁的感觉自然不一样，我们的头脑可以正确地判断颜色是什么，但是，相机对颜色的感觉虽敏锐却没有办法自动调整。

凭个人经验或软件自动调整来修正色偏虽然快速上手，但若能以专业级的方式调整将更显精确。这里使用与上一节相同的图像但不同的方法来修正其色偏的问题，以便比较出两种方法所调整出来的效果差异。

▸ *Before*

▸ *After*

学习难易： ★ ★ ★ ☆ ☆

作品分享： 随书光盘＜本书范例\ch12\完成文件\ex12C.psd＞

速学流程：

❶ 选择"图像"｜"调整"｜"阈值"菜单命令，找出图像的黑场和白场。

方法：最后未消失的黑为黑场，最后未消失的白为白场，找到黑场和白场后按 Shift 键取样，在"阈值"对话框中单击"取消"按钮返回到工作区。

❷ 单击"工具"面板上的"吸管工具"按钮。

❸ 选择"图像"｜"调整"｜"曲线"菜单命令，取样图像的黑场和白场。

方法：选择设置黑场吸管，使用 Caps Lock 键对齐黑场；选择设置白场吸管，使用 Caps Lock 对齐白场。

❹ 修正完毕后删除取样点。

STEP 01 复制"背景"图层

打开本章范例原始文件<12-02.jpg>，在"图层"面板中选择
"背景"图层不放，拖曳至 "创建新图层"按钮上，再松开
鼠标左键，产生一个内容一样的图层。

STEP 02 使用"阈值"功能找出图像的黑场和白场

选择"图像"｜"调整"｜"阈值"菜单命令，弹出"阈值"对话框，找出图像的黑场和白场。

勾选"预览"复选框，按住△钮不放慢慢往
左拖曳，最后未消失的黑为黑场。（此例将
"阈值色阶"设置为40）

将鼠标指针移至图像上，按住 Shift 键不
放，此时吸管变为 ✎，将鼠标指针移至图像
的黑场单击鼠标指针，设置第一个 ✚₁ 颜色
取样器。（若不方便选黑场，则可按 Ctrl ＋
＋ 组合键数次放大图像显示比例，然后再
选取。）

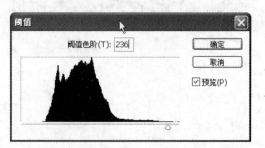

同样，按住△钮不放，慢慢往右拖曳，最后
未消失的白为白场。（此例将"阈值色阶"
设置为236）

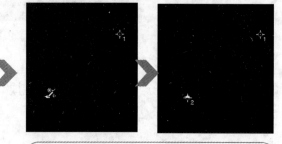

将鼠标指针移至图像上，按住 Shift 键不放，
此时吸管变为 ✎，将鼠标指针移至图像的白场
单击鼠标指针，设置第二个 ✚₁ 颜色取样器。

完成黑场 ✚₁ 和白场 ✚₂ 两个颜色取样器的设
置后，在"阈值"对话框中单击"取消"
按钮，回到工作区。

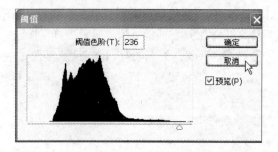

注 意 ▶ 取消套用"阈值"效果

若在"阈值"对话框中单击"确定"按钮，图像会变成黑白的，表示已套用阈值的调整，此时，选择"编辑"|"还原阈值"菜单命令，还原图像。

STEP 03　使用"曲线"功能取样黑场和白场

先单击"工具"面板中的"吸管工具"按钮，在图像上会显示黑场 ✧₁ 与白场 ✧₂ 两个颜色取样器。再选择"图像"|"调整"|"曲线"菜单命令，打开"曲线"对话框。

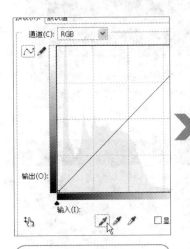

单击 🖊 "在图像中取样以设置黑场"图标。

将鼠标指针移至图像上，按一下 Caps Lock 键，待鼠标指针呈 ✧ 时，将指针移至第一个 ✧₁ 颜色取样器上方，在完全对齐后（颜色取样器会消失），单击鼠标左键，此时图像会先依黑场标准调整颜色。

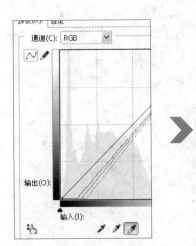

单击 🖊 "在图像中取样以设置白场"图标。

将鼠标指针移至图像上，按一下 Caps Lock 键，待鼠标指针呈 ✧ 时，将指针移至第二个 ✧₂ 颜色取样器上方，在完全对齐后（颜色取样器会消失），单击鼠标左键，此时图像会先依白场标准调整颜色。

在设置黑场和白场取样后，在"曲线"对话框中单击"确定"按钮完成图像色偏校正，并回到工作区。

STEP 04 保留或清除颜色取样器

通过黑场和白场的校正方式完成此图像色偏调整后，和上一节相比，可发现这次效果比自动调整的效果更出色。

最后可另存为<*.psd>文件，保存该取样器与调整结果，或清除颜色取样器再进行其他的美工设计。

单击"工具"面板中的"颜色取样器工具"按钮，在上方选项栏中单击"清除"按钮即可。

12-2-4 用灰场调整图像的色偏

图片上的灰色景物是最难正确还原的部分，但也是最能有效修正色偏的依据，如果把图像中灰色部分校正好，其他颜色就能得到较真实的表现。此例以取得中间色灰场（R值＝G值＝B值＝）的方式，来练习如何调整图像色偏的问题。

▶ *Before*

▶ *After*

学习难易： ★ ★ ★ ☆ ☆

作品分享：随书光盘＜本书范例\ch12\完成文件\ex12D.psd＞

速学流程：

❶ 复制背景图层。

❷ 选择"编辑"｜"填充"菜单命令，使用"50% 灰色"进行填充。

❸ 在"图层"面板中将图层的混合模式设置为"差值"。

❹ 选择"图层"｜"新建调整图层"｜"阈值"菜单命令，使用阈值找出最后的黑色消失点
（灰）取样。

❺ 选择"图像"｜"调整"｜"曲线"菜单命令，使用"曲线"功能选择中间灰色滴管，使用
Caps Lock 键对齐灰场修正。

STEP 01 复制背景图层

打开本章范例原始文件＜12-03.jpg＞，在"图层"面板中按住"背景"图层不放，拖曳至 🔲
"创建新图层"按钮上再松开鼠标左键，产生一个内容一样的图层。

STEP 02 使用"50%灰色"和"差值"将灰色变成黑色

先选择"编辑"｜"填充"菜单命令，弹出"填
充"对话框，在"背景 副本"图层中填充"50%
灰色"。

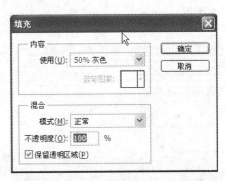

> 将"使用"选项设置为"50% 灰色"，"模式"为
> "正常"，"不透明度"设置为100%，勾选"保留
> 透明区域"复选框，最后单击"确定"按钮。

接着在"图层"面板中选取"背景 副本"图层，设置图
层的"混合模式"为"差值"，将图像中所有颜色的值
提高50%，这样，灰色会变成黑色呈现出来。

STEP 03 使用"阈值"找出灰场

修正色偏需先找出图像中的灰场，经过以上步骤的调整，灰色已转成黑色，接着要使用"阈
值"来找出图像的黑场。

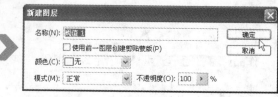

单击"工具"面板中的"颜色取样器工具"按钮。

选择"图层"|"新建调整图层"|"阈值"菜单命令，在"新建图层"对话框中单击"确定"按钮。

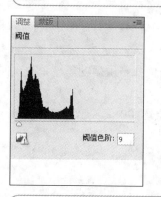

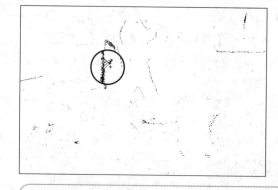

按住△不放慢慢往左拖曳，最后未消失的黑点为黑场。（此次将"阈值色阶"设置为9）

将鼠标指针移至图像上（指针呈 状，若不是按 Caps Lock 键），将鼠标指针移至当前图像未消失的黑点，单击鼠标左键，设置第一个 颜色取样器。（若不方便选择黑场，则按 Ctrl + + 组合键数次放大图像显示比例，然后再进行选取。）

STEP 04 使用"曲线"功能取样灰场

先在"图层"面板中单击"背景 副本"和"阈值"两个图层的"指示图层可见性"图标后，选取"背景"图层，可看见刚才设置的颜色取样器。接着选择"图像"|"调整"|"曲线"菜单命令，打开"曲线"对话框进行设置。

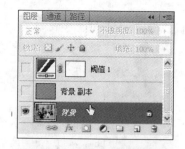

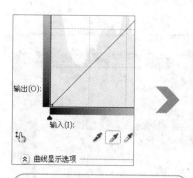

单击 图示，然后在图像中取样以设置灰场。

将鼠标指针移至图像上，按一下 Caps Lock 键，待鼠标指针呈 状时，将指针移至颜色取样器上方，在完全对齐后（颜色取样器会消失），单击鼠标左键，此时会先按该灰场标准调整图像颜色。

设置灰场的取样后，在"曲线"对话框中单击"确定"按钮，完成以灰场校正色偏的操作，并回到工作区。

STEP 05 目测黑场和白场并加强调整

补充说明一点，以灰场调整图像色偏的方式并非每张图片均可百分之百成功，当遇到整张照片色偏太严重或没有明确灰色值等问题时，可能就需要搭配使用其他图像调整功能。而本节的范例图像经灰场校正色偏后，整体颜色已大致回复，由于图像中学生的衣服正好有黑、白两色，现在就再运用最简单的目测黑场和白场的方式来加强校色。

选择"图像"|"调整"|"曲线"菜单命令，弹出"曲线"对话框进行设置。

单击 图标，然后在图像中取样以设置黑场。

将鼠标指针移至图像的黑色部分，单击鼠标左键取样。

单击 图标，然后在图像中取样以设置白场。

将鼠标指针移至图像的白色部分，单击鼠标左键取样。

以目测方式完成黑场和白场的取样设置，在"曲线"对话框中单击"确定"按钮完成图像色偏校正，并回到工作区，这样即完成此范例。

12-3 以参考图像调整色偏

在拍摄时，常因周围环境的反射光源不同，造成图像色偏。本节范例图像的肤色偏红，其主要原因是拍摄者在按下快门时，闪光灯刚好打在人物上方的红色布缦上，其光线反射到人物肌肤，从而产生了变化。

▶ *Before*

▶ *After*

学习难易：★ ★ ★ ☆ ☆

作品分享：随书光盘<本书范例\ch12完成文件\ex12E.psd>

速学流程：

❶ 单击"工具"面板中的"颜色取样器工具"按钮，取得色偏图像的亮度值B。

❷ 在参考图像中，单击"吸管工具"按钮取得标准色，再输入色偏图像的亮度值以取得相对的RGB值。

❸ 回到色偏图像，将所得到的RGB值，利用曲线功能套用到图像中。

下面参考24色校色卡的逻辑，使用一张正常肤色的图像作为调整的标准，来为偏红图像校正色偏。

STEP 01 复制背景图层

打开本章范例原始文件＜12-04.jpg＞，这张图片除了肤色偏红外，其实，整张图片的光线还不错，所以仅调整范例中的肤色部分，在"图层"面板中按住"背景"图层不放，拖曳至 □ "创建新图层"按钮上再松开鼠标左键，产生了一个内容一样的图层。

STEP 02 使用"颜色取样器工具"取得图片的亮度值

亮度（Brightness）是指颜色的亮度，不同的颜色具有不同的亮度。这里通过"颜色取样器工具"在欲调整的图像上先取得偏红肤色的亮度值。

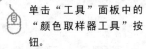
单击"工具"面板中的"颜色取样器工具"按钮。

待鼠标指针呈 ✖ 状（若不是按 Caps Lock 键），将鼠标指针移至图像肤色的目视亮点处，单击鼠标左键，设置第一个 ⊹ 颜色取样器。

选择"窗口"|"信息"菜单命令，再单击"信息"面板右上角的 ▤ 按钮，从弹出菜单中选择"面板选项"命令。在"第二颜色信息"选项组中设置"模式"为"HSB颜色"。

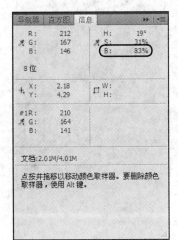

将鼠标指针移至 ⊹ 颜色取样器上，在"信息"面板中，除了可以看到取样的RGB值，还可以发现明度值B为83%。（因每个人选取范围的差异，出现的数值会有些许不同，将这个值记录下来，后面的步骤中会使用到。）

STEP 03 使用"吸管工具"取得图像正常肤色的RGB值

打开本章范例原始文件<12-05.jpg>，这张图像在天时地利人和
的状态下，肤色呈现绝佳颜色，先单击"工具"面板中的"吸
管工具"按钮，取得这张图像的肤色值。

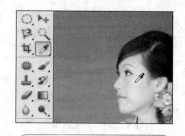

待鼠标指针呈 ✐ 状，将
指针移至图像上的目视
白场，单击鼠标左键。

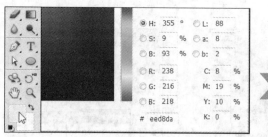

单击"工具"面板中"设置前景色"色块，
弹出"拾色器（前景色）"对话框。

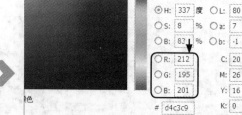

在HSB中B后面的文本框中输入83（此数值
是在偏红图像取得的亮度值）。随着亮度值
的不同，RGB也产生不同数值，先将这组数
值记录下来，再单击"取消"按钮。

STEP 04 建立并存储选区

回到<12-04.jpg>偏红图像中，因为这张图
像的问题是皮肤和衣服的颜色偏红，所以在
调整相关数值前，先建立选区以方便后面的
操作。

单击"工具"面板中的"磁性套索工具"按
钮，选取皮肤和衣服部分。

建立选区后，羽化选区，然后再将选区存储起来。

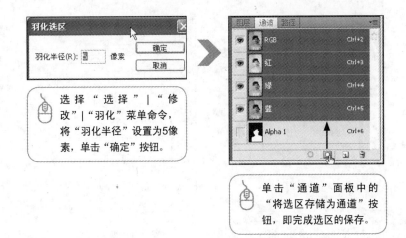

選擇 "选择" | "修改" | "羽化" 菜单命令，将"羽化半径"设置为5像素，单击"确定"按钮。

单击"通道"面板中的"将选区存储为通道"按钮，即完成选区的保存。

STEP 05　用曲线调整颜色和色调

回到"图层"面板，选择"图层" | "新建调整图层" | "曲线"菜单命令，弹出"新建图层"对话框，然后单击"确定"按钮，产生一个曲线调整图层。

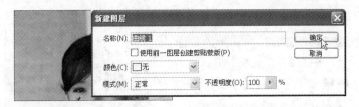

接着按照前面取得的正确色调参考值，再通过RGB的3个通道（红、绿、蓝）来调整色调，具体说明如下。

单击"工具"面板中的"吸管工具"按钮，按住 Ctrl + Shift 组合键不放，在设置于图像中的颜色取样器中心点上单击鼠标左键。

在"调整"面板中发现"输出"和"输入"的值都调整为255。

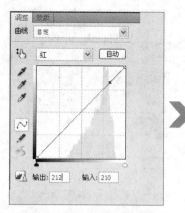

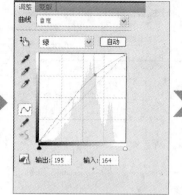

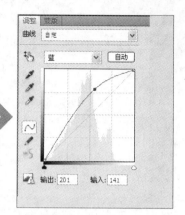

 将通道切换至"红"，在"输出"文本框中输入212。（此数值的来源请参考第3步）

 将通道切换至"绿"，在"输出"文本框中输入195。（此数值的来源请参考第3步）

将通道切换至"蓝"，在"输出"文本框中输入201。（此数值的来源请参考第3步）

STEP 06 调整图层的透明度

为了让变得白皙的肤色能与图像中其他部分的色调更为融合，在"图层"面板中将"曲线1"图层的"不透明度"设置为80%。

STEP 07 局部加亮

在调整完主体色偏后，接着要通过减淡工具让新娘主体局部加亮。单击"工具"面板中的"减淡工具"按钮，并如右图所示设置选项栏中的选项。

"减淡工具"主要是针对图像中的中间调（灰度的中间范围）、阴影（暗色区域）、亮部（明亮区域）三大范围，快速打亮指定部分。

将鼠标指针移至图像上单击鼠标左键即可加亮该处。

在人物五官和肩颈部位，单击几下鼠标左键。

会发现该处的亮度立即提升，人物主体更显亮眼。

STEP 08 修饰图像

然而，这张图像还有一些小小的不完美，例如背景墙面的两条白线。最后，建议使用第3章提到的相关修补工具，让整体显得更加有质感。

12-4 通过"单色"和"双色"转换图像风格

黑白图片和彩色图片分别代表感光材料发展的不同阶段，本节将通过多个图像作品感受颜色所带来的风韵与趣味。

12-4-1 单一颜色创作

传统黑白胶卷的创作拍摄，因为画面抽掉了颜色仅以单纯的灰度方式呈现，所以容易让人专注于其构图美学和纹理的张力，具有独特、迷人的魅力。本节范例图像中别具特色的老房子希望使用单色效果，从而设计出怀旧氛围。

▶ *Before*

▶ *After*

学习难易：★ ★ ★ ☆ ☆

作品分享：随书光盘＜本书范例\ch12\完成文件\ex12F.psd＞

速学流程：

❶ 单击"调整"面板中的"创建新的黑白调整图层"按钮，如此图像即呈黑白颜色。

❷ 单击"调整"面板中的"在图像上单击并拖移可修改滑块"按钮，调整图像的明暗度。

❸ 在"调整"图层中勾选"色调"复选框，再在色块上单击，可指定图像套色的颜色。

STEP 01 复制背景图层

打开本章范例原始文件<12-06.jpg>练习，在"图层"面板中按住"背景"图层不放，拖曳至 "创建新图层"按钮上，再松开鼠标左键，产生一个内容一样的图层。

STEP 02 创建新的黑白调整图层并调整明暗度

在"图层"面板中选择上一步骤复制的"背景 副本"图层，再 套用黑白调整，让图像以单一颜色呈现。

在"调整"面板上单击 "创建新的黑白调整图 层"按钮。

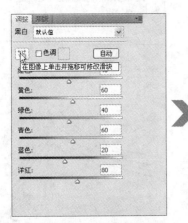

在"调整"面板中单击 "在图像上单击并拖移 可修改滑块"按钮，以 调整图像的明暗度。

在图像上的天空位置， 如图所示，按住鼠标左 键不放，当鼠标指针呈 状时，往左拖曳，使 该处图像变暗。

在图像墙壁位置，如图 所示，按住鼠标左键不 放，当鼠标指针呈 状 时，往右拖曳，使该处 图像变亮。

STEP 03 为黑白图像套用深褐色

简单选色，为黑白图像套用指定色调，让单色图像的呈现更 为丰富。在"调整"面板中勾选"色调"复选框，再在色块 上单击以设置颜色。

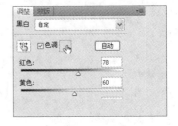

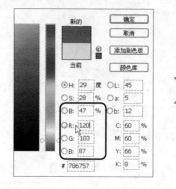

设置喜爱的颜色，本例使用的是充满怀旧色彩的深褐色（R:120，G:103，B:87），再单击"确定"按钮。

STEP 04　使用影印效果加强图像轮廓

先将"工具"面板的"前景色"设置为"黑色"，"背景色"设置为"白色"，再在"图层"面板中选择"背景 副本"图层。

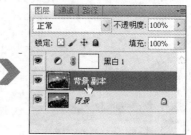

为"背景 副本"图层中的图像加上可以突显轮廓线条的影印滤镜。

选择"滤镜"|"素描"|"影印"菜单命令，将"细节"设置为8，"暗度"设置为7，再单击"确定"按钮。

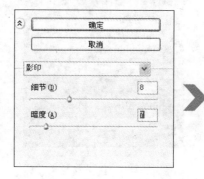

回到工作区，可看到图像已套用影印效果，接着再次选择"滤镜"|"素描"|"影印"菜单命令，按照上述设置值再次套用，让整个斑驳的轮廓更为明显与强烈。

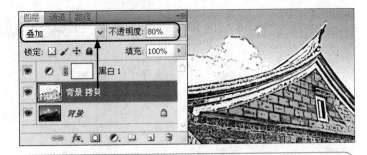

加强老房子轮廓线条的最后一个操作是使用图层的混合模式，让效果与图像更为融合。

在"图层"面板中选择"背景 副本"图层，将图层的混合模式设置为"叠加"，"不透明度"设置为80%。

STEP 05　使用杂色呈现出粗颗粒质感

在"图层"面板中选择"背景 副本"图层，按 Ctrl + J 组合键，产生一个内容一样的图层。

接着，按 Ctrl + Delete 组合键，为新图层填入上一步骤设置的白色背景色。

选择"滤镜"|"杂色"|"添加杂色"菜单命令，为图像添加杂点，这样即完成此范例。

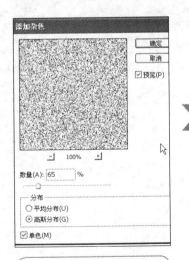

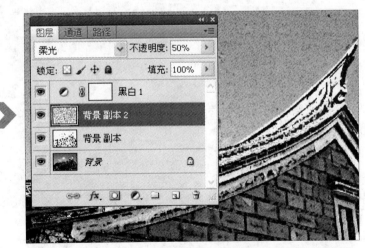

将"数量"设置为65%，选中"高斯分布"单选按钮和"单色"复选框，再单击"确定"按钮。

在"图层"面板中选择"背景 副本2"图层，将图层的混合模式设置为"柔光"，"不透明度"设置为50%。

12-4-2 以黑白背景凸显图像层次

本节将使用降低颜色饱和度的方式设计出黑白图像，但目的是聚焦在主题上，以黑白与彩色的强烈对比处理方式，让图像呈现出不同风貌。

▶ *Before*

▶ *After*

学习难易：★ ★ ★ ☆ ☆

作品分享：随书光盘<本书范例\ch12\完成文件\ex12G.psd>

速学流程：

❶ 单击"调整"面板中的"创建新的色相/饱和度调整图层"按钮。

❷ 将饱和度设置为-100，如此图像即呈黑白颜色。

❸ 单击"工具"面板中的"画笔工具"按钮，将图像中要恢复颜色的主题涂刷出来。

STEP 01 复制背景图层

打开本章范例原始文件<12-07.jpg>练习，在"图层"面板中按住"背景"图层不放，拖曳至 ⬚ "创建新图层"按钮上，再松开鼠标左键，产生了一个内容一样的图层。

STEP 02 使用色相饱和度建立黑白图像

在"图层"面板中选择"背景 副本"图层，再套用色相/饱和度，让图像以黑白颜色呈现。

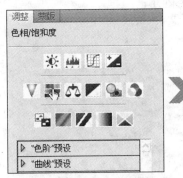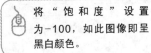

在"调整"面板中单击"创建新的色相/饱和度调整图层"按钮。

将"饱和度"设置为-100，如此图像即呈黑白颜色。

STEP 03 调整蒙版恢复主题颜色

单击"工具"面板中的"画笔工具"按钮，在"色相/饱和度"蒙版中将范例图像中的人物色彩涂刷出来。

选择"色相/饱和度1"图层中的"图层蒙版缩览图"图标。

在"工具"面板中将"前景色"设置为"黑色"，将"背景色"设置为"白色"，并如上图所示设置画笔工具的相关属性，再在图像中的人物上涂刷，慢慢将人物的色彩呈现出来。（若要涂刷较小细节，可按 Ctrl + + 组合键数次放大图像显示比例后再涂刷，或调整笔样式。）

STEP 04 使用"扩散亮光"呈现银白和柔和的光线

"扩散亮光"就是在图像上使用柔和的扩散滤镜，增加可看穿的白色杂点与光晕。现在要给图像的部分黑白背景套用此滤镜效果，让黑白图像增加一层银白色的光晕。

选择"背景 副本"图层。

按住 Ctrl 键不放，再在"色相/饱和度1"图层上单击"图层蒙版缩览图"图标，选取黑白背景的部分。

"扩散亮光"滤镜的颜色是依照当前背景色指定的颜色来产生效果，所以先在"工具"面板中将"背景色"设置为"白色"。

选择"滤镜"|"扭曲"|"扩散亮光"菜单命令，设计白色光晕效果。

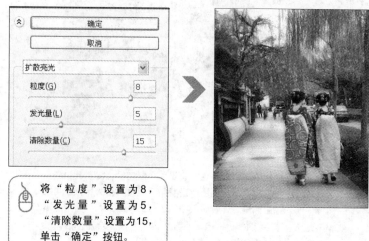

将"粒度"设置为8，"发光量"设置为5，"清除数量"设置为15，单击"确定"按钮。

STEP 05 使用曲线强调主题色彩对比

上一步选取了黑白背景，此步骤选择"选择"|"反向"菜单命令，改选取人物主体。

最后，套用"曲线"功能的"强对比度"，让主题色彩更鲜明，这样即完成此范例。

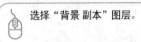

选择"背景 副本"图层。

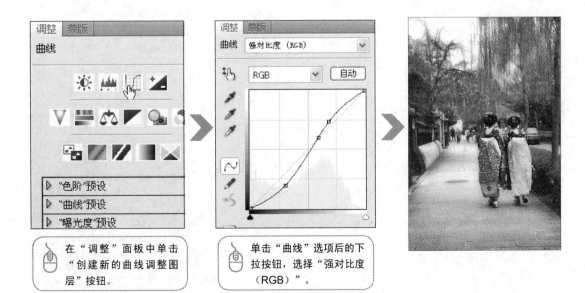

在"调整"面板中单击"创建新的曲线调整图层"按钮。

单击"曲线"选项后的下拉按钮，选择"强对比度（RGB）"。

12-4-3　以多色调灰度图像呈现质感

除了单色图像，Photoshop还可以创建双色、三色、四色图像，它们分别是以2种、3种、4种不同色调的油墨套用在图像的灰度部分，只要指定不同的颜色即可融合出无穷变化。

▶ *Before*

▶ *After*

学习难易：★ ★ ★ ☆ ☆

作品分享：随书光盘<本书范例\ch12\完成文件\ex12H.psd>

速学流程：

❶ 选择"图像"｜"模式"｜"灰度"菜单命令。

❷ 选择"图像"｜"模式"｜"双色调"菜单命令，指定需要显现的搭配色彩。

❸ 修改并指定油墨的颜色和色调曲线。

STEP 01　将图像转成灰度模式

打开本章范例原始文件<12-08.jpg>练习。若要设计出以灰度为底加色而成的多色调图像，那么需要将图像先转成灰度模式，这样才能再使用"双色调"功能。

选择"图像"|"模式"|"灰度"菜单命令，将图像转换成灰度模式。

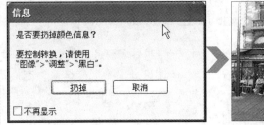

在弹出的"信息"对话框中单击"扔掉"按钮，即将图像转成灰度。

STEP 02 将图像转成双色调模式

选择"图像"|"模式"|"双色调"菜单命令，指定需要显示的颜色。

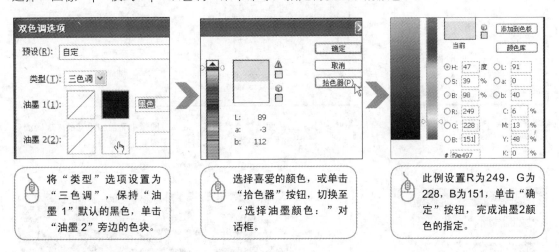

将"类型"选项设置为"三色调"，保持"油墨1"默认的黑色，单击"油墨2"旁边的色块。

选择喜爱的颜色，或单击"拾色器"按钮，切换至"选择油墨颜色："对话框。

此例设置R为249，G为228，B为151，单击"确定"按钮，完成油墨2颜色的指定。

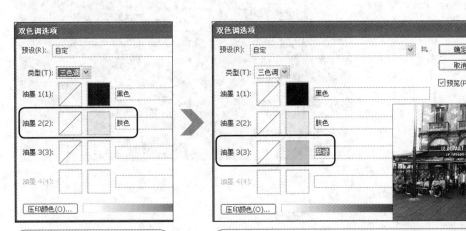

在"油墨2"色调名称文本框中输入"肤色"。

用同样的方法，为"油墨3"指定颜色，R为140，G为225，B为175，并在"油墨3"色调名称文本框中输入"翠绿"。最后，单击"确定"按钮，这样即完成此三色调超质感作品。

STEP 03 修改指定油墨的双色调曲线

在"双色调选项"对话框中，每一种油墨都有各自的曲线，通过修改曲线，可指定颜色在阴影和亮部区域中的呈现情况，让双色调设计出来的颜色能与图像更为搭配。选择"图像"｜"模式"｜"双色调"菜单命令，再次弹出"双色调选项"对话框，开始编修油墨曲线，此范例中调整了油墨1和油墨3的曲线。

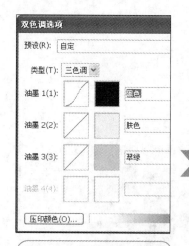

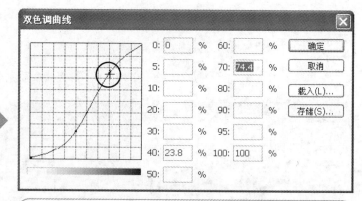

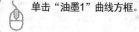

单击"油墨1"曲线方框。

拖曳曲线图上的点，调整该油墨在图像中亮部和阴影的表现（调整曲线时可在工作区中即时预览图像套用的效果），再单击"确定"按钮。

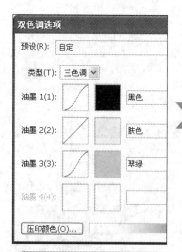

同样，打开油墨3曲线方框，拖曳曲线图上的点进行调整，再单击"确定"按钮两次完成设置。

分享 摄影取景（1）

其实，拍花朵的时候不一定要对准正面。一般消费型相机（傻瓜相机）在把镜头接近花朵时应该选择近拍模式，让远方的背景模糊，这样才不会像下图那样，背景的铁丝网显得相当抢眼与不舒服。如果换个侧面角度，用近景模式选择旁边的另一株玫瑰花拍摄，让远景模糊，是不是会更具美感，更富诗意呢？阴天拍摄景物时，由于光圈调大，因此景深（照片清楚的范围）会变小，形成主体清晰，其他各处模糊的效果。

为了拍下面这一居民楼的整体外观，可以选择正对面的野菜餐馆停车场拍摄，让居民楼主题能全部显现出来，近景的弯折篱笆与远景的山岚，可以将整体气氛衬托出来，此时天空刚好有一些光线自云层缝隙射出，主体顿觉清晰，感觉还蛮不错的。如果在更高处往下拍，更可显现出"山在虚无缥缈间"的气势。山岚在主题居民楼的背后冉冉上升，搭配前景的枯枝，让画面更有立体感。

12-5 套用参考图像的颜色渲染视觉效果

并不是每次拍摄的图片都能十全十美，也许，这张拥有完美架构，那张拥有美丽颜色，难道不能施个魔法将架构和颜色整合在一起？

"匹配颜色"功能可取得其他图像的颜色进行套用，但仅适用于RGB模式图像，它能掌握来源图像的光源优点，进而对目标图像的明亮度和颜色进行较佳控制，其校正后的效果也较为自然。

▶ *Before*

▶ *After*

学习难易：★ ★ ★ ☆ ☆

作品分享：随书光盘＜本书范例/ch12/完成文件/ex12l.psd＞

速学流程：

❶ 打开主图像文件和参考图像文件。

❷ 选择"图像"｜"调整"｜"匹配颜色"菜单命令，打开"匹配颜色"对话框。

❸ 设置来源文件和图层。

❹ 适度调整图像的"明亮度"、"颜色强度"和"渐隐"三个选项的值。

STEP 01 打开主图像和参考图像

分别打开本章范例原始文件＜12-09.jpg＞和＜12-10.jpg＞练习，此作品希望将＜12-10.jpg＞黄昏时在河岸拍摄的图像调整成犹如清晨拍摄的光线和颜色。

STEP 02　套用参考影像的颜色

在主图像<12-10.jpg>作业窗口中，选择"图像"｜"调整"｜"匹配颜色"菜单命令，开始进行设置。

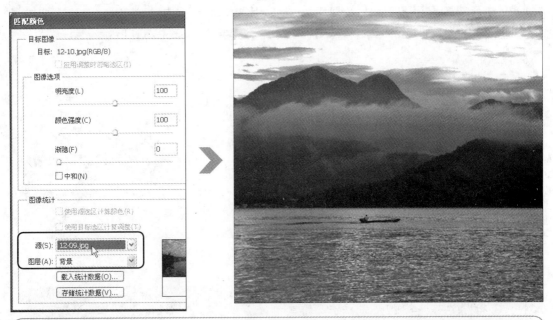

在"图像统计"选项组中将"源"设置为12-09.jpg，"图层"为"背景"。（工作区中的图像会即时套用指定来源图像的颜色）

可再适度调整图像的"明亮度"、"颜色强度"和"渐隐"三个选项的值（工作区中的图像会即时套用当前的设置），待确定效果后，单击"确定"按钮，即完成此范例。

分 享 摄影取景（2）

　　看看大家拍的摄樱花，下面这张照片有点惨不忍睹。不要以为抓起相机对准樱花按下快门就行了，在大晴天还无所谓，如果遇到阴雨天，含水的樱花会垂得更低，而阴天与实物的感光对比更大，没有阳光可以照射到花朵，所以瞄准灰蒙的天空，拍下来的一定是一堆阴暗黑漆漆的东东，羞死人了！如果采取侧拍，选取旁边一株花朵比较单薄的单瓣吉野樱来拍摄，背景对准远方的树丛，这样，拍摄出来的图片看起来就稍好一些，还有清晰的水珠在花瓣上欲雨含羞。

　　阴雨天时，不要选取过小的区域来拍摄，否则曝光更会不足，如果选取较大范围的数朵樱花来拍摄，背景也较有樱花叶的绿色调，感光条件会好些，画面也不致太阴暗。而阴雨天气最好用三脚架，否则速度一慢，按下快门之时，会容易摇晃。同样的吉野樱，在天气晴朗的次日早晨，采用逆光拍摄，光与影的效果显然好多了。花瓣透过光线显出透明感，远方的水珠和叶面的反光，形成略显模糊的亮圈，别有一番韵味。光与影的重要，在感受拍摄阴雨天气的照片之后，应该可以更加了解。

本章重点整理

（1）专业级的色偏调整方式：以黑场、白场、灰场调整，以参考图像等方式来调整色调。

（2）专业摄影师在拍照时，常请模特儿手持黑灰白三色校色卡，并在拍摄后根据图像中三个色卡的RGB值是否维持原样来判断图像的色偏程度，并作为图像的调色依据。如果为一般生活摄影，则可观查图像中的元素是否有原色调为黑、灰、白三色，以及可以用目测法通过黑场、白场、灰场调整色偏。

（3）通过阈值功能可找出图像的黑长和白场；最后未消失的黑点为最黑场，最后未消失的白点为白场。

（4）将彩色图片转换成黑白图片的几种方法：方法一，单击"调整"面板中的"创建新的黑白调整图层"按钮；方法二，单击"调整"面板中的"创建新的色相/饱和度调整图层"按钮，将"饱和度"设置为-100；方法三，选择"图像"｜"模式"｜"灰度"菜单命令，将图像转换成灰度；方法四，选择"图像"｜"调整"｜"去色"菜单命令，将图像转换成灰度模式。

（5）本章中常用的快捷键如下。

- B 键：画笔工具。
- F7 键：打开"图层"面板。
- Ctrl + + 组合键：放大视图。
- Ctrl + − 组合键：缩小视图。
- Ctrl + M 组合键：打开"曲线"对话框。
- Ctrl + U 组合键：打开"色相/饱和度"对话框。
- Ctrl + J 组合键：复制当前图层，产生一个内容一样的图层。
- Ctrl + Delete 组合键：用背景色填充选区或整个图层。
- Alt + Delete 组合键：用前景色填充选区或整个图层。

Chapter 13

修片合成超质感

在图像技巧篇的最后，通过网络上常见讨论的两大主题范例来进行说明，这两个主题分别为想成为网络美女的图像必修技——彩妆完美修容和最受瞩目、充满创意，但又没有一定规则的——LOMO效果设计。

● 彩妆完美修容

● 创作LOMO效果

Design Amazing Images

LOMO

Discover New Dimensions in Digital Imaging

Color And Tone Control

Design Idea

彩妆完美修容

您还在为双下巴、眼袋、法令纹、大小眼、塌鼻、脖纹等问题烦恼吗？使用Photoshop中的简单好用的修图工具，素人也能变美女，修片上妆一次完成。

▶ *Before*

▶ *After*

学习难易：★★★★☆

设计重点：先通过"液化"功能和相关修补工具修饰人物的五官与细纹问题后，再分别适度调整眼、唇、齿、肌肤等处的色调与亮度，便可自然、完美地完成修容。

作品分享：随书光盘＜本书范例\ch13\完成文件\ex13A.psd＞

相关素材

<13-01.jpg>

制作流程

❶ **调整图像的明暗度和色偏：**
单击"调整"面板中的"创建新的曲线调整图层"按钮，在新界面中设置，提高图像的亮度，调整红、绿色偏

❷ **修补和整形人物五官：**
选择"滤镜"|"液化"菜单命令，调整五官曲线。再使用"修补工具"和"修复画笔工具"修饰细纹与发丝

❸ **光亮局部暗沉肤色：**
单击"工具"面板中的"多边形套索工具"按钮，圈选要调整的范围，再使用"曲线"功能加以调整

❹ **展现晶亮水漾双唇：**
使用色相/饱合度调整色泽后，再使用"亮度/对比度"提高亮部光泽。

❺ **打造洁白牙齿与透亮眼眸：**
使用"减淡工具"和"加深工具"调整效果

❻ **加上润色美白粉底与光感粉色肌：**
使用"高斯模糊"设计雾面粉底效果，使用"色彩平衡"设计出粉嫩腮红效果

STEP 01 复制"背景"图层

打开本章范例原始文件<13-01.jpg>练习，在"图层"面板上按住"背景"图层不放，拖曳至 "创建新图层"按钮上再松开鼠标左键，产生一个内容一样的图层。

STEP 02 调整图像明暗度与色偏

在"图层"面板中选择"背景 副本"图层，通过"曲线"功能调整图像的整体亮度。

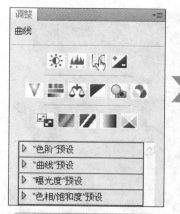

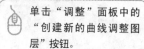

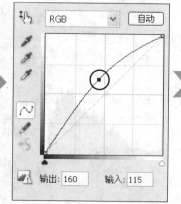

单击"调整"面板中的 "创建新的曲线调整图 层"按钮。

在曲线上单击鼠标左键，设定控制点，然后再往左上拖曳或直接 在"输出"文本框中输出160，在"输入"文本框中输入115，提 高图像的整体亮度。

同样，设置"调整"面板中的"曲线"选项，调整图像整体偏黄的色偏问题。

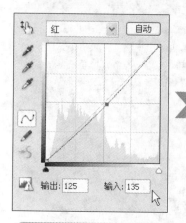

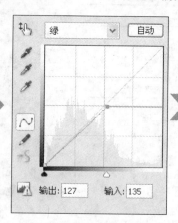

设置"红"色板，在曲线 上单击鼠标左键，然后稍 往右下拖曳或直接在"输 出"文本框中输入125， 在"输入"文本框中输入 135，降低红色调。

设置"绿"色板，在曲线 上单击鼠标左键，然后稍 往右下拖曳或直接在"输 出"文本框中输入127， 在"输入"文本框中输入 135，降低绿色调。

完成图像明暗度与色偏 问题的调整。

STEP 03　使用"液化"功能给脸部五官整形

在图像上使用"液化"滤镜，可以对任何区域进行旋转、拉、推、反射、缩拢和膨胀等操作，不但可以给图像建立艺术效果，而且还可以润饰图像。

首先来修饰人物右眼大小，在"图层"面板中选择"背景 副本"图层，然后选择"滤镜"|"液化"菜单命令，弹出"液化"对话框。下面将对"液化"对话框中的选项进行简要讲解。

- "画笔大小"：扭曲图像所用的画笔宽度。
- "画笔密度"：画笔的羽化效果，值越低，效果越集中于中央，反之则会扩散于整个画笔。
- "画笔压力"：工具在预视图像上拖曳时扭曲的速度。较低的画笔压力，变更速度会比较慢，其效果也较不自然。
- "画笔速率"：工具在预视图像上按住不动时，套用扭曲的程度。
- 湍流抖动：控制"湍流工具"混合像素的紧密程度（此工具适用于创建火、云、波浪等类似效果）。
- "重建模式"：选择的模式会决定使用"重建工具"来重建预视图像区域的动作。
- "光笔压力"：指工具的画笔压（此选项只有在使用笔尖型数位板时才能使用）。

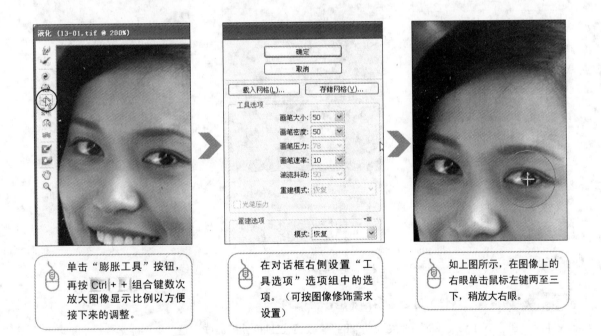

单击"膨胀工具"按钮，再按 Ctrl + + 组合键数次放大图像显示比例以方便接下来的调整。

在对话框右侧设置"工具选项"选项组中的选项。（可按图像修饰需求设置）

如上图所示，在图像上的右眼单击鼠标左键两至三下，稍放大右眼。

修饰的程度建议以自然为原则，过度的修饰不但失去图像本身的神韵，而且效果也不好。

同样，在"液化"对话框中修饰人物下唇的厚度和脸部曲线。

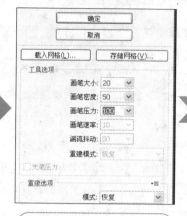

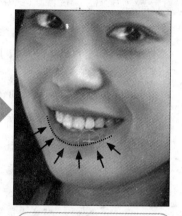

单击"向前变形工具"按钮。

在对话框右侧设置"工具选项"选项组中的选项。

如上图所示，在图像上的下唇通过多个点由外向内轻推几下，稍加削薄下唇的厚度。（要特别注意整体的平衡）

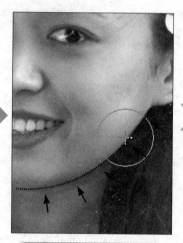

同样使用"向前变形工具"，在对话框右侧设置"工具选项"选项组中的选项。

如上图所示，在图像上的右侧脸颊下方通过多个点由外向内轻推几下，稍加修饰脸形。（要特别注意整体的平衡）

完成各项调整后，单击"确定"按钮回到工作区查看修饰后的效果。

提 示　为何在"液化"对话框中预览的图像偏暗

　　由于本作品图像的明亮度与色偏的调整是通过创建新的曲线调整图层功能来处理，所以当选择"背景 副本"图层，然后打开"液化"对话框设计时，就会发现预览窗格中的图像是未经明亮度与色偏调整的原始图像，这是正常的，当退出该对话框返回到工作区时相关效果即会完整呈现。

STEP 04 使用"修补工具"修饰肌肤上的细纹

首先在"图层"面板中选择"背景 副本"图层，按 Ctrl + J 组合键复制该图层并命名为"修容"图层。

使用 Ctrl + + 组合键适当放大图像的显示比例，接着单击"工具"面板中的 ▦ "修补工具"按钮，然后如右图所示进行设置，完成设置后即可修饰细纹。

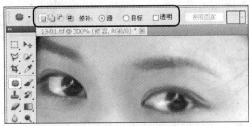

🖰 在选项栏中单击"新选区"图标，单击"修补"后的"源"单选按钮。

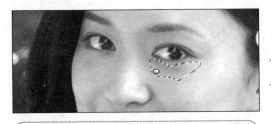

🖰 按住鼠标左键不放，选取图像中的眼袋部分。

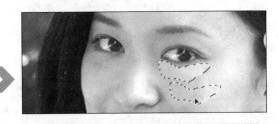

🖰 将鼠标指针移至选区内，按住鼠标左键不放，拖曳选区至欲复制的图像上。

🖰 当松开鼠标左键时，即以取样的图像修补先前眼袋的区域，再按 Ctrl + D 组合键取消选取。

🖰 重复相同的操作，修补另一侧的眼袋。

按照上述方法，修饰图像中的人物鼻翼两侧的"法令纹"。

按上述方法，修饰图像中的
人物脖子上的"脖纹"。

 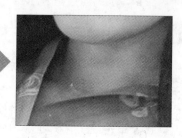

STEP 05 使用"修复画笔工具"修饰肌肤上的发丝

选择"修容"图层，单击"工具"面板上的
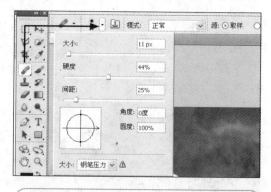"修复画笔工具"按钮，如右图所示设置
选项栏，完成设置后即可修饰发丝。

在选项栏中设置画笔大小，"模式"设置为
"正常"，"源"设置为"取样"，"样
本"为"当前图层"。

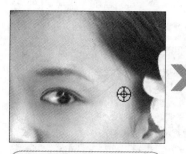 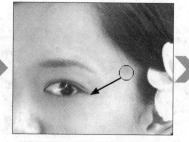 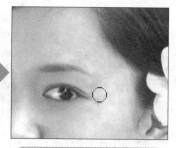

将画笔移至欲修复的发
丝旁，按住 Alt 键不
放，再单击鼠标左键建
立取样点。

将画笔移至发丝上，按
住鼠标左键不放拖曳，
即可利用仿制取样点进
行修复。

松开鼠标左键即可看到
该处图像的修复效果。

用相同的操作方法，在合适的肌肤上按 Alt 键建立取样点后，修
复其他散布在脸上的发丝。

STEP 06 光亮脖子上暗沉的肤色

选择"修容"图层，由于图像中脖子的色泽略显暗沉，因此单击"工具"面板中的"多边形套索工具"按钮，如下图所示，选取脖子，再使用曲线来调整。

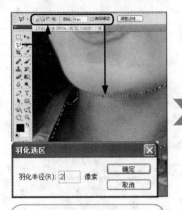

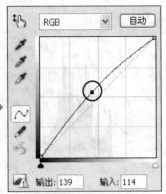

在选区内单击鼠标右键，从弹出的快捷菜单中选择"羽化"命令，在弹出的"羽化选区"对话框中将"羽化半径"设置为2像素。

单击"调整"面板中的"创建新的曲线调整图层"按钮。

在曲线上单击鼠标左键，设定控制点。在"输出"文本框中输入139，在"输入"文本框中输入114，提高选区的亮度。

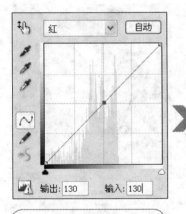

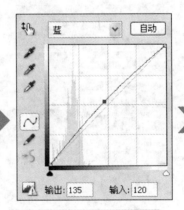

设置"红"色板，在曲线上单击鼠标左键，在"输出"文本框中输入130，在"输入"文本框中输入130，降低红色调。

设置"蓝"色板，在曲线上单击鼠标左键，在"输出"文本框中输入135，在"输入"文本框中输入120，提高蓝色调。

完成脖子上暗沉肤色的调整。

STEP 07 展现晶亮水漾的双唇

选择"修容"图层，通过"色相/饱和度"来调整双唇的色泽，轻松展现双唇魅力。单击"工具"面板上的"多边形套索工具"按钮，如下图所示选取双唇，再加以调整。

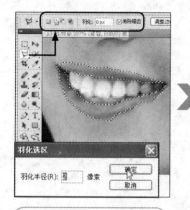
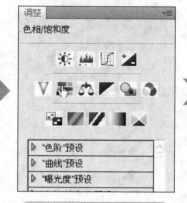

在选区中单击鼠标右键，从弹出的快捷键菜单中选择"羽化"命令，在弹出的对话框中将"羽化半径"设置为2像素。

单击"调整"面板上的"创建新的色相/饱和度调整图层"按钮。

勾选"着色"复选框，再设置相关数值。

在"图层"面板中将"色相/饱和度1"图层的"不透明度"设置为60%，这样色泽会更加自然，双唇上色调整也就完成了。

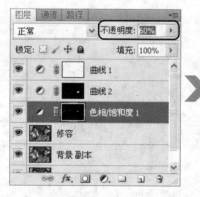

再次选择"修容"图层，现在要通过"亮度/对比度"来调整双唇的光泽度，让双唇呈现出水漾的感觉。先按住 Ctrl 键不放，然后单击选择"色相/饱和度1"图层的蒙版缩览图，工作区中的图像上就会显示刚才建立的双唇选区。

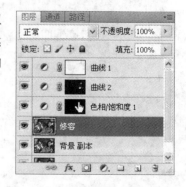

选择"选择"|"色彩范围"菜单命令，通过此功能取得目前双唇选区中光泽度较高的范围。

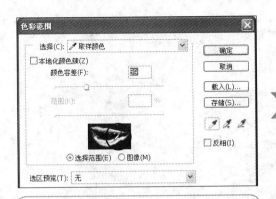

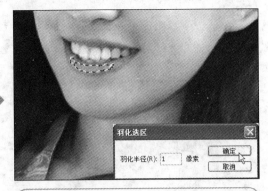

在"颜色容差"文本框中输入59，如图所示，用吸管工具在嘴唇上较亮的地方单击进行吸色，然后单击"确定"按钮回到编辑区。

在新选区中单击鼠标右键，从弹出的快捷菜单中选择"羽化"命令，将"羽化半径"设置为1像素

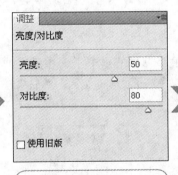

单击"调整"面板中的"创建新的亮度/对比度调整图层"按钮。

设置相关数值。

选择"图层"面板中的"亮度/对比度1"图层，将其"不透明度"设置为60%，这样亮度会更加自然，双唇也就调整完毕。

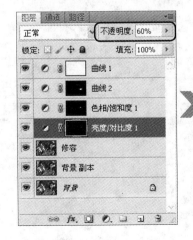

STEP 08 让眼睛炯炯有神

选择"修容"图层，通过"亮度/对比度"来调整双眼的亮度，单击"工具"面板中的"多边形套索工具"按钮，如下图所示，选取双眼黑眼珠，然后再进行调整。

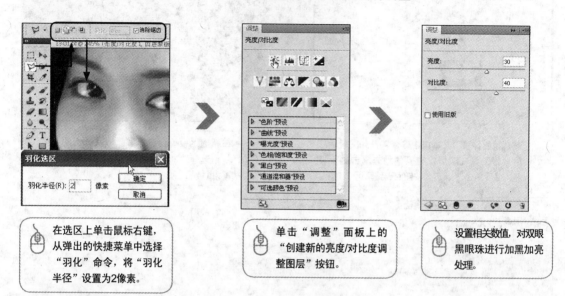

在选区上单击鼠标右键，从弹出的快捷菜单中选择"羽化"命令，将"羽化半径"设置为2像素。

单击"调整"面板上的"创建新的亮度/对比度调整图层"按钮。

设置相关数值，对双眼黑眼珠进行加黑加亮处理。

STEP 09 让鼻子更显笔挺

选择"修容"图层，通过"亮度/对比度"来调整鼻梁挺度，单击"工具"面板中的"多边形套索工具"按钮，如下图所示，在鼻子上创建选区，然后再进行调整。

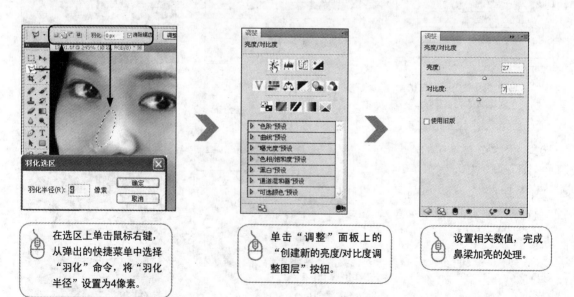

在选区上单击鼠标右键，从弹出的快捷菜单中选择"羽化"命令，将"羽化半径"设置为4像素。

单击"调整"面板上的"创建新的亮度/对比度调整图层"按钮。

设置相关数值，完成鼻梁加亮的处理。

STEP 10 打造洁白牙齿和透亮眼眸

选择"修容"图层，通过"减淡工具"和"加深工具"给人物牙齿美白和打亮眼眸，单击"工具"面板中的"多边形套索工具"按钮，如右图所示，在脸部上方创建选区，然后再进行调整。

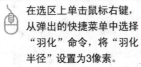

🖱 在选区上单击鼠标右键，从弹出的快捷菜单中选择"羽化"命令，将"羽化半径"设置为3像素。

🖱 先按 Ctrl + C 组合键，复制当前选区中的图像，再按 Ctrl + V 组合键，产生一个新图层。

使用 Ctrl + + 组合键适当放大图像的显示比例，使用"工具"面板中的 🔍 "减淡工具"和 🔍 "加深工具"，按照如下步骤调整瞳孔大小。

🖱 单击"减淡工具"按钮，在选项栏中对画笔大小等相关选项进行设置。接着，在牙齿和眼睛白色部分涂刷，以打亮此部分的图像。

🖱 单击"加深工具"按钮，在选项栏中对画笔大小等相关选项进行设置。接着，在眼睛瞳孔黑色部分涂刷，以加深此部分的图像。

将"图层"面板中刚刚新增的"图层 1"图层命名为"眼、牙"，并将"不透明度"设置为40%，这样亮度会更加自然，这就完成了洁白牙齿和透亮眼眸的操作。

STEP 11 加上润色美白粉底

选择"修容"图层，通过"高斯模糊"设计一层轻薄的雾面粉底，单击"工具"面板中的"多边形套索工具"按钮，如下图所示，圈选脸部与脖子，再进行调整。

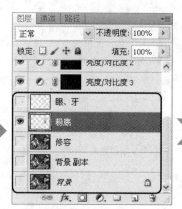

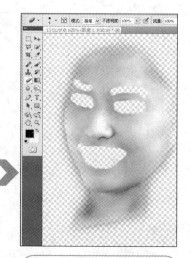

在选区上单击鼠标右键，从弹出的快捷菜单中选择"羽化"命令，将"羽化半径"设置为10像素。

先按 Ctrl + C 组合键，复制当前选区内的图像，再按 Ctrl + V 组合键，产生一个新图层，然后将其命名为"粉底"。接着将下方的三个图层和"眼、牙"图层的可见性设置为"隐藏"。

单击"橡皮擦工具"按钮，对画笔大小等相关选项进行设置，并如图所示擦去非肤色的部分。

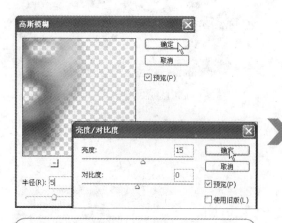

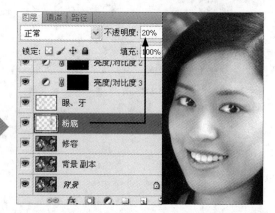

选择"滤镜"|"模糊"|"高斯模糊"菜单命令，将"半径"设置为5像素，再选择"图像"|"调整"|"亮度/对比度"菜单命令，将"亮度"设置为15，这样即设计出柔柔亮亮的皮肤。

显示刚才隐藏的4个图层，再将"粉底"图层的"不透明度"设置为20%，这样粉底效果会更加自然，同时也保留了脸部的纹路与线条。

STEP 12　加上立体光感粉色肌

选择"修容"图层，最后要通过"色彩平衡"设计出粉嫩腮红效果，让人物充满好气色。单击
"工具"面板中的"多边形套索工具"按钮，如下图所示，圈选出要刷上腮红的位置，再进行
调整。

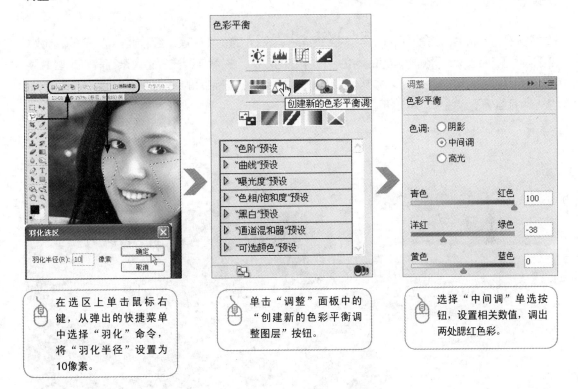

在选区上单击鼠标右键，从弹出的快捷菜单中选择"羽化"命令，将"羽化半径"设置为10像素。

单击"调整"面板中的"创建新的色彩平衡调整图层"按钮。

选择"中间调"单选按钮，设置相关数值，调出两处腮红色彩。

将"图层"面板中的"色彩平衡 1"图层的"不透明度"设置为40%，这样腮红会更加自然，
这就完成粉色肌的操作。

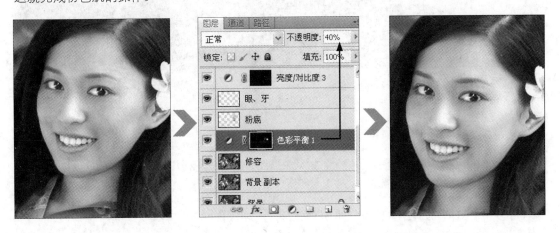

Design Idea

创作LOMO效果

随意捕捉，想拍就拍，不用在乎光圈、快门、构图，就算曝光过度或模糊不清，只要能表现自我的味道与感觉，这就是LOMO的精神。

LOMO 机特殊镜片产生的深邃暗角和浓艳色彩是吸引人的主要因素，红、蓝、黄感光特别敏锐的异常鲜艳色泽成了刻意营造的特色，而强烈的对比、失焦与漏光、粗大杂点等，这些效果不一定非得用LOMO相机、底片才弄得出来，将数码相机拍完后的图像通过Photoshop设计也可拥有丝毫不逊色 LOMO的创意作品。

▶ *Before*

▶ *After*

学习难易：★ ★ ★ ★ ☆

设计重点： 以模仿LOMO图像特质为主，加强图像对比、色调、饱和度与偏色，并设计暗角、粗粒和浓艳色彩。

作品分享： 随书光盘＜本书范例\ch13\完成文件\ex13B.psd＞

相关素材

<13-02.jpg>

制作流程

❶ 为图像加上模糊效果：
选择"滤镜"｜"模糊"｜"方框模糊"菜单命令

❷ 为图像提高中间饱合度：
选择"选择"｜"色彩范围"菜单命令，选取图像的中间色彩，再单击"调整"面板中的"创建新的色相/饱合度调整图层"按钮，调整图像的饱合度

❸ 提高图像的亮度和对比度：
单击"调整"面板中的"创建新的亮度/对比度调整图层"按钮，调整亮度对比

❹ 为图像设计偏色：
单击"调整"面板中的"创建新的色彩平衡调整图层"按钮，调整出喜好的偏色效果

❺ 在图像上加上粗粒子：
选择"滤镜"｜"杂色"｜"添加杂色"菜单命令

❻ 为图像加上暗角：
填入放射性渐变色彩，再在"图层"面板中将"混合模式"设置为"颜色加深"

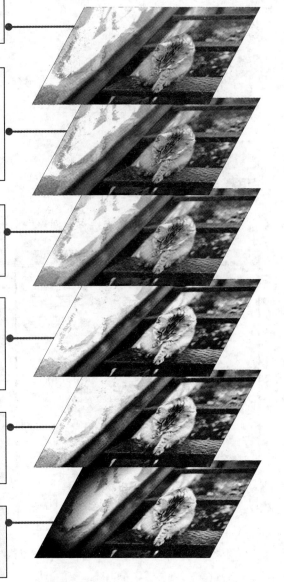

STEP 01 复制"背景"图层

打开本章范例原始文件<13-02.jpg>练习，按住"图层"面板中的"背景"图层不放，拖曳至 🗔 "创建新图层"按钮上再松开鼠标左键，产生一个内容一样的图层。

STEP 02 套用模糊效果

选择"背景 副本"图层，再选择"滤镜"｜"模糊"｜"方框模糊"菜单命令，为图像加上模糊效果。

将"半径"设置为1像素，再单击"确定"按钮。

STEP 03 加强中间色饱和度

选择"背景 副本"图层，再选择"选择"｜"色彩范围"菜单命令，选取图像的中间色彩。

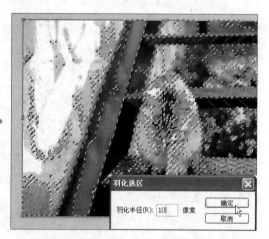

单击"选择"下拉按钮，从中选择"中间调"，选中"选择范围"单选按钮，再单击"确定"按钮。

在选区上单击鼠标右键，从弹出的快捷菜单中选择"羽化"命令，将"羽化半径"设置为10像素。

接着，通过"色相/饱和度"功能来提高图像中间色调的饱和度。

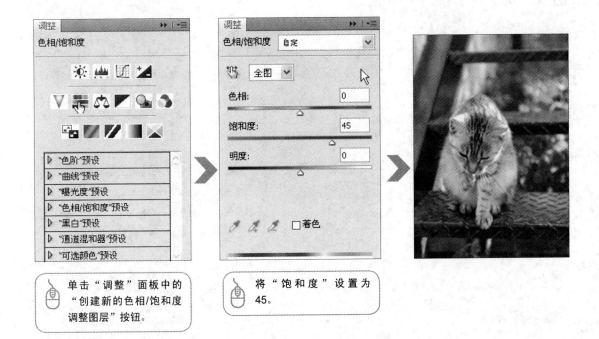

单击"调整"面板中的
"创建新的色相/饱和度
调整图层"按钮。

将"饱和度"设置为
45。

STEP 04　提高亮度和对比度

选择"背景 副本"图层，通过"色相/饱和度"功能提高图像的亮度与对比度。

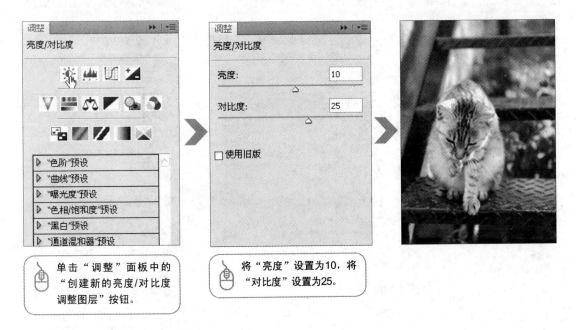

单击"调整"面板中的
"创建新的亮度/对比度
调整图层"按钮。

将"亮度"设置为10，将
"对比度"设置为25。

STEP 05 设计偏色和鲜艳色彩

本例将套用偏蓝、绿色的效果，因为这种颜色效果比较像正片负冲。读者也可以按照自己的喜好调整成偏红、偏黄等色调。选择"背景 副本"图层，通过"色彩平衡"来调整图像的整体色调。

单击"调整"面板中的"创建新的色彩平衡调整图层"按钮。

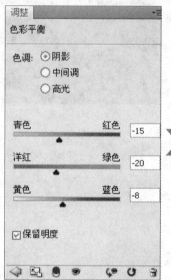

选中"阴影"单选按钮，设置相关数值，并勾选"保留明度"复选框。

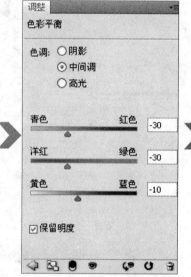

选中"中间调"单选按钮，设置相关数值，并勾选"保留明度"复选框。

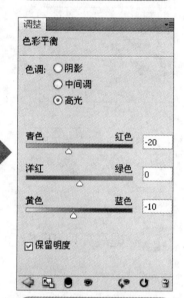

选中"高光"单选按钮，设置相关数值，并勾选"保留明度"复选框。

为了更加强调偏色的效果，再选择"背景 副本"图层，同样，单击"调整"面板中的"创建新的色彩平衡调整图层"按钮，调整图像的整体色调。

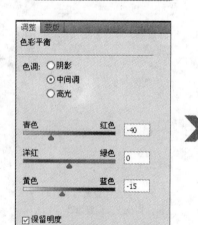

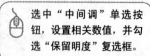

选中"中间调"单选按钮，设置相关数值，并勾选"保留明度"复选框。

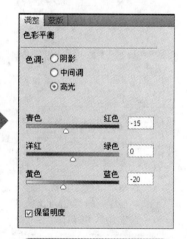

选中"高光"单选按钮，设置相关数值，并勾选"保留明度"复选框。

完成上面两个色彩平衡调整后，选择"图层"面板中的"色彩平衡 2"图层，并将"混合模式"设置为"正片叠底"，将"不透明度"设置为60%，让偏蓝图像颜色覆盖现有的像素，但会保留基本色彩的高光和阴影。

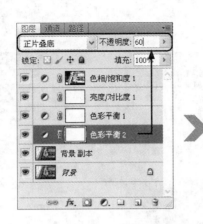

STEP 06 加入粗粒子效果

为图像加上一些粗粒子，这样图像更有LOMO的感觉。选择"背景 副本"图层，再选择"滤镜"|"杂色"|"添加杂色"菜单命令，套用该效果。

将"数量"设置为3%，在"分布"选项组中选择"平均分布"单选按钮，再单击"确定"按钮。

STEP 07 加入暗角效果

多数LOMO相机都有暗角效果，该效果是在图像的4个角落加上一层淡淡羽化的黑色，模拟出小光圈设计。

先选择"背景 副本"图层，再单击 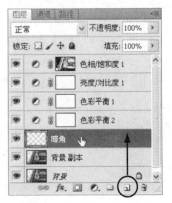 "创建新图层"按钮，新增一个空白图层，并命名为"暗角"。

在"暗角"图层中填入渐变色彩，再搭配图层的混合模式，设计出LOMO暗角效果。在"工具"面板中将"前景色"设置为白色，"背景色"设置为黑色，并单击"渐变工具"按钮，然后进行如下设计。

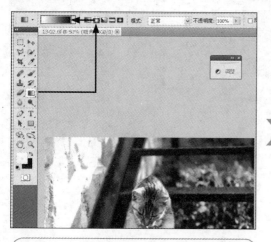

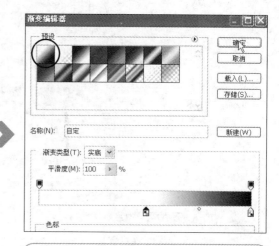

单击选项栏中的"径向渐变"按钮，再单击渐变样式图标，弹出"渐变编辑器"对话框。

选择"前景色到背景色渐变"，再将左侧的"色标"移至渐变栏约中央的位置，再单击"确定"按钮。

在图像约中心点的位置，按住鼠标左键不放，拖曳至如图所示的位置。

该图层会由内向外，由白至黑地填满径向渐变色彩。

填入径向渐变色彩后，选择"图层"面板中的"暗角"图层，将"混合模式"设置为"颜色加深"，"不透明度"设置为90%，完成LOMO暗角效果设计。

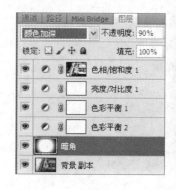

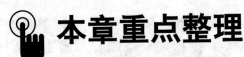

本章重点整理

（1）可使用"液化"滤镜来进行脸部五官的整形和瘦身，在图像上使用"液化"滤镜，可以对任何区域进行旋转、拉、推、反射、缩拢和膨胀等操作，不但可以为图像建立艺术效果，而且还可以润饰图像。

（2）可使用"工具"面板中的 ● "修补工具"来修饰肌肤上的细纹。

（3）LOMO效果的特点：深邃暗角，浓艳色彩，红、蓝、黄、绿偏色色泽，强烈对比，失焦与漏光，粗大杂点等。

（4）通过色彩范围功能，可找出图像的中间调色彩。

（5）本章中常用的快捷键如下。

- O 键：使用"工具"面板中的"减淡工具"、"加深工具"、"海绵工具"。（按 Shift + O 组合键可切换这三个工具）

- L 键：使用"工具"面板中的"套索工具"、"多边形套索工具"、"磁性套索工具"。

- G 键：使用"工具"面板中的"渐变工具"、"油漆桶工具"。

- F7 键：打开或隐藏"图层"面板。

- Ctrl + Shift + N 组合键：建立新图层。

- Ctrl + J 组合键：复制当前图层，产生一个内容一样的图层。

- Ctrl + + 组合键：放大视图。

- Ctrl + − 组合键：缩小视图。

- Ctrl + D 组合键：取消选取状态。

- Ctrl + Alt + D 组合键：羽化当前选区。

Appendix 附录

S5

Design Amazing Images

Discover New Dimensions in Digital Imaging

附录A Photoshop CS5常用快捷键一览表

调整图像大小：Ctrl + Alt + I

调整版面大小：Ctrl + Alt + C

调整镜头校正：Ctrl + Alt + R

调整色阶：Ctrl + L

放大图像显示比例：Ctrl + +

缩小图像显示比例：Ctrl + −

放大或缩小画笔：[或]

取消选区的选取：Ctrl + D

恢复先前建立的选区：Shift + Ctrl + D

选取全部图像：Ctrl + A

任意变形：Ctrl + T

取消变形：Esc

还原"前景色"/"背景色"（黑/白）：D

切换"前景色"/"背景色"：X

新建图层：Shift + Ctrl + N

打开/收合"图层"面板：F7

复制对象：Ctrl + C

粘贴已复制的对象：Ctrl + V

启动3D工具：K

启动3D相机工具：N

调整不透明度10%～100%：1 或 0

显示或隐藏格点：Ctrl + '

显示或隐藏参考线：Ctrl + ;

合并可见图层：Ctrl + Shift + E

以默认值新建图层：Shift + Alt + Ctrl + N

复制图层：Ctrl + J

上次滤镜效果：Ctrl + F

画笔工具：B

调整曲线：Ctrl + M

调整色相/饱和度：Ctrl + U

背景色填满所选区域或图层：Ctrl + Delete

前景色填满所选区域或图层：Alt + Delete

使用"加深工具"、"减淡工具"、"海绵工具"：O

切换"加深工具"、"减淡工具"、"海绵工具"：Shift + O

使用"套索工具"、"多边形套索工具"、"磁性套索工具"：L

使用"渐变工具"、"油漆桶工具"：G

羽化当前选区：Ctrl + Alt + D

将图片去除饱和度：Ctrl + Shift + U

将图片转换为负片效果：Ctrl + I

附录B 图像修片速学一览表

　　在进行图像编修或后制时，如果忘了某个操作步骤，翻书寻找相关内容要花费许多时间，在此将本书的速学流程、相关标题和页码进行整理，以便读者能快速找到相关的制作设置。

调整歪斜图像

裁切歪斜的图像　　49
❶ 单击"工具"面板中的"裁剪工具"按钮，拖曳出一个裁剪区。
❷ 在选项栏中勾选"透视"复选框。
❸ 拖曳图像控制点，调整裁切的区域。
❹ 在裁切区中，待鼠标指针呈▶状，双击鼠标左键，完成歪斜裁切。

调整歪斜的图像　　51
❶ 单击"工具"面板中的"标尺工具"按钮。
❷ 按住鼠标左键不放，拖曳一条水平线。
❸ 在选项栏中单击"拉直"按钮，完成设置。

镜头校正　　57
❶ 选择"滤镜"｜"镜头校正"菜单命令。
❷ 套用自动校正的设置。
❸ 在"自定"标签中设置校正数值。

裁切图像

基本裁切图像　　65
❶ 单击"工具"中的"裁剪工具"按钮。
❷ 使用鼠标指针在图像上拖曳出一个裁剪区。
❸ 在裁剪区内双击鼠标指针，完成裁剪。

等比裁剪图像　　69
❶ 单击"工具"面板中的"裁剪工具"按钮。
❷ 在选项栏中的"宽度"和"高度"文本框中输入合适的值。
❸ 在裁剪区内双击鼠标指针，完成裁剪。

缩放图像

使用内容识别比例缩放图像　　53
❶ 选择"背景"图层不放，拖曳至"创建新图层"按钮上再松开鼠标左键，即可复制图层。
❷ 选择"图像"｜"画布大小"菜单命令，延伸版面。
❸ 选择"编辑"｜"内容识别比例"菜单命令，拖曳图像上的控制点缩放图像。

调整图像大小　　63
❶ 在欲调整的图像上选择"图像"｜"图像大小"菜单命令。
❷ 在对话框中勾选"缩放样式"和"约束比例"复选框，设置"宽度"、"高度"和"分辨率"。
❸ 单击"确定"按钮，完成设置。

延伸图像透视感　　119
❶ 选择要使用的图像。
❷ 选择"滤镜"｜"消失点"菜单命令。
❸ 定义平面的4个角落节点，编辑图像后单击"确定"按钮。

快速动作指令的设置

套用动作　　326
❶ 打开需要套用快速指令的图像。
❷ 选择"窗口"｜"动作"菜单命令。
❸ 在"动作"面板中选择预设或自定的动作项目。
❹ 单击"动作"面板中的"播放选定的动作"按钮，立即将指定的动作项目进行套用。

❺ 选择"图像"|"调整"|"曲线"菜单命令，利用"曲线"功能取样灰点，按 `Caps Lock` 键对齐灰点修正。

使用参考图像调整色偏　　360

❶ 单击"工具"面板中的"颜色取样器"按钮，取得色偏图像的明度值B。

❷ 在参考图像中单击"吸管工具"按钮，取得标准色，再输入色偏图像的明度值以取得相对的RGB值。

❸ 回到色偏图像，将所得到的RGB值利用曲线套用到图像中。

图像合成

智能合成全景图像　　333

❶ 选择"文件"|"自动"|Photomerge菜单命令。

❷ 设置版面和源文件，单击"确定"按钮。

❸ 在"图层"面板中合并图层。

❹ 选取欲进行填满修补的区域。

❺ 选择"编辑"|"填充"菜单命令，使用"内容识别"功能填充边界。

出色的HDR动态合成　　338

❶ 选择"文件"|"自动"|"合并到HDR Pro"菜单命令，读取来源文件，单击"确定"按钮。

❷ 在自动打开的"合并为HDR Pro"对话框中，将图像自动进行合并，转换出最佳图像。

修饰图像

消灭肌肤斑点　　88

❶ 单击"工具"面板中的"污点修复画笔工具"按钮。

❷ 在选项栏中进行设置。

❸ 将画笔范围覆盖在欲修复的区域上，以单击鼠标左键的方式进行修复。

去除照片日期　　92

❶ 单击"工具"面板中的"修复画笔工具"按钮。

❷ 在选项栏中进行设置。

❸ 在欲建立取样点的仿制区域上按住 `Alt` 键不放，再单击鼠标左键。

❹ 单击鼠标左键，利用取样点修复。

无痕眼袋整形术　　94

❶ 单击"工具"面板中的"修补工具"按钮。

❷ 在选项栏中进行设置。

❸ 选取欲修补的图像范围，拖曳到欲复制的图像位置。

❹ 松开鼠标按键时，就会以取样的像素修补原来选取的区域。

去除红眼　　96

❶ 单击"工具"面板中的"红眼工具"按钮。

❷ 在选项栏中进行设置。

❸ 在欲校正的眼睛处单击鼠标左键。

跟路人或杂物说bye-bye　　98

❶ 通过"工具"面板中的选取工具建立欲修正的区域。

❷ 选择"编辑"|"填充"菜单命令。

❸ 以"内容识别"填充选区

仿制图像元素　　100

❶ 单击"工具"面板中的"仿制图章工具"按钮。

❷ 在选项栏中进行设置。

❸ 在欲建立取样点的仿制区域上按住 `Alt` 键不放，再单击鼠标左键。

❹ 在想要修正的图像区域上拖曳实现仿制。

修饰图像模糊问题　　113

❶ 选择"滤镜"|"锐化"|"智能锐化"菜单命令。

❷ 设置基本或高级控制项目，单击"确定"按钮，去除镜头所造成的模糊状态。